生态文明建设·环境保护丛书

乌江流域梯级开发对河流生源要素循环的影响及其环境效应

汪福顺　　王宝利　　王仕禄　等著

上海大学出版社

·上海·

内 容 提 要

本书作者围绕乌江流域梯级水库开展了近 10 年的相关工作,积累了丰富的观测数据,涉及水库的温室气体、水库碳氮循环、蓄水河流的生物过程等诸多基础科学领域。在科技部重点研发计划项目"中国西南河流拦截对流域碳氮循环和输送的影响机制及其效应评估研究"的资助下,本专著作者重新梳理了过去一段时间以来的研究认识,既总结了宝贵的经验,更提出了新的亟待解决的问题。本书的出版对我国当前生态文明建设的国家战略实施、流域水环境管理水平的提升都有着重要的借鉴意义。

本书既可作为高等院校环境工程专业的教师和学生的参考书,也可为相关专业的研究人员和管理人员提供借鉴。

图书在版编目(CIP)数据

乌江流域梯级开发对河流生源要素循环的影响及其环境效应 / 汪福顺,王宝利,王仕禄著. —上海:上海大学出版社,2022.6
ISBN 978-7-5671-4486-6

Ⅰ.①乌… Ⅱ.①汪… ②王… ③王… Ⅲ.①乌江-流域-梯级开发-影响-河流-生态环境-研究 Ⅳ.①TV213②X143

中国版本图书馆 CIP 数据核字(2022)第 096585 号

责任编辑 李 双
封面设计 柯国富
技术编辑 金 鑫 钱宇坤

生态文明建设·环境保护丛书
乌江流域梯级开发对河流生源要素循环的
影响及其环境效应
汪福顺 王宝利 王仕禄 等著
上海大学出版社出版发行
(上海市上大路 99 号 邮政编码 200444)
(http://www.shupress.cn 发行热线 021-66135112)
出版人 戴骏豪
*
南京展望文化发展有限公司排版
句容市排印厂印刷 各地新华书店经销
开本 787mm×1092mm 1/16 印张 12.75 字数 326 千
2022 年 6 月第 1 版 2022 年 6 月第 1 次印刷
ISBN 978-7-5671-4486-6/TV·6 定价 52.00 元

长期以来,河流筑坝拦截建设水库一直被视为人类征服自然、改造自然并增加人类福祉的重要技术手段。直到 20 世纪 70 年代,随着全球范围内已经建成一大批水库,其中包括许多巨型水库,河流筑坝拦截引发的环境影响开始受到重视。1972 年,环境问题科学委员会(Scientific Commitee on Problems of Environment,SCOPE)发布了题为《人造湖泊——改变了的生态系统》的报告(SCOPE-2),并提出了要关注大坝对下游河流在物理、化学和生物方面的各种影响。早期的水库影响评价主要围绕移民安置、文化保护、施工过程中污染物排放、水库泥沙淤积,以及河段阻隔后对洄游鱼类、生物多样性、珍稀濒危物种等相对直接和"显性"的内容进行。近 20 多年来,全球特别是发展中国家的水库建设再次迎来了新的高峰。这一阶段的相关研究开始重视河流拦截对流域物质循环的改变,特别是对生源要素的生物地球化学循环产生的影响,如对河流生源要素输送通量、形态变化等的"隐性"影响等。其中,由于多瑙河上的铁门坝水库对河流硅的拦截效应,导致下游边缘海生态系统演替过程改变的报道引发了学术界的高度关注。此外,水库存在大量温室气体释放的相关研究也导致学术界以及社会媒体对水电清洁性产生质疑。这些工作表明,虽然水能水资源的开发利用能极大促进人类社会发展,但其对自然环境的影响也不容小觑。如何正确认识筑坝拦截产生的环境影响,了解其发生原理,并进行相应调控,成了当前这一领域的重要课题。

从流域尺度来看,河流拦截主要引起三个方面的转变:一是流域水循环规律的变化,如河流的人为调蓄、径流的季节性错位;二是流域物质输运规律的演变,如河流搬运的物质通量及形态上的变化;三是河流生态系统的演变,即河流的湖沼化过程。这三者相互耦合,反映了蓄水河流面临的共性问题,即流域的物质循环规律发生演变。其影响范围超出流域边界,且具有全球意义。对这一演变规律的认识是揭示河流拦截产生环境后效的科学基础。我国是水库大国,但由于我国长期面临严峻的防洪、抗旱、缺水形势挑战,随着社会经济的不断加速发展,水库数量和规模均会进一步提升。如何在现有水库运行和未来水能水资源开发活动中落实生态文明建设的需求,迫切需要开展水能水资源开发活动对流域水环境影响的基础性研究,揭示引起流域水环境演变的关键驱动力,为流域水环境质量评价和保护工作提供应对策略。

我国西南地区水能水资源丰富,水能资源的总量占全国可开发资源总量的 60% 以上,是水利开发的重要区域。其中,乌江梯级水电站是我国十二大水电基地之一,也是我国目前已建梯级水库中,调节性能最好、调度最为复杂的梯级水库群之一。此外,针对这一地区水库的环境影响研究也起步较早。本书的作者围绕乌江流域梯级水库开展了近 10 年的相关工作,积累了丰富的观测数据,涉及水库的温室气体、水库碳氮循环、蓄水河流的生物过程等诸多基础科学领域。在重点研究计划的资助下,本书的作者系统总结了过去的研究工作,并把获得的相关认识结集成册。这是一件有意义的事情。相信该专著的出版,能够为相关领域同行提供借鉴,也可以为流域水环境综合管理工作提供新的思路。

中国科学院院士

2021 年 9 月 10 日

　　河流是连接陆地和海洋两大生态系统的重要桥梁。陆地河网一方面通过与大气进行水、热交换影响区域气候;另一方面,河流的淡水及生源要素输入对维持河口及边缘海地区生态系统起着至关重要的作用。但是,在过去的数十年中,随着社会经济的飞速发展,对水能、水资源的需求急剧增大,人类社会对河流的开发利用程度因此迅速攀升。拦截调蓄成为人类对河流最主要的扰动方式。这导致了河流在流域物质循环过程中的自然作用因素逐渐减弱,人为调控因素逐渐增强。

　　迄今,关于全球大坝的数量仍缺乏准确的统计数据。较早的研究表明(至 2007 年):全球水库水面积达到 5.0×10^5 km^2,全球水库库容已经达到 $7\,000 \sim 8\,000$ km^3,这相当于全球河流径流量的 20%。但是全球水能开发程度不均衡,许多发达国家的河流水能开发利用率很大,达到 70% 以上,发展中国家开发程度则普遍较低。随着全球社会经济状况,特别是发展中国家的经济状况的进一步改善,在可预计的将来,全球河流还将面临新一轮大规模开发利用。人类对河流的扰动将进一步加剧。

　　水体流动是决定江河基本特性的"首要变量"。筑坝拦截蓄水通过改变这一变量,调整河流的自然水文过程。筑坝拦截后形成的"蓄水河流"和自然河流存在显著不同的水环境特征,即可能发育类似天然湖泊的分层现象,也存在泄水方式差异和反季节蓄水等人为调控的特点,最终形成特有的水循环规律。这些变化对河流生态系统的结构和功能带来重大影响,并衍生出一系列水环境问题。例如,水库富营养趋势日趋严峻、水电的清洁性受到质疑、河流生物多样性受到威胁、河口地区冲淤关系发生变化、边缘海生态系统健康受损等。

　　国际上,世界水坝委员会(The World Commission on Dams, WCD)在 2000 年提出"水坝与发展——决策新框架"。国际水电协会(International Hydropower Association, IHA)也于 2010 年提出"水电可持续发展评估规范"。国际大坝委员会(International Commission On Large Dams, ICOLD)也举办了一系列相关论坛。这些方案中除了讨论社会经济影响外,均大量设置了大坝对环境影响的相关议题。相关研究目标强调:提升水供给管理水平,提高河流水质状况,提高流域环境条件。在我国,党中央高度重视生态环境保护工作,并对加强生态环境保护、提升生态文明、建设美丽中国作出一系列重大决策部署。近期,科技部和国家自然科学基金委专门设立了一批关于长江和黄河生态环境大保护的系列专项研究项目。这些举措表明了全面、深入认识筑坝拦截的环境影响研究不仅是世界前沿的科学热点,更是极为紧迫的社会问题。

　　本专著的相关作者对上述问题的关注已经持续了近 20 年之久。在科技部重点研发计划项目"中国西南河流拦截对流域碳氮循环和输送的影响机制及其效应评估研究"的资助下,本专著作者重新梳理了过去一段时间以来的研究认识,既总结了宝贵的经验,更提出了新的亟待解决的问题。这对我国当前生态文明建设的国家战略实施、流域水环境管理水平的提升都有着重要的借鉴意义。本专著的主要内容是多位学者的研究成果总结,具体为:第 1 章作者喻元秀(重庆市生态环境工程评估中心)、第 2 章作者汪福顺(上海大学)、第 3 章和第 4 章作者王宝利(天津大学)、第 5 章作者宋柳霆(北京师范大学)、第 6 章作者吕迎春和王仕禄(中国科学院地球化学研究所)、第 7 章作者汪福顺和喻元秀、第 8 章作者汪福顺、高洋和李小影(上海大学)、第 9 章作者喻元秀、第 10 章作者刘小龙(天津师范大学)、刘丛强(天津大学)、李思亮(天津大学)。在该专著的编辑校订过程中,得到了陈学萍、马静、李小影、范新怡、梅林、岳一鸿、褚永胜、缪浩成、许沛璠、刘留、罗家杰、胡哲辉等同志的大力协助,在此表示感谢。

本专著受到科技部重点研发计划项目"中国西南河流拦截对流域碳氮循环和输送的影响机制及其效应评估研究"(2016YFA0601000)资助,在此表示感谢。

由于作者的认识水平有限,对许多问题的看法难免是一得之见。因此,该专著中必定存在不少疏漏,敬请读者批评指正。

编 者

2021 年 7 月 1 日

目 录 *Contents*

第 1 章
乌江流域概况与水能水资源开发现状

1.1 乌江流域概况

1.1.1 乌江流域水系概况

乌江地处云贵高原东部和四川盆地南缘,源出乌蒙山东麓,流经贵州、四川两省,于重庆市涪陵区汇入长江。它是长江上游右岸最大的支流,干流全长 1 037 km,流域面积为 1.16×10^5 km²,贵州境内干流全长 802 km,流域面积 67 500 km²。乌江流域有南北两源,南源三岔河,三岔河发源于贵州威宁县的盐仓;北源六冲河,北六冲河发源于贵州赫章县的妈姑。两源在贵州黔西、清镇、织金三县交界的化屋基汇合后,由西南向东北、横贯贵州省中部,流经黑獭堡至思毛坝黔渝界河段进入重庆境内,至涪陵市注入长江。乌江水系发育,支流众多,流域面积在 1 000 km² 以上的一级支流共有 16 条,其中,大于 10 000 km² 的 1 条(六冲河);5 000~10 000 km² 的 3 条,2 500~5 000 km² 的 4 条,1 000~2 500 km² 的 8 条。流域面积大于 1 000 km² 的二级支流有 7 条。乌江干流全长 1 037 km(南源源头起),干流落差大(总落差达 2 124 m),河床平均比降达 2.05‰,河口多年平均流量为 1 690 m³·s⁻¹,多年平均径流量为 534 亿 m³,水量丰沛,水电资源蕴藏量丰富。集水面积在 1 000 km² 以上的支流主要有六冲河、三岔河、猫跳河、野济河、偏岩河、湘江、清水江、洪渡河、芙蓉江等(刘小龙等,2015)。乌江流域水系分布如图 1-1 所示。

乌江干流在化屋基以上为上游,化屋基至思南为中游,思南至涪陵为下游。各河段基本情况如表 1.1 所示。

表 1.1 乌江干流分段特征表

| 分 段 | 起讫地点 | 流域面积/km² | | 河长/km | 天然落差/m | 比降/‰ | 备 注 |
		区间	累计				
上游	南源—化屋基	7 264	7 264	325.6	1 398.5	4.29	三岔河
	北源—化屋基	10 874	10 874	273.4	1 293.5	4.73	六冲河
中游	化屋基—思南	33 132	51 270	366.8	503.7	1.37	
下游	思南—涪陵	36 650	87 920	344.6	221.3	0.64	
全河	南源—涪陵	87 920	87 920	1 037	2 123.5	2.05	

上游两源流是典型的山区峡谷型河流,地处云贵高原过渡山区,流向东南,河谷深切;河道水流湍急,岩溶发育,明暗相间,其中,三岔河有伏流三段,六冲河有伏流九段;河道弯

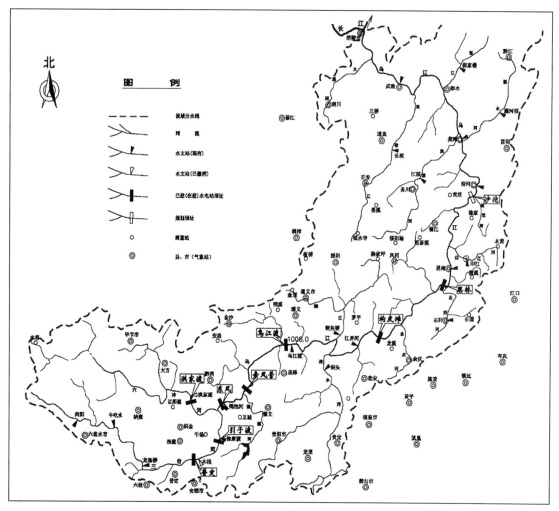

图 1-1 乌江流域水系分布图

曲狭窄,枯水水面宽 30～50 m,多崩石堆积,唯三岔河的马场、六冲河的寄仲坝、六圭河一带河谷较开阔,阶地发育。上游段流域面积 18 138 km²,占全流域的 20.6%。北源六冲河有云南省汇入河流的流域面积 886 km²。汇入干流的面积大于 1 000 km² 的主要支流有北源支流的白甫河。

中游河段区间流域面积 33 132 km²,占全流域的 37.7%。该区上段穿越黔中丘陵区,下段为盆地至高原斜面河谷深切区,中游河段流向北东,两岸多绝壁,河谷深切成峡谷,水面宽 50～100 m,宽谷较少,河道险滩众多,尤以乌江渡—构皮河段的漩塘、镇天洞和一子三滩最为险恶,为全江著名的断航险滩。中游河段内流域面积大于 1 000 km² 的主要支流有 8 条,右岸有猫跳河、清水河、余庆河、石阡河;左岸有野纪河、偏岩河、湘江、六池河等。

下游思南—彭水河段流向正北,彭水以下折向北西向。该河段两岸阶地发育,人口、耕地较为集中。思南、沿河、彭水、武隆、涪陵等县市集镇分布两岸。虽有潮底、新滩、龚滩、羊角滩等碍航险滩,但大部分河段水流平稳,河谷开阔,是目前的主要通航河段,可通行 100 t 级的机动船舶,其中,重庆境内白马以下可通行 300 t 级船舶。区间流域面积 36 650 km²,占全流域的 41.7%,流域面积大于 1 000 km² 的支流有 7 条,右岸有印江河、甘龙河(由重庆流入贵州后汇入乌江)及重庆、湖北境内入濯河(唐岩河)、郁江;左岸有洪渡河、芙蓉江(流入重庆后汇入乌江)和重庆境内的大溪河等。乌江流域水系干支流隶属关系见图1-2。

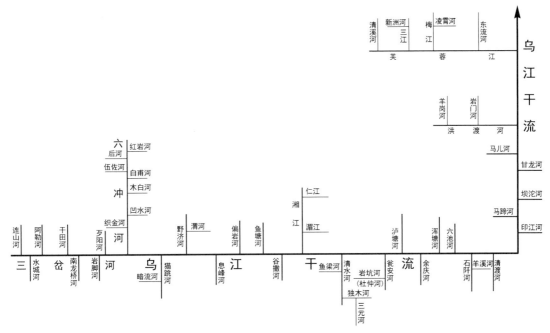

图1-2 乌江流域干、支流隶属关系图

1.1.2 地质与地貌特征

乌江位于我国西部高原山地第二大梯级向东部丘陵平原第一大梯级的过渡地带,西以牛栏江、横江及乌蒙山为界,南以苗岭与珠江水系分隔,西北则有大娄山与赤水河、綦江分流。这三面分水岭高程均在1 200~2 600 m之间,东以武陵山脉与沅江水系相邻,分水岭高程在700~1 000 m之间。除下游一部分位于四川盆地边缘外,其余均分布在云贵高原的东北部。地势由西南向东北逐渐倾斜,乌江流域西部为高原,高程在2 000~2 400 m;中部为黔中丘陵,高程为1 200~1 400 m;东北部为低山丘陵,高程为500~800 m;形成三个阶梯,东西向高差变化大,南北向高差变化小。流域内主要为高原山地(面积占87%)和丘陵区(面积占10%),以及盆地及河流阶地(面积占3%)(贵州省环境科学研究设计院,2008)。从分水岭至河谷之间层状地貌明显,有主要为早三纪—第四纪早更新世形成的"大娄山期""山盆期"剥夷面,以及中更新世以来"乌江期"发育的Ⅱ级阶地。"乌江期"又分"宽谷期"与"峡谷期",宽谷期形成的台面相当于Ⅳ级阶地,以下有Ⅰ、Ⅱ、Ⅲ级阶地,其中以Ⅱ级阶地最发育。乌江深嵌于贵州高原面之下50~400 m,多为"U"形深谷,少数为"V"形宽谷。由于该流域内可溶岩广布,故地貌形态以岩溶地貌为主,从河谷向分水岭一般为峰丛峡谷、峰丛洼地、峰林谷地、峰林盆地(残丘坡地)分布。

本流域属岩溶中等发育区(韩至钧等,1996),区内地层出露齐全,除了白垩系外,其余各系均有分布。其中以二叠系、三叠系和寒武系碳酸盐岩分布最广,占流域总面积的70%以上,其余多为碎屑岩系,局部地段有前震旦纪的基性超基性火山碎屑岩及岩浆岩出露(图1-3)(贵州省地质矿产局,1987)。乌江上游位于云贵高原的东部,海拔在1 500 m以上,二叠系、三叠系碳酸盐岩、含煤岩组及玄武岩分布广泛,森林覆盖率低,水土流失严重;中游为贵州高原的主体部分,以高原丘陵、盆地为主,广泛分布二叠系、三叠系灰岩、白云质灰岩、白云岩,岩溶发育。下游属贵州高原东部斜坡地带及川东南山地,海拔在 500 m 以下。总体上,该流域地貌格局为从西南到东北由山原丘陵盆地及山地丘陵地貌逐渐过渡为中山峡谷地貌,河流深切。

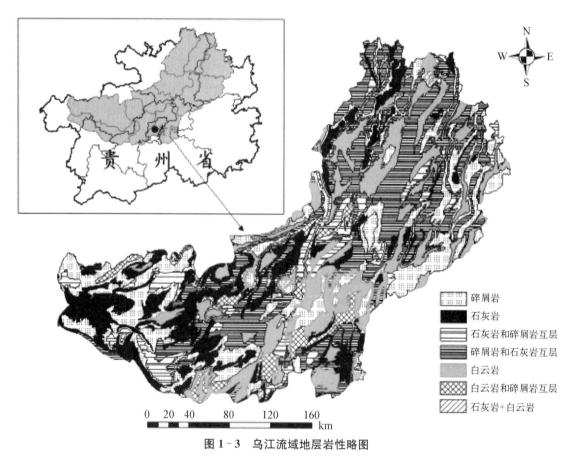

图 1 - 3 乌江流域地层岩性略图

流域内分布的地层按可溶性和工程地质特性大致可分为三大类,即强可溶岩、弱可溶岩与非可溶岩。可溶岩属硬质的碳酸盐岩类,占流域总面积的 70% 以上,多属软质的碎屑岩类或软硬岩相间。强可溶岩有寒武系平井组、毛田组,奥陶系桐梓组、红花园组,石炭系黄龙组、马平组,二叠系栖霞组、茅口组,三叠系大冶组、嘉陵江组等灰岩。弱可溶岩有震旦系灯影组、寒武系娄山关群、耿家店组,上二叠统长兴组、吴家坪组,三叠系关岭组等白云岩或泥质灰岩、硅质灰岩。非可溶岩有元古界板溪群,震旦系,寒武系下统,奥陶系湄潭组,志留系,泥盆系,二叠系龙潭组、大隆组,三叠系沙堡湾段、九级滩段、松子坎组和侏罗系等砂岩、粉砂岩、泥页岩、煤层、泥灰岩、变余砂岩、板岩等。乌江在大地构造上处于扬子准地台的鄂黔滇古台拗,主要涉及武陵陷褶断束、黔江拱褶断束与黔中拱褶断束 3 个三级构造单元。盖层构造定型于燕山运动,其构造线在上游以 NEE—NW(east northeast—northwest)向为主,在中、下游以 NNE—NE(north northeast—northeast)向为主。垭都—紫云和松桃—三都的深大断裂均在流域边界,它们与流域内的黔中大断裂在第四纪以来均无活动迹象,地壳运动以间歇性上升为特征(谢树庸,2005)。

1.1.3　乌江流域水文、气象概况

乌江流域除高程在 2 000 m 以上西部河源地区属温带气候外,大部分地区属亚热带季风气候,多数地区夏无酷暑,冬无严寒。年平均气温从上游的 13 ℃逐渐增高至下游的 18 ℃。流域内年平均相对湿度多在 80%以上,四季中只有春季和盛夏 7 月相对湿度较小。1～10 月为高湿度月份,平均达 80%～85%。本流域地处我国云量分布的高值区,云量多,太阳辐射总量少、日照少,是本流域气候的又一特点。流域内年平均日照时数在 1 000～1 800 h。

流域内地形与大气环流对气候影响较为显著。由于流域分布呈狭长羽翼状,地形复杂,造成了气候的复杂多变性。上游段地势高,气温低,雨量较少,春季干旱;中、下游段湿度大,日温差大,日照短,全年温暖多雨。河口多年平均流量 1 690 $m^3 \cdot s^{-1}$,年径流量 5.34×10^{11} m^3。

流域内年平均气温为 13～18 ℃。年降雨量一般在 900～1 400 mm 范围,集中在 5～10 月,11 月至次年 4 月多间歇小雨或毛雨。地区分布是下游大于上游,右岸大于左岸,年内分配有明显的季节性,80%的降雨量集中在 4～10 月份。

乌江洪水由暴雨形成,具有典型的岩溶山区河流的洪水特点:洪水陡涨陡落,洪峰持续时间短,峰型尖瘦,单峰居多。年最大洪水多出现在每年的 6～7 月。

乌江是少沙河流,武隆站实测多年平均悬移质输沙量为 3.165×10^7 t,仅占长江干流宜昌站多年平均输沙量的 6.6%。流域内一般 5～9 月含沙量较大,10 月至次年 4 月含沙量较小。贵州省是全国水土流失最严重的省份之一,水土流失范围遍及全省,本流域以乌江中上游的毕节、遵义、铜仁三地市较为严重。

1.1.4　土壤特征

流域内土壤具有明显的水平地带性、垂直地带性和非地带性的特征,土类随地貌及成土母质的差异而变化,地带性、非地带性土壤与耕作土壤交错分布。主要地带性土壤有黄红壤、黄壤和黄棕壤(吴正缇等,1990)。其中黄红壤主要分布在下游海拔 600 m 以下的河谷盆地、山间盆地和冲积台地上,如在沿河、思南河谷低地有分布;黄壤广泛分布于中、下游地区,其分布高度由东向西逐步升高,如沿河、思南一带分布高程在 700～1 400 m 之间,到中游上升到 1 000～1 700 m,上游则为 1 200～1 900 m;黄棕壤则上、中、下游均有分布,也具有分布高度由东向西逐步升高的规律,如下游分布在 1 400～1 900 m 的山地,到中游分布在 1 600～2 200 m 的山地,到了上游则分布在 1 900～2 400 m 的山地。非地带性的岩性土,如石灰土、紫色土与成土母质有关,石灰土分布于碳酸盐岩分布区,在黄壤分布区形成黄色石灰土,黄棕壤地区形成棕色石灰土等条带,与地带性的黄壤、黄棕壤交错分布。紫色土主要发育在紫色砂页岩、砂砾岩等成土母质之上,这类土壤一般自然肥力较高,但缺乏有机质。水稻土是流域内重要的耕作土,受气候的影响,其分布高程也具有由东向西逐步升高的规律,在下游地区一般分布在黄棕壤的下限高程(1 300 m)以下,到中、上游其上限不超过 1 900 m。此外,从河口至河源海拔1 900～2 400 m 的地区尚有少量的棕壤和山地灌丛草甸分布(图 1 - 4)(贵州省地理志编纂委员会,1988;唐从国,2006)。

1.1.5　乌江流域社会经济概况

乌江流域(贵州区)涉及贵州省的六盘水市、毕节地区、安顺市、贵阳市、黔南布依族苗族自治州、遵义市、铜仁地区等 7 个地州市的 42 个县(区),流域面积为 66 830 km^2,流域内 2006 年

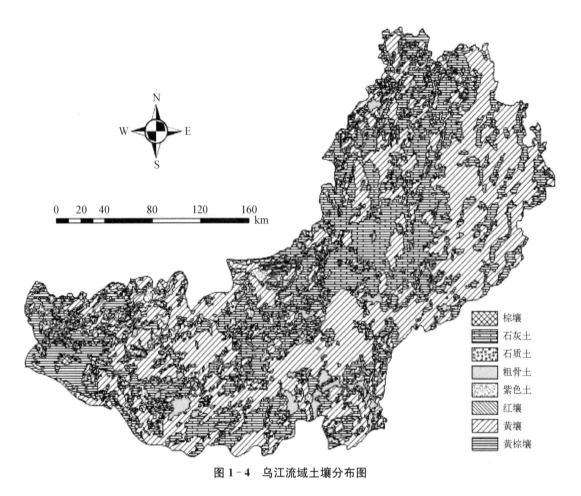

图1-4 乌江流域土壤分布图

图例：棕壤、石灰土、石质土、粗骨土、紫色土、红壤、黄壤、黄棕壤

总人口为2 306.54万人,其中城镇人口数量为637.99万人。耕地面积为10 189.5 km²。国内生产总值为1 607.65亿元,万元工业总产值污水排放量为17.16 t(贵州省环境科学研究设计院,2008)。

乌江流域内雨量丰沛,无霜期长,有利作物生长。区内主要作物是水稻、玉米、小麦,其次是杂粮、豆类、油菜、烤烟、茶等。粮食亩产平均300~400 kg。

乌江流域成矿地质条件好,矿产品种多,储量大,分布相对集中,品质优良,易于开采,在全国具有十分重要的战略地位,是我国西南矿产集中分布地区之一。已探明的铝、煤、汞等矿种尤为丰富,主要矿种常有伴生及共生矿种,结构合理,宜于综合开发利用。1999年底,乌江流域贵州省境内煤矿保有储量达4.57×10^{11} t,占全省总量(5.23×10^{11} t)的87%,集中分布于遵义、六盘水、毕节地区。煤的品种多,质地优良。铝土矿保有储量3.95×10^{9} t,全部集中于乌江流域中部贵阳、清镇、修文、遵义一带,铝土矿品位高,含Al_2O_3在76%左右。磷矿保有储量2.51×10^{10} t,占全省总量(2.561×10^{10} t)的98%,主要集中于开阳、瓮安、福泉、织金一带,锰矿99%储量集中于遵义与松桃,储量达7.181×10^{7} t。

区内工业以有色金属、煤炭、化工、机械制造、化肥、轻工、电力为主。改革开放以来发展较快,在全国占有一定的地位。贵阳、六盘水、遵义等已发展成为重要的工业城市。

随着工农业生产的迅速发展,区内交通运输业也得到相应的发展。目前,流域内交通运输仍以公路为主。其中尤以川黔线和滇黔线在区内通过地段最长,成为流域内交通的主干。

1.2　乌江流域水电开发规划及现状

1.2.1　西南水库开发现状及趋势

人类建坝对全球河流拦截已有数千年的历史,目前已经很难准确确定人类何时开始对河流进行拦截利用。位于中国浙江省、建设于唐代太和七年(833)的它山堰可能是较早的具有现代大型水库特征的古代水利工程。事实上,随着 20 世纪混凝土技术的出现和挖掘技术的发展,人类对河流的大规模改造利用才具有真正的里程碑意义(陈沈良等,2002)。瑞典乌姆大学的克里斯蒂尔·尼尔森等研究人员和美国自然管理局的卡门·雷文加对世界上最大的 292 条河流进行调查,发现有 172 条河流被大坝拦截,河流开发比例约为 59%(张田勘,2005)。其中在世界最大的 21 条江和拥有最多生物多样性和地理多态性的 8 条江河上都修建了大坝。从开发历程来看,自二战结束以来,全球水库才得以大量建设(图 1-5)。关于全球大坝的数量仍缺乏准确的统计数字,Chao 等根据国际大坝委员会(International Committee on Large Dams,ICOLD)登记数据,统计了 29 484 座水库,它们总共拦截蓄起了 8 000 多立方千米的水(图 1-6),相当于世界上每年 19%的淡水流量(Chao et al.,2008)。特别是在过去数十年中,随着对水能水资源的迫切需求,全球河流拦截程度得到了极大的提高。随着河流建坝数量的增加,水资源的开发利用率不断增高。在 20 世纪 70 年代世界的主要水库估计控制约 10%的

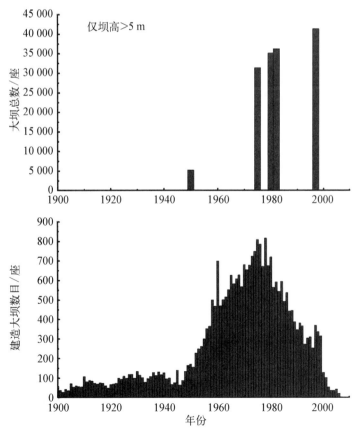

图 1-5　全球大坝数量历史变化(Chao et al.,2008;刘丛强等,2009)

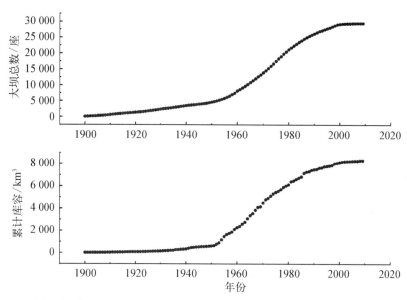

图 1-6　国际大坝委员会(ICOLD)登记全球大坝数量历史变化及累计库容变化(Chao et al.,2008)

陆地径流,而到 90 年代早期这个数字上升到 13.5%,目前已接近 15%(陈沈良等,2002)。统计资料表明:全球河流水能资源技术可开发量为 1.44×10^5 kW·h·a^{-1},目前世界水电资源利用率为 32.7%,欧洲、北美洲和中美洲经济上可开发的水资源利用率已相当高(70% 以上),东南亚(主要是中国)、大洋洲和南美洲正在对河流水电资源进行积极的开发。然而全球水能开发程度并不均衡,发达国家开发利用程度高,发展中国家开发程度较低。例如,我国的水力资源居世界首位,但开发程度很低,目前的水能资源开发利用率仅 24% 左右,开发水平远低于发达国家 60% 的平均水电开发度(刘丛强等,2008)。随着全球社会经济的发展,特别是发展中国家的经济状况的进一步改善,在可预计的将来,全球河流还将面临新一轮大规模开发利用,人类对河流的扰动将进一步加剧。

新中国成立以来我国水利水电建设蓬勃发展,据统计 1987 年坝高 40 m 以上的大坝仅有不到 70 座;2003 年底已建和在建的坝高 30 m 以上的大坝 4 694 座,总库容约 5.843×10^{12} m^3,控制着河流 20% 的径流量;而截至 2008 年底,已建各类水库数量超过 87 000 座,其中西南地区修建水库 17 126 座,占全国总水库量的 19.8%(国家统计局,2009),全国水库总库容 7.064×10^{12} m^3,为我国河川总径流量的 26%,占世界已建水库总库容的 9.9%(张发华,1987)。从 1949 年至 2010 年的 60 多年间,已建成的库容超过 1.0×10^{10} m^3 以上的大型水库共 106 座,超过 2.0×10^{11} m^3 的 5 座(刘洪波等,2013)。我国已建的水库大坝中,中、小型水库和坝高 30 m 以下的低坝占绝大多数,小型水库占水库总数的 96% 左右,坝高 30 m 以下低坝占大坝总数的 94% 左右。由表 1.2 可知,我国主要流域已建、在建水电站约 6 000 多座,年发电量 5.259×10^{12} kW·h。其中长江流域水电站年发电量最大,占全国总发电量的 55.6%。水电站的分布也最多,开发主要集中在金沙江、雅砻江、北盘江、怒江等。

我国水能资源丰富,理论蕴藏量约为 6.91 亿 kW,每年可发电 6 万多亿千瓦时,可供开发的水能资源约 3.82 亿 kW,年发电量 1.9 万亿千瓦时(罗菲,2016)。水力资源开发前景广阔,但我国目前水力资源的开发程度按装机容量计算不到 20%,低于世界平均水平(22%),远低于水电开发程度较高的国家(50% 以上)。1995~2010 年期间我国水电发展迅速,开发程度不

表 1.2 各流域水电开发情况

流 域	技术可开发量			已正开发量			开发程度/%
	电站座数/座	装机容量/万 kW	年发电量/(亿 kW·h)	电站座数/座	装机容量/万 kW	年发电量/(亿 kW·h)	
长江流域	5 748	25 627.29	11 878.99	2 441	6 972.71	2 924.96	24.6
黄河流域	535	3 734.25	1 360.96	238	1 203.04	464.79	34.2
珠江流域	1 759	3 129.11	1 353.89	957	1 810.07	785.78	58
海河流域	295	202.95	47.63	123	80.34	19.5	40.9
淮河流域	185	65.6	18.64	75	31.03	9.58	51.4
东北诸河流域	644+26/2	1 628.08	465.23	196+4/2	639.68	151.74	32.6
东南沿海诸河	2 557+1/2	1 907.49	593.39	1 388	1 165.37	363.08	61.2
西南国际诸河	609+1/2	7 501.48	3 731.82	313	932.27	442.77	11.9
雅鲁藏布江及西藏其他河流	243	8 446.36	4 483.11	52	34.66	11.55	0.3
北方内陆及新疆诸河流域	712	1 847.16	805.86	270	229.02	85.1	10.6
合计	13 286+28/2	54 164	247	6 053+4/2	13 098	5 259	21.3

断加深。受到地理条件限制,地形东低西高,因此水能分布极不均匀,呈现西多东少趋势,大部分集中在中西部。其中西南地区占 67.8%,西北地区占 9.9%,中南地区占 15.5%(陈庆伟等,2007),然而水能富集的西南地区水电开发程度仅 8.5%。从表 1.3 可以看出,西部地区水电开发程度很低,只有 11.4%,而中国东部水电开发程度已达到 79.6%,中部水电开发程度也已达到 32.2%(刘丛强等,2009)。鉴于我国目前紧张的能源形势,对于西南地区水能开发利用已迫在眉睫。虽然我国水能资源开发利用的重心仍在南部地区,但是开发范围正在逐渐向西北地区推进。西南地区的四川、云南两省是我国水力发电最多最集中的区域。由于地形原因,西部地区开发难度大,水能资源丰富的地方一般都是深山峡谷,交通极其不便,所以开发起来难度极大且前期投入巨大。

表 1.3 中国水力资源状况(李世东等,2001)

地 区	可开发水能资源/万 kW	占全国可开发水能资源的比例/%	截至 2000 年底已开发水电装机/万 kW	开发程度/%
全国合计	37 853.24	100	7 935.23	20.96
西部地区	29 090.7	76.85	3 320.02	11.41
四川、重庆	9 166.51	24.22	1 233.53	13.46
云南	7 116.79	18.8	494.72	6.95
贵州	1 291.76	3.41	253.81	18.25
西藏	5 659.27	14.95	29.48	0.52
陕西	550.71	1.45	145.12	26.35
甘肃	910.97	2.41	195.15	32.4
青海	1 799.08	4.75	311.39	17.31
宁夏	79.5	0.21	30.63	38.53
新疆	853.51	2.25	86.81	10.17
广西	1 418.31	3.75	416.32	29.35
内蒙古	244.29	0.65	41.06	16.81

（续表）

地　　区	可开发水能资源/万 kW	占全国可开发水能资源的比例/%	截至 2000 年底已开发水电装机/万 kW	开发程度/%
东部地区	3 242.81	8.57	2 581.5	79.61
北京、天津、河北	183.71	0.49	179.03	97.45
辽宁	163.34	0.43	124.85	76.44
吉林	432.92	1.14	353.67	81.69
黑龙江	603.19	1.59	81.48	13.51
上海、江苏	9.75	0.03	3.36	34.46
浙江	465.52	1.23	542.03	116.44
安徽	88.15	0.23	54.63	61.97
福建	705.12	1.86	532.49	75.52
山东	10.82	0.03	8.41	77.73
广东	580.29	1.53	701.55	120.9
中部地区	5 519.73	14.58	1 781.71	32.28
山西	263.98	0.7	97.77	37.04
江西	510.86	1.35	184.6	36.14
河南	292.88	0.77	152.8	52.17
湖北	3 309.47	8.74	707.05	21.36
湖南	1 083.84	2.86	585.8	54.05
海南	58.7	0.16	53.69	91.47
不分区			252	

　　西南地区是我们国家水能资源最丰富的地区,水能资源的总量占全国可开发资源总量的60%以上,全国有90%的水电项目位于西南地区。目前装机容量10 MW以上的大型水电站有2/3以上集中分布在西南五省(区、市)(云南省、四川省、贵州省、西藏自治区、重庆市),其年发电量占我国水力发电总量的80%左右(覃黎明,2016)。其中在四川境内的金沙江、雅砻江、大渡河等三大水电基地装机容量分列第一、第三、第五位,装机总容量达12 740万kW。云南省、四川省、贵州省、西藏自治区、重庆市该五省(区、市)经济可开发装机容量约为2.4亿kW,约占全国59%(杜忠明等,2008)。从水力发电量方面来看,西南地区是我国水力发电量最大的地区,年发电量2.629×10^{12} kW·h,占全国水力发电总量的36.41%。从省份层面上看,四川为1.213×10^{12} kW·h,占全国水力发电总量的16.8%,云南为8.14×10^{11} kW·h,占11.27%,分别居全国第二、第三位(钱玉杰,2013)。表1.4为部分西南地区在建和已建的大型水电站情况(钟华平等,2008;张志川,2012;邹执寰,2015;曾筠,2016)。

表 1.4　部分西南地区在建和已建的大型水电站情况

水电站名称	所 在 地 区	现有和规划梯级	总装机容量/万 kW
金沙江	四川、云南	13	6 032
大渡河	四川	16	2 674
雅砻江	四川	11	2 957
乌江	贵州、云南	11	868
澜沧江	云南	15	2 542
红水河	云南、广西	11	1 312
怒江	西藏、云南	13	2 132

1.2.2　水库水力及功能结构

水库即人工湖泊,但又不同于天然湖泊,水库的补给系数更大。水库大都修建在河道的上中游山丘区,平原地区修建水库大都是在湖泊洼地周围加筑堤防而形成。水库形成后水流的滞留时间变长,比河流更容易发生富营养化,且水库与河流具有不可分割性,水库的水质会直接影响到下游河流的水体质量。水库一般具有防洪、发电、供水、养殖、旅游、航运等效益。不同用途的水库具有不同调度方式的时空异质性,使其出水量、出库水流深度、流速和出水位置各不相同,从而影响其水体滞留时间。例如,洪家渡水库、隔河岩水库等以发电为主的水库多为底层出流,这样的出流方式使得水位的落差大、水流量大、水体滞留时间短,水体自净能力强(Rangel et al.,2012),而大溪水库、沙河水库和横山水库等以灌溉或者饮用为主的水库多以表层出水为主,库内水体滞留时间相对较长,水位变化较小,通常这样的水库水质相对较差。我国水库众多,根据地形、地势、库床及水面的形态将水库概化为河道型、湖泊型、分支型及混合型。河道型水库多在山区,库区狭窄、长宽较大,水动力学特征介于湖泊与河流之间。河流径流量大、坡度大,使得水库中水体交换量大,同时又因为人口密度小,所以导致入库的污染负荷小。河道型水库具有较明显的纵向梯度变化规律,流速等参数介于河流与湖泊之间。如长江干流上的三峡水库即为典型的河道型水库,其水体仍然保留着河流的流速特点。通常这类水体由于水体仍能保持较强的交换能力,对富营养化敏感性也较低(张远等,2006);湖泊型水库多在丘陵或平原地区,水体流势较为平缓,水面较宽、长宽比较小。河流筑坝通常会使水体环境及作用过程逐渐具有天然湖泊的特征,水体湖沼化发育显著,发生水体热分层等“湖沼学效应”。例如,乌江流域内的红枫水库,根据相关研究发现在4~9月份,随着气温的升高,水体上层和下层水温出现差异,温差可达3~7 ℃(夏品华等,2011);混合型水库,库区内既有较狭窄的水面、也有宽阔的水面、长宽比也不等;分支型水库,库区干、支流流域水面较广且数目大于等于3(胡艳,2012)。水库按照调节性能分为径流式(日调节和周调节)、季调节、年调节(包括多年调节)三大类型。日调节和周调节水库不能调节洪水,季调节水库能调蓄洪水,年调节水库能将洪水贮存到枯水季节,多年调节水库能将丰水年水量贮存到枯水年,并且很少泄洪。水库运行方式是引起河流水文情势和水体热量变化的人为可控因素(唐旺等,2014)。如日调节和周调节水库对下游河道水温影响不大,但季调节和年调节(包括多年调节)水库对下游河道水体温度有较大影响(蔡为武,2001),即水库的调节程度越高,建坝后多年平均水温变化也越大。例如,多年调节的新安江水库坝下多年平均水温从建坝前的19 ℃下降至建库后的13.5 ℃。而调节作用最小的丹江口水库,坝下多年平均水温仅从建坝前的16.4 ℃下降至建库后的15.7 ℃。水库按照总库容大小分为大(一)、大(二)、中、小(一)和小(二)型五个等级。具体而言,大(一)型水库的总库容大于或等于10亿 m^3;大(二)型水库的总库容大于或等于1亿 m^3小于10亿 m^3;中型水库的总库容大于或等于0.1亿 m^3小于1亿 m^3;小(一)型水库的总库容大于或等于100万 m^3小于1 000万 m^3;小(二)型水库的总库容大于或等于10万 m^3小于100万 m^3。

梯级开发能最大限度利用河流蕴藏的水资源,目前,乌江流域进行了11级梯级开发,是我国梯级水库系统的典型代表(庞峰,2005)。乌江流域主要水库水文特征见表1.5(苏维词,2002;邹幼汉等,2006;庞峰,2008;谢民峰,2008;姚珩等,2008;喻元秀等,2008;赵馨,2009;郝建强等,2014;李华穗,2015;吕巍等,2016;聂勇勇等,2016)。其中乌江流域主要水库中属于大(一)型水库的有:洪家渡水库、乌江渡水库、构皮滩水库、思林水库、彭水水库;属于大(二)型水库的有：普定水库、引子渡水库、东风水库、索风营水库、红枫水库、沙沱水库、银盘水库。

表 1.5　乌江流域主要水库的基本特征

水库名称	所在地区	流域面积/km²	正常蓄水位/m	死水位/m	总库容/调节库容/(×10⁹ m³)	蓄水年份/年	调蓄性能	装机容量/万 kW	设计年发电量/kW·h
引子渡	三岔河	6 422	108.6	105.2	5.43(3.97)	2004	季	36	9.78
普定	三岔河	5 871	114.5	112.6	4.21(2.65)	1994	季	8.4	3.16
洪家渡	六冲河	9 900	114	107.6	49.47(33.61)	2004	多年	60	15.59
东风	乌江干流	18 161	970	936	8.63(4.9)	1994	季	69.5	29.58
索风营	乌江干流	21 862	837	822	1.57(0.58)	2005	日	60	20.11
乌江渡	乌江干流	27 790	760	720	21.4(13.5)	1979	季	128	41.4
构皮滩	乌江干流	43 250	630	590	64.51(31.54)	2009	年	300	96.82
思林	乌江干流	48 558	440	431	16.5(3.17)	2009	日	105	40.64
沙沱	乌江干流	54 508	365	535	6.31(2.87)	2008	日	112	45.52
彭水	乌江干流	69 000	290	278	14.65(5.18)	2008	季	175	63
银盘	乌江干流	74 910	215	211.5	3.2(0.37)	2011	日	60	26.9

　　乌江梯级水电站是我国十二大水电基地之一，是我国目前已建梯级水库中，调节性能最好、调度最为复杂的梯级水库群之一。该梯级水库群节能减排贡献十分显著，其每年可节约标准煤 1.71 亿 t，年减少 CO_2 排放量 3.42 亿 t。印证了梯级水电工程的重大节能与减排作用，为我国水电定价与乌江梯级水库补偿政策的争取提供了科学参考(齐青青等，2012)。

参 考 文 献

蔡为武.2001.水库及下游河道的水温分析[J].水利水电科技进展,21(5)：20-23.

陈庆伟,刘兰芬,刘昌明.2007.筑坝对河流生态系统的影响及水库生态调度研究[J].北京师范大学学报（自然科学版）,43(5)：578-582.

陈沈良,陈吉余.2002.河流建坝对海岸的影响[J].科学,54(1)：12-15.

杜忠明,吴云,佟明东,等.2008.西南水电资源开发现状与问题[J].中国电力,41(9)：12-16.

贵州省地理志编纂委员会.1988.贵州省地理志：下册[M].贵州：贵州省人民出版社.

贵州省地质矿产局.1987.中华人民共和国地质矿产部地质专报：区域地质志第7号贵州省区域地质志[M].北京：地质出版社.

贵州省环境科学研究设计院.2008.乌江流域（贵州区）水污染防治规划[M].贵阳：贵州省环境科学研究设计院.

国家统计局.2009.中国统计年鉴[M].北京：中国统计出版社.

韩至钧,金占省.1996.贵州省水文地质志[M].北京：地震出版社.

郝建强,田战锋.2014.沙沱水电站右岸大坝基础廊道裂缝处理措施[J].水利水电技术,45(5)：17-19.

胡艳.2012.不同库型水库汛期泥沙冲淤影响分析[D].沈阳：沈阳农业大学.

李华穗.2015.贵州乌江彭水和银盘梯级水电站短期发电优化调度方式[J].水利水电快报,36(4)：60-61.

李世东,陈萍,刘一兵.2001.中国水力资源状况及开发前景[J].水力发电,(10)：33-37.

刘丛强,汪福顺,王雨春,等.2009.河流筑坝拦截的水环境响应：来自地球化学的视角[J].长江流域资源与环境,18(4)：384-396.

刘洪波,朱梦羚,王精志,等.2013.水库水动力对水体富营养化影响[J].水资源与水工程学报,24(2)：19-21.

刘小龙,汪福顺,白莉,等.2015.河流梯级开发对乌江中上游水体溶存N_2O释放的影响[J].上海大学学报(自然科学版),21(3):301-310.

吕巍,王浩,殷峻暨,等.2016.贵州境内乌江水电梯级开发联合生态调度[J].水科学进展,27(6):918-927.

罗菲.2016.浅谈我国水能资源开发利用规划现状及对策分析[J].水能经济,(4):224.

聂勇勇,曹威.2016.浅析乌江流域水资源综合开发利用[J].科技展望,26(36):222-224.

庞峰.2008.论乌江思林水电站综合利用与特征水位的关系[J].水电勘测设计水电勘测设计,(1):5-9.

庞峰.2005.乌江梯级水电站在贵州西电东送中的作用[J].水利水电技术,36(9):11-13.

齐青青,赵宏杰,张泽中,等.2012.乌江梯级水库优化调度节能减排贡献研究[J].西北农林科技大学学报(自然科学版),40(11):207-210.

钱玉杰.2013.我国水电的地理分布及开发利用研究[D].兰州:兰州大学.

苏维词.2002.乌江流域梯级开发的不良环境效应[J].长江流域资源与环境,11(4):93-97.

覃黎明.2016.我国水能资源发展现状及前景[J].中国科技纵横,(4):222.

唐从国.2006.基于GIS的乌江流域(贵州境内)非点源污染评价[D].贵阳:中国科学院地球化学研究所.

唐旺,周孝德,袁博.2014.不同类型水库对库区及河道水温的影响[J].水土保持通报,34(6):184-188.

吴正缇,庞增铨,胡润伍,等.1990.乌江-赤水河水系水环境背影值研究[M].贵阳:贵州省环境保护科学研究所.

夏品华,林陶,李存雄,等.2011.贵州高原红枫湖水库季节性分层的水环境质量响应[J].中国环境科学,31(9):1477-1485.

谢民峰.2008.思林水电站水轮机参数选择研究[J].贵州水力发电,22(4):58-61.

谢树庸.2005.贵州乌江梯级水电站工程地质特征[J].贵州水力发电,19(5):5-9.

姚珩,冯新斌.2008.乌江流域新建水库水体汞的分布特征[J].矿物岩石地球化学通报,27(Z1):522-524.

喻元秀,刘丛强,汪福顺,等.2008.洪家渡水库溶解二氧化碳分压的时空分布特征及其扩散通量[J].生态学杂志,27(7):1193-1199.

曾筠.2016.西南地区大规模水电站群长期跨流域补偿优化调度方法研究[D].大连:大连理工大学.

张发华.1987.我国水电站大坝安全现状[J].大坝与安全,(1):34-38.

张田勘.2005.失去自由的河流[J].绿叶,(7):46-48.

张远,郑丙辉,富国,等.2006.河道型水库基于敏感性分区的营养状态标准与评价方法研究[J].环境科学学报,26(6):1016-1021.

张志川.2012.西南地区大量建设水电站的影响[J].科技信息,(25):128.

赵馨.2009.普定水库水体、沉积物中不同形态汞的迁移转化规律[D].重庆:西南大学硕士学位论文.

钟华平,刘恒,耿雷华.2008.怒江水电梯级开发的生态环境累积效应[J].水电能源科学,26(1):52-55.

邹幼汉,罗斌,胡滢.2006.构皮滩水电站水能设计[J].人民长江,37(3):2-4.

邹执寰.2015.四川省重点流域水电开发的区域经济发展综合影响分析[D].成都:四川省社会科学院.

CHAO B F, WU Y H, LI Y S. 2008. Impact of artificial reservoir water impoundment on global sea level[J]. Science,320(5873):212-214.

RANGEL L M, SILVA L H S, ROSA P, et al. 2012. Phytoplankton biomass is mainly controlled by hydrology and phosphorus concentrations in tropical hydroelectric reservoirs[J]. Hydrobiologia,693(1):13-28.

(本章作者:喻元秀)

第2章
乌江中上游河流-水库体系水化学特征及流域 CO_2 消耗

全球环境变化是人类赖以生存和发展的地表环境经历了天文、地文、生(物)文进入人文时期出现的全球性普遍现象,是人类面临的重大且紧迫的环境问题。水圈层作为连接地表各圈层的重要环节,是全球环境变化研究的重要内容。

全球性水质研究开始于 20 世纪 50 年代,目前已取得丰硕成果,报道世界各大河流的文献也相当丰富(Gaillardet et al.,1999a;Gaillardet et al.,1999b;Galy et al.,1999;Justic et al.,1995;Lawrence et al.,2000;McIsaac et al.,2002;Meybeck,1982;Pawellek et al.,2002;Raymond et al.,2003)。中国的研究者也对我国的河流进行了大量的工作(王保栋,2002;张利田等,2000;赵继昌,2003;陈静生等,2000;陈静生、夏星辉、蔡绪贻,1998;陈静生等,1999;陈静生、关文荣,1998;陈静生、关文荣、夏星辉等,1998;陈静生,2000b)。陆地水资源质量变化也是全球环境变化的一个重要方面,但由于陆地水质在不同情况下差别很大,水质监测仍不完善,且各地社会经济发展状况差异悬殊等原因使得难以在统一的尺度下研究人类活动与水质变化。全球性及区域性水质变化仍然需要深入研究(陈静生,2000a)。

我国河流水化学性质的空间变化规律的研究始于 20 世纪 60 年代初。乐嘉祥和王德春(1963)利用 1957~1960 年近 500 多条河流的水化学资料,绘制了我国"中国河流水化学图""中国河流总硬度图""中国河流水化学分带图"。随后于 20 世纪 70 年代完成了我国 600 万分之一的河水矿化度图、总硬度图、水化学类型图及离子径流模数图(刘培桐等,1981)。20 世纪80 年代初,胡明辉等(1985)根据对我国长江、黄河、雅鲁藏布江、澜沧江及鸭绿江等的研究指出:中国河流水体的离子组成主要受碳酸盐岩风化作用和蒸发岩溶蚀作用的影响,受铝硅酸盐岩风化作用的影响次之。20 世纪 90 年代初,张立成和董文江(1990)的研究表明,我国东部河水的 pH、矿化度、硬度、COD(Chemical Oxygen Demand)、化学稳定性、酸碱缓冲容量等的变化具有区域一致性。许烔心(1994)以我国东部季风影响区 7 大水系(松花江、辽河、海河、黄河、淮河、长江和珠江)的 70 个代表性水文站的水化学资料为基础,运用定量的方法研究了我国自然带的化学剥蚀过程,指出了我国河流化学剥蚀的地带性分布受不同自然带气候、森林覆盖等因素的控制(转自陈静生等,1999)。

水体的基本化学组成在受到岩性、气候、植被等自然因素控制的基础上,近些年来又受到流域内人为活动的影响:(1) 河流拦截工程的影响。这主要表现为水库蓄水后对河流搬运物质的拦截,以及水库生物地球化学反应对河水溶解质的吸收利用、分解释放等关键过程。例如,张经、沈志良等根据长江干流及其主要支流的水化学数据和模式计算结果,分别预测了三峡大坝对长江营养盐输送及其长江口营养盐分布的可能影响(Zhang et al.,1999;沈志良,1991);Humborg 等研究了河流筑坝后对溶解硅(Dissolved Silicate,DSi)向波罗的海和黑海输送通量的改变,并推测该变化可能对波罗的海沿海生态结构和生物地球化学循环造成深远影响(Humborg et al.,2000,1997;Dynesius et al.,1994);(2) 流域工农业生产活动向河流大量输入污染物质,极大地改变了河流化学组成。例如,对 1962～1984 年水文资料的分析以及 20 世纪 80 年代对河口多次监测表明,长江干流溶解无机氮在过去 30 年中一直呈上升趋势(段水旺等,1999;段水旺等,2000;陈静生,1999)。同时,氮超负荷已经成了一个全球性的水环境问题。

此外,流域酸沉降,土地利用变化等造成的风化强度变化也是影响河流水化学的重要因素。比如,位于长江中、上游的四川和贵州是我国酸雨最严重的地区之一,雨水的 pH 经常在 4.0～5.0 之间。而从当地岩石类型看,主要为石灰岩和富含碳酸盐的三叠砂、页岩(碳酸盐含量高达 30%)。在这样的情况下,严重酸雨必将加强对碳酸盐岩石的溶蚀,导致地表水中 SO_4^{2+} 和 Ca^{2+} 的含量增高和碱度降低,从而使总硬度与总碱度的比值升高。总硬度与总碱度的比值被看作是天然水是否受人为酸化影响的指标。当总硬度与总碱度的比值等于 1 时,表明石灰岩的溶解只受到天然水中碳酸的影响;当其比值大于 1 时,则表示天然水中有人为酸的输入。由此认为,当地严重酸雨与碳酸盐的作用是造成上述水质变化的主要原因(陈静生,1998c)。此外该区是我国主要的农业区,从农业土地上大量流失的氮肥被氧化也是一个主要的人为酸源。

2.1　乌江流域基本水化学特征

乌江发源于贵州省威宁县的乌蒙山麓,经彭水、武隆在涪陵城东注入长江。河流全长 1 037 km,流域面积 8.79 万 km^2,多年平均年径流量 534 亿 m^3,多年平均流量 1 690 $m^3 \cdot s^{-1}$。乌江是贵州省内流域面积最大的水系,干流在贵州省的总落差 2 124 m,平均比降 2.05‰,属于山区河流。河网密度 0.14～0.3 $km \cdot km^{-2}$。乌江在贵州省的主要支流有三岔河、六冲河、猫跳河、野济河、偏岩河、湘江、清水河、余庆河、石阡河、印江河、洪渡河,重庆境内主要支流有郁江、芙蓉江、大溪河。为进行水资源开发,流域内修建了系列梯级水库,如:乌江渡水库、修文水库、东风水库、百花水库及红枫水库等。乌江流域碳酸盐岩广泛分布,喀斯特发育。乌江中上游位于黔中地区,流经毕节、六盘水、贵阳、遵义、黔南、铜仁等地、州、市,共 45 个县(市)。中、上游支流发源于碳酸盐岩区,水质类型以重碳酸钙型和重碳酸钙镁型为主,年均 pH 为 7.1～7.9,年均总硬度为 9～20 德国度,矿化度为 100～300 $mg \cdot L^{-1}$。该区域涵盖贵州省境内部分石漠化地区。石漠化发育、流域侵蚀等过程都在河流化学组成上得到反馈。因此,详细调查区域内河流水化学特征对于认识区域内物质循环规律、石漠化地区养分流失速率、途径、方式等具有重要意义。

2.1.1　数据来源与分析方法

从我国水利部《水文年鉴》、生态环境部等相关单位收集相关水文监测站点的全部水化学监测数据,所有数据录入后用 Grubbs 检验法剔除异常值,统一进行分析。在本章分析中选定 2000 年作为基准年来了解全流域水化学分布状况,数据的选取原则按照:对于 2000 年有数据的水文监测站按当年平均值为准,当年没有监测的按最靠近 2000 年的年份数据为准。

我国主要流域水文站水化学测定用水样每月采集 2 次、4 次不等,1987 年前水样用滤纸过滤,此后用 0.45 μm 滤膜过滤,然后进行分析。数据的分析一般由水利部委托相关实验室完成。水样主元素分析具体方法参照 Alekin(1973) 及 American Public Health Association (APHA)(1985)所述方法。各组分测定方法如下:Ca^{2+}、Mg^{2+}(EDTA 滴定/原子吸收)、

Na^+、K^+(离子平衡差减或原子吸收法)、HCO_3^-(滴定)、溶解 CO_2(滴定)、SO_4^{2+}($BaCl_2$滴定)、Cl^-($AgNO_3$滴定)、SiO_2(硅钼蓝法)。pH 现场测定。

虽然水文年鉴中的历史数据经常是缺乏 QA/QC(Quality Assurance/Quality Control)信息的,但年鉴报告的数据仍然是可信的。这是因为研究地区的总溶解固体(Total Dissolved Solids,TDS)浓度很高,主元素浓度达到毫克每升水平,而且涉及的分析方法为传统实验室常用方法。此外,Chen(2002)对比了另一重点水质站(武汉关)的主元素分析数据与联合国 GEMS/Water Program 在该站的监测数据,结果表明两者具有很好的一致性。因此可以认为,水文年鉴数据是可靠的。

此外,2006～2007 年,我们对乌江流域干、支流水库进行了系统采样、分析工作。从 2006 年,按季节采集了乌江中上游干、支流水库(洪家渡水库、引子渡水库、百花水库、索风营水库、东风水库、乌江渡水库)及其入库、出库河流端元的水体,并按照国标方法,对样品中相关参数进行了测定(现场测定及实验室测定)。

2.1.2 乌江中上游河流-水库群基本水化学状况

与世界大河相比,乌江干、支流水化学组成中在重碳酸根比例上与世界许多大河具有显著差别,乌江水系阴离子组成中 HCO_3^- 占极大比例,这与乌江水系大部分流经碳酸盐岩地区有关,反映了流域岩性对水化学组成的控制(图 2-1)。

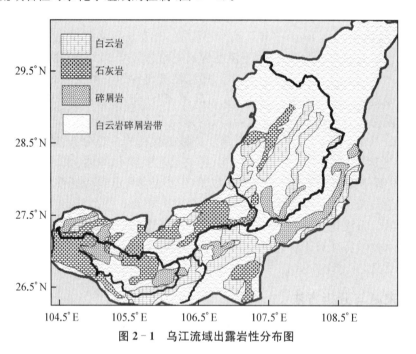

图 2-1 乌江流域出露岩性分布图

由于石灰岩的溶解速率比最不稳定的铝硅酸盐矿物的溶解也要快几个数量级,因此当它们存在时,水中的溶解质将主要由碳酸盐岩的溶解控制。从图 2-1、图 2-2 可以看出,乌江水系中常量离子组成与该区域岩性紧密相关。

乌江流域表层水的水温:丰水期为 20.8～30.3 ℃,平均值为 23.5 ℃;枯水期为 5.8～17.4 ℃,平均值为 12.5 ℃。乌江河水温度的季节性变化非常明显。乌江河水的 pH:丰水期为 8.0～8.9,平均值为 8.4;枯水期为 7.7～8.9,平均值为 8.5。如此高的 pH 表明了乌江河水呈弱碱性,反映了喀斯特地区的特性。乌江流域表层水中溶解氧(Dissolved Oxygen，DO)：丰水期为 7.1～11.8 mg · L⁻¹，平均值为 9.4 mg · L⁻¹；枯水期为 6.7～16.3 mg · L⁻¹，平均值为 10.5 mg · L⁻¹。如此高的溶解氧浓度可能与乌江干流落差大，河床坡降大有关，反映了乌江河水复氧能力很强，水质较好。乌江河水电导率：丰水期为 0.24～0.41 mS · cm⁻¹，平均值为 0.32 mS · cm⁻¹；枯水期为 0.33～0.61 mS · cm⁻¹，平均值为 0.42 mS · cm⁻¹。电导率的季节性变化表现为枯水期大于丰水期，这种变化与乌江流域的水文气候特征有关：丰水期受到降水的稀释作用；枯水期受到地下水的补给作用。按照 O. A. 阿列金的划分标准，乌江流域河水属于[C] Ca Ⅱ 型水，离子含量顺序为：$HCO_3^- > SO_4^{2-} > Cl^-$，$Ca^{2+} > Mg^{2+} > Na^+ + K^+$。乌江流域河水主离子含量的变化特征充分体现了贵州喀斯特地区流域内大面积出露的碳酸盐岩对河水的影响。

图 2-2 反映了乌江水系河流溶解质的全流域分布特征。矿化度反映了河流溶解质总量，对于解释区域岩性、溶解质来源具有重要意义。硬度分布主要反映水体钙、镁离子含量。河水中钙、镁离子主要来自碳酸盐岩及硅酸盐矿物风化溶解。由于碳酸盐岩风化溶解速率比硅酸盐矿物溶解快许多，在碳酸盐岩广泛分布的地区，河水中钙、镁离子则主要来自碳酸盐岩风化溶解。从图 2-2 可以清楚地看到，乌江流域内灰岩、白云岩分布与河流硬度分布特征很相似，也表明了碳酸盐岩对乌江流域水系河流钙、镁离子含量的控制。同样，钙、镁、重碳酸根在全流域分布中的高值区域也与流域碳酸盐岩主要出露地带吻合，反映了区域岩性对水化学组成的控制。

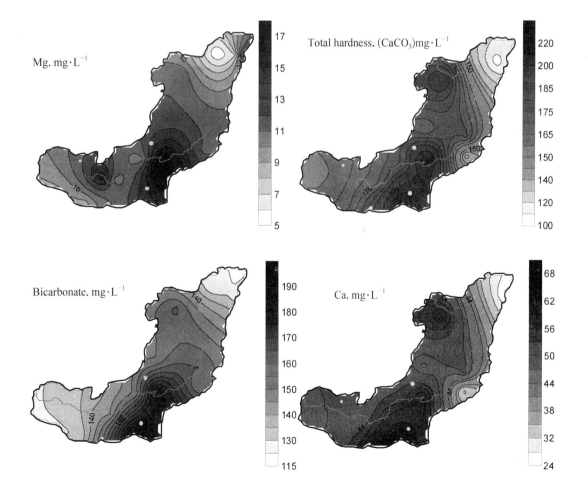

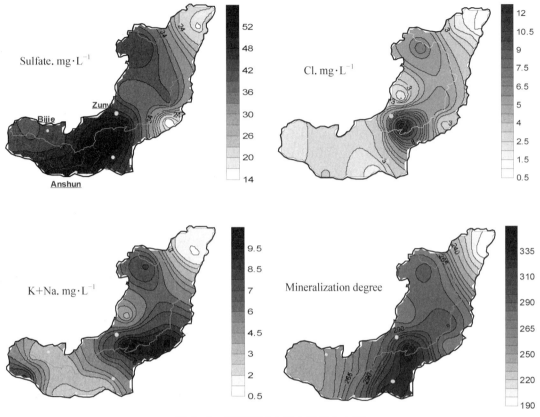

图 2-2 乌江流域水系水化学分布图

河水中硫酸根在乌江中上游地区中浓度很高,其中毕节以下,贵阳—遵义一线水体中硫酸根浓度最高,应该与该区域内严重的煤矿开采、酸雨沉降关系密切,如遵义市本身就属于重酸雨区。K+Na 与 Cl 离子在乌江全流域分布比较一致,但最大最小值之间差别达到 10 倍。K+Na 与 Cl 离子主要在湘江河汇入乌江的区域达到最大浓度,这可能暗示来自遵义的污染对乌江水体水化学组成影响较大。

2.1.3 梯级水库群水化学演化

在河流水环境研究中,常量元素常常被认为是具有保守的地球化学行为。但是河流拦截蓄水后,形成的人工水库兼具了天然河流和湖泊的双重特性。水库中生物地球化学循环过程的加强可能对水化学组成带来一定影响。为识别这种水库过程对水化学信息的改造,我们针对乌江中上游梯级水库群开展了相应工作。观测区域见图 2-3。

由于进出水库水体的水化学组成差别较小,常规数据处理方法难以将水库过程导致的细微差别体现出来。因此,本研究通过将各水库入库河流、水库分层水体的水化学参数进行标准规格化,然后用标准化数据进行三角图解(图 2-4)。六冲河及三岔河上的系列梯级水库是乌江重要的南北源支流水库,其共同汇入乌江干流水库(东风水库)。由于研究区的水库所处地质背景相似,而且展布在较小范围内,因此水体化学组成整体上受区域岩性控制,但其细微差异性变化主要受河流的水库过程影响。图 2-4 中的三角图解清楚地勾勒出水化学组成的演

图 2-3　乌江中上游流域主要水库分布图及采样点站位图

化过程与方向,这表明水利开发过程可以导致水体基础水化学组成的细微变化,而梯级开发则逐渐累积了这种细微变化。

　　水化学组成在梯级水库群-河流体系中的逐渐演化,一方面反映了不同支流水化学组成的差异性,另一方面也体现了河流湖沼化过程的生物地球化学作用的逐渐增强。这种由于水库过程产生的河流水化学组成改变,会对以水化学为基础的流域化学风化估算带来影响。

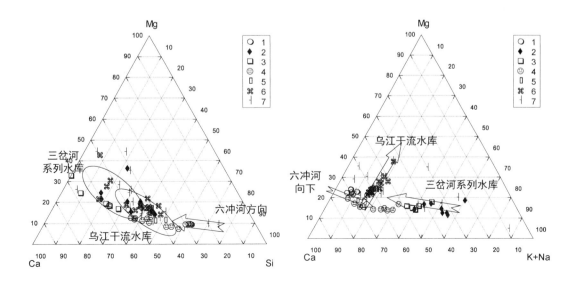

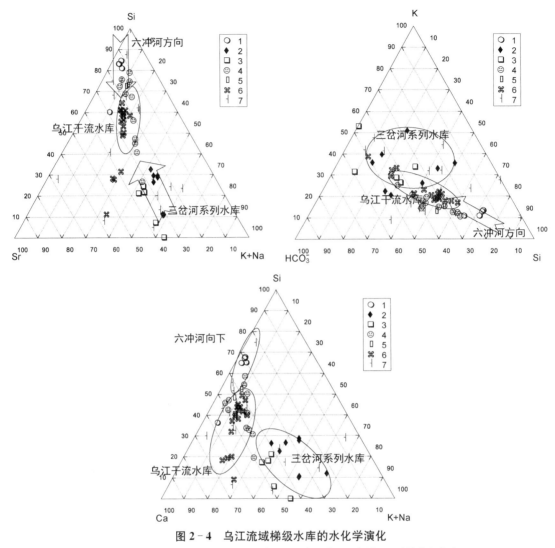

图 2-4 乌江流域梯级水库的水化学演化

1—洪家渡；2—普定；3—引子渡；4—东风；5—索风营；6—东风；7—流域内各支流

2.2 猫跳河梯级水库群水化学组成来源分析

2.2.1 猫跳河流域主要水库分布

猫跳河是乌江中上游南部重要支流。与乌江流域整体岩性相似，猫跳河流域位于喀斯特区域，流域内发育灰岩、白云质灰岩、局部发育页岩。流域内平均降水 1 200 mm，平均气温 13.8 ℃。区内植被覆盖良好。自 20 世纪 50 年代后期开始至 70 年代结束，该流域内新建了一系列人工水库，目前已经建成红枫水库、百花水库、修文水库、窄巷口水库、红岩水库等五级水库和六级电站(图 2-5)。猫跳河因此成为我国第一条全流域开发河流，实现了流域水能的全部利用。该梯级水库群也是研究水库效应的良好实验场地。

2.2.2 猫跳河流域水化学组成

阴阳离子三角图可以表征河水化学组成与不同风化来源贡献大小之间的关系。在阴离子三角图中,如果只有 H_2CO_3 参与碳酸盐岩的风化,只会产生 HCO_3^- 而没有其他的阴离子,所有数据点会落在 HCO_3^- 一端;只有硫酸盐蒸发岩风化的数据点应全部落在 SO_4^{2-} 一端;H_2SO_4 参与碳酸盐岩的风化时,数据点则应落在 $SO_4^{2-}/HCO_3^- = 1 : 1$ 处;H_2CO_3 和 H_2SO_4 共同参与钙镁硅酸盐的结果是 HCO_3^-,SO_4^{2-} 与 Si 的比值均为 $2 : 1$。在阳离子三角图中,石膏的风化数据点全落在 Ca^{2+} 一端;碳酸盐岩风化数据点则落在 $Ca^{2+} \sim Mg^{2+}$ 轴线上,具体位置随 Ca^{2+}、Mg^{2+} 含量的变化而变化,

图 2-5　猫跳河流域主要水库分布图

如方解石风化全落在 Ca^{2+} 一端,白云岩风化点位于 $Ca^{2+} \sim Mg^{2+}$ 轴线中点;硅酸盐风化数据点则偏离 $Ca^{2+} \sim Mg^{2+}$ 轴线向 $Na^+ + K^+$ 一端靠近。

图 2-6a 显示所有点都落在偏离 Si 的 $HCO_3^- \sim SO_4^{2-}$ 线附近的中部,$(HCO_3^- + SO_4^{2-})/$

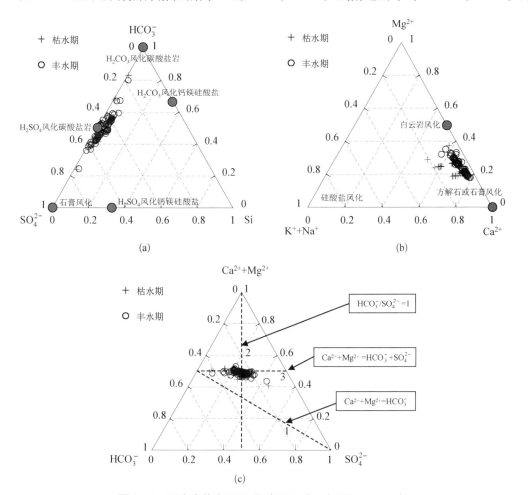

图 2-6　研究水体主要阴、阳离子组成三角图 $(\text{meq} \cdot L^{-1})$

($HCO_3^- + SO_4^{2-} + Si$) 大于 92%, $HCO_3^- / (HCO_3^- + SO_4^{2-} + Si)$ 在 23.96% ~ 83.18% 之间, $SO_4^{2-} / (HCO_3^- + SO_4^{2-} + Si)$ 在 16.25% ~ 74.50% 之间, 而阳离子三角图(图 2 − 6b)上的点都落在偏离 $K^+ + Na^+$ 的 $Ca^{2+} \sim Mg^{2+}$ 线附近偏 Ca^{2+} 附近, 说明河水的水化学离子主要来源于 H_2CO_3 和 H_2SO_4 对碳酸盐岩的风化, 同时也有石膏和硅酸盐风化的参与, 而硅酸盐风化对河水阴离子的贡献很小。($Ca^{2+} + Mg^{2+}$) $\sim HCO_3^- \sim SO_4^{2-}$ 三角图(图 2 − 6c)很好地反映了碳酸盐岩地区河水的离子平衡关系, 图中 1 ~ 3 三条线分别代表了只有 H_2CO_3 参与碳酸盐岩风化 ($Ca^{2+} + Mg^{2+} = HCO_3^-$)、只有 H_2SO_4 参与碳酸盐岩风化 ($HCO_3^- = SO_4^{2-}$)、H_2CO_3 和 H_2SO_4 共同参与碳酸盐岩风化 ($Ca^{2+} + Mg^{2+} = HCO_3^- + SO_4^{2-}$) 三种平衡关系。图中大部分点都落在线 3 附近, 而偏离线 1、2 较远, 可以说明以下两点: (1) 再次证明了"H_2CO_3 和 H_2SO_4 共同参与碳酸盐岩风化"; (2) SO_4^{2-} 对阴阳离子平衡起了重要作用, 另外图 2 − 6a 中大部分点都落在 "H_2SO_4 风化碳酸盐岩"图斑附近, 说明 H_2SO_4 参与下的碳酸盐岩风化对水化学的重要作用。

2.3　乌江流域河流水气界面二氧化碳扩散通量

　　河流是连接大陆和海洋的关键纽带, 对陆-海营养盐输送有着重要作用。其碳输送构成全球碳循环中重要的环节。估算表明: 每年约 10^{15} g C · a^{-1} 被输送到海洋(Meybeck, 1982; 高全洲等, 1998; Dyrssen, 2001)。河流向海洋输送的碳的形式主要包括: 溶解无机碳(DIC = $[CO_2]aq + [HCO_3^-] + [CO_3^{2-}]$)、溶解有机碳(Dissolved Organic Carbon, DOC)、颗粒无机碳及颗粒有机碳(Particulate Inorganic Carbon、Particulate Organic Carbon, PIC、POC)。其中, 受到 DIC 各相与大气 CO_2 的热力学平衡关系及河流内部各种生物地球化学过程的影响, DIC 在通过河流运输过程中可以发生复杂的转化过程, 并可以敏感地响应河流的碳平衡状态。河流无机碳与大气 CO_2 之间的相互转化关系也影响到河流碳输送通量(Mayorga et al., 2005)以及河流 DIC(Dissolved Inorganic Carbon)的来源及归宿。自然环境的任何波动都会在河流碳通量上反映出来, 通过研究河流碳通量的变化也可以认识自然环境的变化, 它与陆地生态系统的变化关系更加密切(高全洲等, 1998)。其中, 河水中溶解 CO_2 连接着河流碳体系与大气碳体系, 是河流成为大气 CO_2 的源/汇关系转化的重要中间介质, 其控制着气/水相之间的交换速率。

　　许多关于世界大江大河、湖泊以及边缘海等水体环境的研究, 都发现了溶解二氧化碳浓度明显高于与大气二氧化碳平衡的水体中二氧化碳浓度(Abril et al., 2000; BakKer et al., 1999; Barth et al., 1999; Cole et al., 2001; Galy et al., 1999; Hélie et al., 2002; Jarvic et al., 1997; Raymond et al., 1997; Richey et al., 2002; Semiletov et al., 1996; Telmer et al., 1999), 并认为可以造成在下游地区的二氧化碳"脱气", 成为区域碳收支平衡中的重要组成部分(Mayorga et al., 2005)。然而作为陆-海相互作用的重要载体——河流, 其原有的自然过程正受到流域内不断加强的人文活动的强烈冲击(Ittekkot, 1988; Degens et al., 1991), 其中如河流水库化进程及其衍生的富营养化过程等问题可以算得上是对河流自然状态最显著、最广泛的人为影响事件(Harris, 1994; Farrington, 1992)。因此, 观察到的这种河水中 CO_2 过饱和的现象在短时间尺度上可能发生变化, 基于传统河流地球化学特征获得的认识可能要进行一定的修正。

　　在本节中, 我们利用乌江流域各主要水文监测站点的监测数据, 从次级流域角度全面观察河流-大气之间二氧化碳之间的交换通量, 及其控制因素。

2.3.1　流域基本情况

乌江发源于贵州省威宁县的乌蒙山麓,由西向东贯穿贵州省中部,至沿河县北部进入重庆酉阳县万木镇,沿酉阳边界流过,经彭水、武隆,在涪陵城东注入长江。乌江干流全长 1 037 km,其中贵州省境内 802 km,重庆境内 235 km(酉阳龚滩镇)。乌江流域面积是 87 920 km²,多年平均流量 1 690 m³·s⁻¹。乌江中上游位于黔中地区,流经毕节、六盘水、贵阳、遵义、黔南、铜仁等地、州、市,共 45 个县(市),是贵州目前最发达的地区,流域居住人口 1 800 万人。流域内企业较多,污水及水污染物排放量较大;矿产资源丰富,小煤窑、乡镇企业铅锌矿开采及冶炼点较多,致六冲河、三岔河、响水河、猫跳河、息烽河、清水河和湘江被严重污染,许多河段达不到保护功能类别。

乌江是贵州省内流域面积最大的水系,干流在贵州省的总落差达 2 124 m,平均比降 2.33‰,属于山区河流。河网密度 0.14~0.3 km·km⁻²。贵州省境内多年水资源量 376 亿 m³,重庆市入境水量 396.7 亿 m³,流域面积 2.85 万 km²。乌江在贵州省的主要支流有三岔河、六冲河、猫跳河、野济河、偏岩河、湘江、清水河、余庆河、石阡河、印江河、洪渡河,在重庆境内主要支流有郁江、芙蓉江、大溪河。为进行水资源开发,流域内修建了系列梯级水库,如乌江渡水库、修文水库、东风水库、百花水库及红枫水库等(图 2-7)。

图 2-7　乌江流域水系图及主要监测站点位置

乌江流域碳酸盐岩广泛发育,喀斯特十分发育,许多河流常为季节性河流。河流切割深度各地差别较大,上游及位于高原面上的众多支流,如南岸的猫跳河、南明河等,一般切割深度在

200～300 m,甚至更小。中下游干流段,河谷切割深度一般在 500～700 m,局部可达 800 m 以上。河流纵剖面多为上游缓、中游陡的反常形态。中、上游支流发源于碳酸盐岩区,水质类型以重碳酸钙型和重碳酸钙镁型为主。

2.3.2　数据来源及分析

本次研究收集了乌江流域各主要支流、干流站点水文监测数据,数据来源主要由贵州省水利局提供以及来自水文年鉴刊印数据。

水样的分析:如前所述,水样的采集、分析都依据水利系统统一规定。所用分析方法都是各实验室常规分析方法,而且浓度均比较高(达到 mg·L^{-1} 水平),因此数据分析质量在缺乏 QA/QC 信息的条件下仍然是可信的。

2.3.3　结果和讨论

2.3.3.1　流域水情特征

本研究统计了乌江流域干流思南水文站以上干、支流各主要站点的水情数据。

图 2-8 中展示了乌江干流沿程各主要站点年径流量 1981～2000 年中的变化特征。数据显示,1995 年前乌江干流年际间年径流量变化较大,这与流域内进行的一系列梯级电站建设引起的筑坝蓄水有关,如 1982 年竣工的乌江渡水库、1992 年竣工的东风水库等。

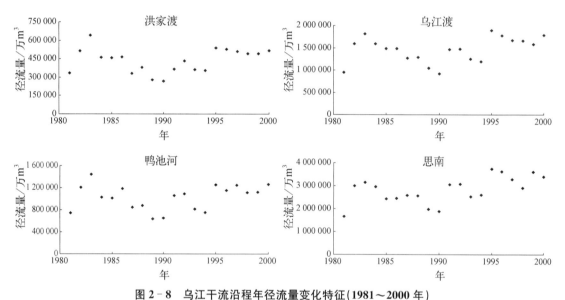

图 2-8　乌江干流沿程年径流量变化特征(1981～2000 年)

2.3.3.2　流域各主要干支流站点无机碳特征

这里,为简化起见,同时考虑到流域内持续进行的水利工程项目,将水化学数据分成两段进行分析(1986～1990 年及 1991～1999 年)。各段内平均数据采用多年算术平均值来代表。

从表 2.1 中可以看出:与 1986～1990 年时间段相比,各干流及支流站游离 CO_2 在 1991～1999 年期间普遍升高(除个别站,如毕节、洞头等),这可能与流域近 20 年内工农业快速发展及人口增长引起的水体有机负荷加重有关。相比较而言,HCO_3^- 的变化较小,但受污染河段可以观察到具有更高的 HCO_3^- 浓度,如湘江、贵阳、洞头等。从干流沿程向下,河水中溶解二氧化碳及重碳酸根浓度具有升高趋势,可能与下游逐渐汇入的污染程度较高河流有关。

表 2.1　乌江流域各主要干支流水文站游离 CO_2 与 HCO_3^- 特征　　单位：$mg \cdot L^{-1}$

站　名		控制河段	游离 CO_2	HCO_3^-	游离 CO_2	HCO_3^-
			（1986～1990 年）		（1991～1999 年）	
干流站	洪家渡	六冲河	2.28	145	2.43	145
	鸭池河	干流段	2.21	143	2.3	141
	乌江渡	干流段	2.89	163	4.64	145
	思南	干流段	2.6	166	5.4	157
支流站	毕节	落脚河	3.45	190	3.08	185
	七星关	六冲河	2.2	136	2.0	134
	阳长	三岔河	2.62	144	3.8	154
	龙场桥	三岔河	3.2	144	2.8	130
	洞头	清水江	6.9	192	4.87	179
	湘江*	湘江河/湄江河	6.47	239	11.2	233
	贵阳*	南明河	12.5	240	10.6	241
	花溪	南明河	2.85	189	3.64	199
	石阡	石阡河	1.98	147	4.6	156
	印江	印江河	2.8	136	3.7	140
	余庆	余庆河	3.55	152	—	164

注：" * "代表具有明显人为污染河段；"—"代表数据缺失。

平衡条件下，溶解 CO_2 与大气 CO_2 遵循亨利定律进行相互交换（Stumm et al.，1981），可以用下式描述。

$$CO_2(g) + aq = H_2CO_3^*$$

$$K_H = [H_2CO_3^*] / pCO_2 (M\ atm^{-1})$$

这里，由于天然水水相中 $[H_2CO_3]$ 极少，$H_2CO_3^*$ 实际上由 $[CO_2]$ 构成。本研究中通过溶解 CO_2 计算其分压，发现乌江流域河水中 pCO_2 普遍高于大气 CO_2 分压（目前世界平均 390 μatm）。这与世界上许多大河都具有 CO_2 过饱和现象一致。在本项研究中，我们将乌江流域干支流各主要水文站 1986～1999 年间计算出的水体 CO_2 分压进行算术平均，并图示在图 2-9 中。

从图 2-9 中可以观察到乌江干流沿程向下水体中溶解二氧化碳分压平均值逐渐升高，在河源区近 1 000 μatm，而在思南段显著增加，平均值达到近 2 400 μatm。已知的几条受人为污染强烈的河流，如清水江、湘江河等具有更高的二氧化碳分压。这主要是由于流域内人为活动（如生活污水、工农业废水排放等）大大增加了河流有机负荷，呼吸过程产生大量 CO_2 所致。余庆河水体溶解二氧化碳分压长期低于大气分压，水体 pH 较高，表明该河一直吸收大气 CO_2。

整体上，乌江水系普遍具有比较高的溶解二氧化碳分压，因此相对于大气 CO_2 而言，因为二氧化碳浓度差的存在，乌江水系水体将一直向大气释放二氧化碳。

2.3.3.3　乌江流域主要干、支流河水中二氧化碳释放通量特征

从图 2-9 可以看出，乌江水系普遍具有较高的溶解二氧化碳分压，因此，可以通过下式计算 CO_2 的扩散通量：

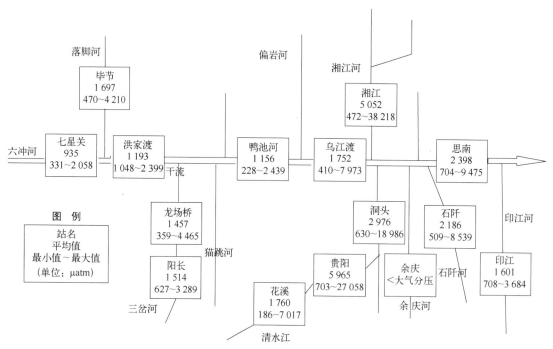

图 2-9 乌江流域主要干支流水体中溶解二氧化碳分压

$$F_{ex} = \frac{D}{z}(C_{eq} - C)$$

其中，F_{ex} 为河水-大气之间 CO_2 的扩散通量；D 为 CO_2 在水中的扩散系数；z 为边界层厚度；C_{eq} 为与大气平衡时的溶解 CO_2 浓度($\mu mol \cdot L^{-1}$)；C 为水体中实际溶解 CO_2 浓度($\mu mol \cdot L^{-1}$)。影响 CO_2 的水气交换过程交换速率(D/z)的因素很多，认为与河流径流、浊度、流速、风速、水深等有很大关系，在时空也有较大变化(Abril et al.，2000)。计算 CO_2 水气交换通量时需要正确合理估计 D/z。乌江流域属于喀斯特河谷地形，河流比降大，同时受梯级筑坝的影响，流速一般具有上游大于下游、支流大于干流的特点。由于没有准确测定乌江水系各河流的 D/z，在本研究中根据世界各类型河流的 D/z，并分析乌江水系干支流水文特征，我们对乌江干支流主要河段平均 D/z 进行了估计：

利用表 2.2 的数据，以及乌江流域水系中溶解二氧化碳的监测数据，我们估算了乌江水系干、支流各主要河段的二氧化碳平均扩散通量(1986~2000 年；个别站点从缺失 20 世纪 80 年代数据)，并将数据图示在图 2-10 中。

表 2.2　乌江流域各主要干支流主要河段 D/z 估计值　　　　单位：$cm \cdot h^{-1}$

主要河段	思南	乌江渡	鸭池河	洪家渡	毕节	七星关	阳长	龙场桥	洞头	湘江	贵阳	花溪	石阡	印江	余庆
D/z	8	10	12	14	14	14	15	15	15	15	15	15	15	15	15

总体上，乌江干流从上游向下，水体中二氧化碳扩散通量逐渐增加。已知的显著受人为污染的河段(如湘江、清水江等)具有很高的二氧化碳扩散通量，可以达到数倍于干流水平。

和干流相比，各支流的水体二氧化碳扩散通量都明显高于干流河段。其中，余庆河河段水

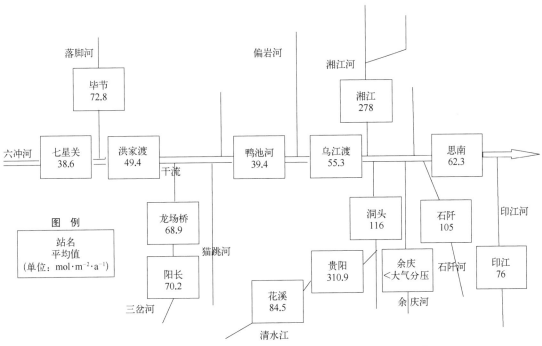

图 2 - 10　乌江流域主要干支流水体中二氧化碳平均扩散通量

体二氧化碳分压长期低于大气分压,因此其长期吸收大气二氧化碳。

和长江干流及部分世界河流相比(表 2.3),乌江水系水体二氧化碳扩散通量明显更高。

表 2.3　乌江、长江及部分其他河流二氧化碳扩散通量　　单位:$mol \cdot m^{-2} \cdot a^{-1}$

河流名称	乌江(思南)	长江干流	Ottawa River	Hudson River	Amazon
F_{ex}	62.3	14.2	14	5.8～13.5	10±2.5
来源	本研究	本研究	Telmer and Veizer, 1999	Raymond, et al., 1997	Richey, et al., 2002

2.3.3.4　原因分析

河流中过饱和的二氧化碳主要来源于流域输入(包括城市输入、土壤、湿地等)和河流中呼吸作用产生。河流一般属于异养型生态系统,流域侵蚀来源有机质往往占河流能量来源一半以上,特别是对于乌江水系这样的山区河流。随着工农业的迅猛发展,大量人为来源的有机质及营养盐被输入到河流中。额外有机质的输入增加了河流呼吸过程,这一过程大大增加了水体二氧化碳含量,如湘江河、清水江。此外,作为我国重要水电开发基地,乌江流域正在以前所未有的速度大规模拦河筑坝。水坝的建设使得河流流速减缓、水生生态系统逐步向湖沼型自养生态系统演化。由于河流中二氧化碳普遍过饱和,水生浮游植物光合固碳过程可能优先固定水体二氧化碳,而不是大气中二氧化碳。图 2-9 中显示,筑坝河段中溶解二氧化碳分压相对较低,如洪家渡水库(洪家渡站)、东风水库(鸭池河站)及乌江水库(乌江渡站)等。因此,由于人为活动向河流输入的额外有机质引起的水体二氧化碳增加在一定程度上可能会受到由于筑坝导致的河流生态系统改变而抵消。

由于缺乏乌江流域水系水面面积数据,本研究没有对全流域水系二氧化碳总扩散量进行估算。但是可以看出,作为长江流域上游重要支流的乌江具有明显高于下游干流的二氧化碳扩散通量,反映了河流-大气之间二氧化碳交换量是河流碳输送的重要途径。

2.4　乌江流域化学侵蚀与二氧化碳消耗

2.4.1　流域化学侵蚀

流域盆地岩石风化作用对大气 CO_2 的消耗的主要依据是大气中 CO_2 对河水中的 HCO_3^- 的贡献比例的大小。如果是碳酸盐类风化产生的 HCO_3^-,那么这些 HCO_3^- 中仅一半来自大气 CO_2,另一半由碳酸盐类的碳酸根本身所提供。假如是硅酸盐类风化作用产物的 HCO_3^-,则所有的 HCO_3^- 均来自大气 CO_2。为对比乌江流域与其他流域化学风化强度,表2.4将长江流域各主要支流水化学组成进行了统计,并作为计算岩石风化 CO_2 消耗的依据。

表 2.4　长江流域各重要支流水化学组成

河流名称	站　点	TDS/ (mg・ L^{-1})	SiO_2/ (mmol・ L^{-1})	SO_4^{2-}/ (mmol・ L^{-1})	HCO_3^-/ (mmol・ L^{-1})	Ca^{2+}/ (mmol・ L^{-1})	Mg^{2+}/ (mmol・ L^{-1})	Discharge/ (km^{-3}・ a^{-1})
金沙江上游	石鼓	292.60	0.12	0.24	2.61	1.00	0.44	41.26
雅砻江		168.9	0.13	0.05	1.88	0.68	0.24	60.36
牛栏江	宁南	227.10	0.11	0.12	2.59	0.85	0.50	5.46
普渡河	高桥	232.80	0.14	0.11	2.72	0.92	0.45	3.19
横江	豆沙关	207.80	0.08	0.34	1.96	0.77	0.70	9.21
岷江	高场	178.70	0.12	0.16	1.94	0.79	0.30	89.88
沱江	李家湾	290.00	0.12	0.35	2.73	1.24	0.43	16.37
嘉陵江		231.5	0.10	0.27	2.35	1.03	0.39	66.86
汉水		222.3	0.11	0.11	2.44	0.89	0.30	53.93
乌江	武隆	227.00	0.09	0.24	2.41	1.11	0.33	52.03
赤水河	茅台	276.3	0.06	0.58	2.34	1.38	0.51	9.74
澧水	长潭河	199.60	0.06	0.05	2.26	0.84	0.30	18.10
资水	桃江	125.80	0.07	0.04	1.42	0.53	0.16	23.94
湘江	湘潭	160.20	0.10	0.09	1.79	0.71	0.17	74.74
沅江	桃源	155.70	0.09	0.04	1.79	0.58	0.31	68.43
赣江	外州	82.70	0.14	0.06	0.86	0.28	0.09	67.17
修水	万家埠	54.90	0.14	0.05	0.52	0.12	0.07	12.30
抚河	李家渡	54.30	0.15	0.05	0.53	0.12	0.07	15.14
饶河	渡峰坑	70.60	0.14	0.08	0.65	0.19	0.08	15.42
信江	梅港	71.10	0.12	0.06	0.70	0.24	0.08	18.26
清江	利川	218.20		0.24	2.25	1.10	0.25	14.73

1 mol 大气 CO_2 转化为河水中的 1 mol HCO_3^-,流域盆地内硅酸盐和碳酸盐化学风化对河水中 HCO_3^- 的相对贡献率分别为 X 和 $Y(X+Y=100\%)$,河水中 HCO_3^- 的平均浓度为 t mol・m^{-3},流域岩石化学风化的大气 CO_2 量为:

$$CO_2 = t \cdot Q \cdot (X + 0.5 \times Y) \tag{2.1}$$

式中: Q 为年均径流量(m^3・a^{-1})。

公式(2.1)提供了通过河水中 HCO$_3^-$ 的浓度来估算大气 CO$_2$ 消耗量的方法。这种计算方法并没有考虑流域酸沉降溶解岩石产生的 HCO$_3^-$。这主要是由于河水中硫酸根可能来源于人为释放的 SO$_2$ 污染及流域蒸发岩溶解,目前较难区分两者相对贡献。蒸发岩溶解不消耗大气 CO$_2$,酸沉降溶解碳酸盐岩并可以产生 HCO$_3^-$,但研究表明流域酸沉降主要集中在川贵地区,对全流域影响相对小。因此本研究忽略酸沉降的影响,这可能使局部二级流域(如川贵地区)的岩石风化消耗的 CO$_2$ 计算值偏高。

2.4.2　长江水系主要支流 CO$_2$ 消耗

根据表 2.4 中的数据,本研究计算了各支流域岩石风化过程中对大气 CO$_2$ 的消耗量,结果如图 2 - 11 所示。

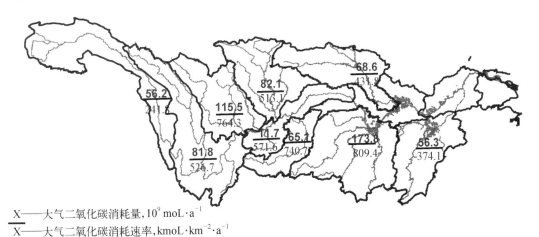

$\dfrac{X——大气二氧化碳消耗量,10^9\,moL\cdot a^{-1}}{X——大气二氧化碳消耗速率,kmoL\cdot km^{-2}\cdot a^{-1}}$

图 2 - 11　长江水系主要支流流域岩石风化过程消耗大气 CO$_2$ 量及其速率(阴影部分为乌江流域)

由图 2 - 11 可以发现:在长江水系各主要流域中,洞庭湖流域岩石风化消耗最多的大气 CO$_2$,以下依次为岷沱江流域、嘉陵江流域、雅砻江-牛栏江流域。二氧化碳消耗速率最大的则为洞庭湖流域,以下依次为岷沱江流域、乌江流域、赤水河流域、雅砻江-牛栏江流域、嘉陵江流域、汉江流域、鄱阳湖流域。其中鄱阳湖流域消耗的大气 CO$_2$ 及其消耗速率都比较低,应该与该地区缺乏碳酸盐岩出露有关。相比较而言,乌江流域大气二氧化碳消耗速率相对较大,表明该地区具有较强的岩石化学风化。

中国主要流域盆地碳酸盐类风化消耗的大气 CO$_2$ 总量是硅酸盐类风化消耗 CO$_2$ 量的 5.23 倍,要远远高于世界上这两类岩石消耗 CO$_2$ 总量之间的比值,即 1.41。这反映了中国流域盆地与世界流域相比的整体显著特征是碳酸盐类风化对河流的影响强烈、而硅酸盐类风化对河水的贡献较弱(李晶莹,2003)。类似的观察结果在长江流域中也可以获得。

参 考 文 献

长江水利委员会.1962—1984.长江水文年鉴[M].

陈静生.2000a.陆地水水质变化研究国内外进展[J].环境科学学报,(1):10 - 15.

陈静生.2000b.我国主要水系(清洁河段)河水溶氧水平及影响因素[J].环境科学学报,20:16 - 20.

陈静生,关文荣.1998.长江干流近三十年来水质变化探析[J].环境化学,17(1):8 - 13.

陈静生,关文荣,夏星辉,等.1998.长江中、上游水质变化趋势与环境酸化关系初探[J].环境科学学报,18(03)：265－270.

陈静生.1997.环境酸化与陆地水水质演化：一个有意义的新研究领域[J].环境科学学报,1：2.

陈静生,夏星辉,蔡绪贻.1998.川贵地区长江干支流河水主要离子含量变化趋势及分析[J].中国环境科学,18(2)：131－135.

陈静生,夏星辉,洪松.2000.长江水质酸化与黄河水质浓化趋势及成因探讨[J].中国工程科学,2(03)：54－58.

陈静生,夏星辉.1999.我国河流水化学研究进展[J].地理科学,(4)：290－294.

陈静生,夏星辉,张利田,等.1999.长江、黄河、松花江60—80年代水质变化趋势与社会经济发展的关系[J].环境科学学报,19(05)：500－505.

段水旺.2000.长江营养元素输送规律及来源的研究[D].北京：中国科学院.

段水旺,章申,陈喜保.2000.长江下游氮、磷含量变化及其输送量的估计[J].环境科学,(1)：53－56.

段水旺,章申.1999.中国主要河流控制站氮、磷含量变化规律初探[J].地理科学,(5)：411－416.

高全洲,沈承德.1998.河流碳通量与陆地侵蚀研究[J].地球科学进展,13(4)：369－375.

李晶莹.2003.中国主要流域盆地的风化剥蚀作用与大气 CO_2 的消耗及其影响因子研究[D].青岛：青岛海洋大学.

沈志良.1991.三峡工程对长江口海区营养盐分布变化影响的研究[J].海洋与湖沼,22(6)：540－546.

王保栋,陈爱萍,刘峰.2002.1998年夏季长江特大洪水入海的化学水文学特征[J].海洋科学进展,20(03)：44－51.

张利田,陈静生.2000.我国河水主要离子组成与区域自然条件的关系[J].地理科学,20(3)：236－240.

赵继昌,耿冬青,彭建华,等.2003.长江河源区的河水主要元素与 Sr 同位素来源[J].水文地质工程地质,(3)：89－98.

ABRIL G, ETCHEBER H, BORGES A, et al. 2000. Excess atmospheric carbon dioxide transported by rivers into the Scheldt estuary[J]. Earth and Planetary Sciences, 330：761－768.

ALEKIN O A. 1973, Handbook of chemical analysis of land waters[M]. Leningrad：Gidrometeoizdat, Russia.

American Public Health Association (APHA). 1985. Standard Methods for the Examination of Water and Wastewater, 16th ed.[S]. Washington, DC：American Public Health Association.

BAKKER D, DEBARR H, DEJONG E, et al. 1999. Dissolved carbon dioxide in tropical East Atlantic surface waters[J]. Physics and Chemistry of the Earth, 24：399－404.

BARTH J, VEIZER J. 1999. Carbon cycle in St.Lawrence aquatic ecosystems at Cornwall (Ontario). Canada：seasonal and spatial variations[J], Chemical Geology, 107－128.

CHEN J, WANG F, XIA X, et al. 2002. Major element chemistry of the Changjiang (Yangtze River) [J]. Chemical Geology, 231－255.

COLE J J, CARACO N F. 2001. Carbon in catchments：connecting terrestrial carbon losses with aquatic metabolism[J]. Marine & Freshwater Research, 52：101－110.

DEGENS E T, KEMPE S, RICHY J. 1991. Biogeochemistry of major world rivers[M]. Chichester：John Wiley & Sons.

DYNESIUS M, NILSSON C. 1994. Fragmentation and flow regulation of river systems in the northern Third of the World[J]. Science, 266(4)：753－762.

DYRSSEN D. 2001. The biogeochemical cycling of carbon dioxide in the oceans-perturbations by man[J]. The Science of the Total Environment, 1－6.

EMILIO M, ANTHONY K A, CAROLINE A M, et al. 2005. Young organic matter as a source of carbon dioxide outgassing from Amazonian rivers[J]. Nature, 436：538－541.

FARRINGTON J. 1992. Overview and key recommendation marine organic geochemistry workshop, January 1990[J]. Marine Chemistry, 39：5－9.

GAILLARDETA J, DUPRE B, ALLEGRE C, et al. 1999. Geochemistry of large river suspended sediments: Silicate weathering or recycling tracer? [J]. Geochimica et Cosmochimica Acta, 63: 4037 - 4051.

GAILLARDETA J, DUPRE B, ALLEGRE C, et al. 1999. Global silicate weathering and CO_2 consumption rates deduced from the chemistry of large rivers[J]. Chemical Geology, 3 - 30.

GALY A, FRANCE C. 1999. Weathering processes in the Ganges: Brahmaputra basin and the riverine alkalinity budget[J]. Chemical Geology, 159: 31 - 60.

GREGORY F M, MARK B D, GEORGE Z G, et al. 2002. Relating net nitrogen input in the Mississippi River basin to nitrate flux in the lower Mississippi River: a comparison of approaches[J]. Nature, 414: 166 - 167.

HARRIS G. 1994. Pattern, process and prediction in aquatic ecology: a limnological view of some general ecological problems[J]. Freshwater Biology, 32: 143 - 160.

HELIE J, HILLAIRE C, RONDEAU B, et al. 2002. Seasonal changes in the sources and fluxes of dissolved inorganic carbon through the St. Lawrence River: isotopic and chemical constraint[J]. Chemical Geology, 186: 117 - 138.

HUMBORG C, CONLEY D, RAHM L, et al. 2000. Silicon retention in river basins: farreaching effects on biogeochemistry and aquatic food webs in coastal marine environments[J]. Ambio, 29(1): 45 - 50.

ITTEKKOT V. 1988. Global trends in the nature of organic matter in the river suspensions[J]. Nature, 332: 436 - 438.

JARVIE H, NEAL C, LEACH D, et al. 1997. Major ion concentrations and the inorganic carbon chemistry of the Humber rivers[J]. The Science of the Total Environment, 194/195: 285 - 302.

JEFFREY R E, JOHN M M, ANTHONY K A, et al. 2002. Outgassing from Amazonian rivers and wetlands as a large tropical source of atmospheric CO_2[J]. Nature, 416: 617 - 620.

JUSTIC D, RABALAIS N, TURNER R, et al. 1995. Stoichiometric nutrient balance and origin of coastal eutrophication[J]. Marine Pollution Bulletin, 30: 41 - 46.

LAWRENCE G B, GOOLSBY D A, BATTAGLIN W A, et al. 2000. Atmospheric nitrogen in the Mississippi River Basin—emissions, deposition and transport[J]. The Science of the Total Environment, 248(2 - 3): 87 - 100.

MEYBECK M. 1982. Carbon, nitrogen, and phosphorus transport by world rivers[J]. American Journal of Science, 282(4): 401 - 405.

PAWELLEK F, FRAUENSTEIN F, VEIZER J, et al. 2002. Hydrochemistry and isotope geochemistry of the upper Danube River[J]. Geochimica et Cosmochimica Acta, 66: 3839 - 3854.

RAYMOND P A, CARACO N F, COLE J J, et al. 1997. Carbon dioxide concentration and atmospheric flux in the Hudson River[J]. Estuaries and Coasts, 20: 381 - 390.

RAYMOND P A, COLE J J. 2003. Increase in the export of alkalinity from North America's largest river[J]. Nature, 301(5629): 88 - 91.

SEMILETOV I P, PIPKO I I, PIVOVAROV N Y, et al. 1996. Atmospheric carbon emission from North Asian lakes: a factor of global significance[J]. Atmospheric Environment, 30: 1657 - 1671.

STUMM W, MORGAN J J. 1981. Aquatic Chemistry, 2nd ed.[M]. Chichester: John Wiley & Sons.

TELMER K, VEIZER J. 1999. Carbon fluxes, pCO_2 and substrate weathering in a large northern river basin, Canada: Carbon isotope perspectives[J]. Chemical Geology, 159: 61 - 86.

ZHANG J, ZHANG Z F, LIU S M, et al. 1999. Human impacts on the large world rivers: Would the Changjiang (Yangtze River) be an illustration? [J]. Global Biogeochemical Cycles, 13: 1099 - 1105.

（本章作者：汪福顺）

第 3 章
乌江水电水库-河流体系中的碳循环过程

筑坝是目前最为显著的人为扰动河流事件。全球约 70% 的河流受到水坝的拦截 (Kummu et al.，2007)。据不完全统计，截至 2008 年，中国已建有超过 80 000 座大型和小型水库，其中坝高 30 m 以上的有 5 000 多座(中国大坝委员会)，几乎所有的主要河流都受到不同程度的筑坝拦截影响。河流梯级筑坝后，原有河道连续渐变水位线变成阶梯状的水位线；河流上游来水进入水库后流速变缓，滞留时间增加，水深加大。同时水库水量人为调节，消峰补平，改变下游流动的峰值和总的径流量，进而引起河流、泛滥平原甚至沿岸三角洲的水文发生变化(Mccartney et al.，2001)。可见，大规模的河流拦截显著破坏了河流连续体和洪水脉动规律，改变了河流生态系统中原有的物质场、能量场，直接影响 C、N、P、Si 等生源要素的生物地球化学行为(Humborg et al.，2016；向鹏等，2016；Peng et al.，2014；Zhou et al.，2013)。梯级水库对不同种类营养盐拦截效率的不同导致水体营养盐比例发生显著变化，进而影响了蓄水河流生态系统的物种构成、栖息地分布以及相应的生态功能(Karr，1991)。

蓄水河流碳收支是陆地碳收支的重要组成部分(Regnier et al.，2013；Aufdenkampe et al.，2011)。现有的利用纬度模式或库龄模式进行的全球水库碳排放的估算模式有待商榷 (Barros et al.，2011)，主要在于该模式没有考虑水库间滞留时间的不同及其影响(Wang et al.，2015)。而对河流-水库体系碳生物地球化学循环过程和机理的全面认识是蓄水河流碳收支准确估算的基础。碳酸盐岩风化消耗大气 CO_2 被认为是全球重要的碳汇，对全球大气 CO_2 浓度的升高可能起到了重要的缓冲作用(Liu et al.，2015)。喀斯特河流水化学主要受碳酸盐岩风化作用影响(Chetelat et al.，2008)，被大坝拦截后易于形成峡谷型水库。这些水库既具有水体分层等湖沼学特点，又具有底层泄水和反季节蓄水等人为调控的特点，此外梯级水电开发产生更为复杂的累积效应(Wang，2010；刘丛强等，2009)，最终形成了特有的碳的生物地球化学循环模式。目前对喀斯特河流-水库体系碳循环还缺乏全面的理解。为此，我们以中国西南梯级筑坝河流——乌江为例，调查分析了其河流-水库体系的碳及其同位素特征和相关的环境因子，了解喀斯特河流筑坝对碳生物地球化学循环的影响。

3.1 研究区域及数据来源

3.1.1 研究区域

乌江是长江上游右岸最大支流，也是贵州省的最大河流，具有典型的喀斯特地貌(Wang，2004)。乌江流域是我国最典型的水能开发的"蓄水河流"，集中了多座不同蓄水历史、不同营养水平的水库，干流共进行了 13 级阶梯开发，全长 1 037 km，流域总面积为 87 920 km² 。该区域属亚热带湿润季风气候，一般降水集中在 5~10 月，11 月至来年 4 月属于枯水期。本研究选择乌江河流及富营养的乌江渡水库(Wang et al.，2008)为研究对象(图 3-1)，W1~W3 分别为乌江渡水库的入库水、库区及下泄水采样点。

3.1.2　数据来源

本研究对采样点进行了两批采样。2007 年 7 月至 2008 年 6 月间每月采集表层水样(0.5 m以上水体)，并对坝前水(W2)在 1、4、7、10 月份进行分层采样(表层、5 m、15 m、30 m、60 m)，这 4个月份分别代表冬、春、夏、秋各季节；2011 年 5 月至 2012 年 5 月间每半月一次的频率采集表层水样。利用多参数分析仪(model YSI 6600)，现场测定水温(T)、pH 和溶氧(DO)，用盐酸滴定法分析水样碱度，利用 Phyto-PAM(WALZ，Germany)仪器进行叶绿素浓度的测量。水样需在24 h 内进行过滤，过滤后的水样用于测量阴阳离子及 $\delta^{13}C_{DIC}$，滤纸上的颗粒物用于测量 POC 浓度及 $\delta^{13}C_{POC}$。2007~2008 年样品的 POC 浓度没有测量，另外，只有其中的 1、4、7、10 月份样品进行了 $\delta^{13}C_{POC}$ 的测量。阴离子(SO_4^{2-}、Cl^- 和 NO_3^-)采用 ICS-90 型离子色谱仪(Dionex)进行分析，阳离子(Ca^{2+}、Mg^{2+}、K^+ 和 Na^+)利用 ICP-OES 进行分析。POC 浓度利用德国 Elementar 元素分析仪(Vario macro cube)测定。HCO_3^-、CO_3^{2-} 和溶解 CO_2 浓度根据水温、碱度、pH 及离子强度计算获得。$\delta^{13}C_{DIC}$ 和 $\delta^{13}C_{POC}$ 的测定方法可参照 Wang et al.(2013)。同位素测定要与国际标准PDB 相对应：$\delta^{13}C(‰)=[(R_{Sample}-R_{PDB})/R_{PDB}]\times 1\,000$，$\delta^{13}C$ 分析误差为 $\pm0.1‰$。

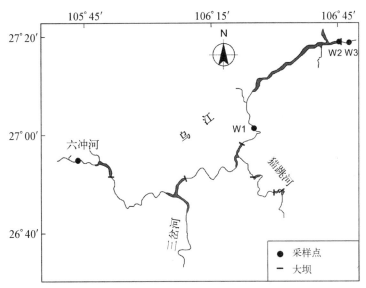

图 3-1　研究区域及采样点示意图

利用 SPSS 22.0 进行 Pearson 相关性分析。

3.2　乌江水电水库-河流体系各形态碳的时空变化特征

3.2.1　基本理化特征

入库水水温变化范围为 9.7~24.37 ℃，均值为 16.56 ℃。库区水水温变化范围为 9.7~29.66 ℃，均值为 19.705 ℃。下泄水水温变化范围为 9.84~24.62 ℃，均值为 16.335 ℃(表 3.1)。入库水、库区水及下泄水水温随时间变化在 2007~2008 年和 2011~2012 年基本相同，都表现为夏季温度最高,冬季最低,这与 Wang et al. (2013)研究一致。入库水 pH 变化范围为 7.63～8.25,均值为 7.895。库区水 pH 变化范围为 7.53～9.29,均值为 8.165。下泄水 pH 变化范围为 7.12～8.01,均值为 7.675。入库水 DO 变化范围为 7.43～10.68 mg·L^{-1},均值为 9.05 mg·L^{-1}。库区水 DO 变化范围为 3.76～15.43 mg·L^{-1},均值为 9.09 mg·L^{-1}。下泄水变化范围为 1.12～11.63 mg·L^{-1},均值为 7.19 mg·L^{-1}(表 3.1)。库区水 pH 和 DO 时间变化相同,且与水温变化一致。入库水和下泄水 pH 时间变化在 2007～2008 年和 2011～2012 年不同。而入库水和下泄水 DO 时间变化在 2007～2008 年和 2011～2012 年基本相同,都表现出冷季大于暖季的特征,这与 Peng et al. (2013)研究一致。入库水叶绿素(Chlorophyl, Chl)浓度变化范围为 0.1～3.51 μg·L^{-1},均值为 1.605 μg·L^{-1}。库区水变化范围为 0.1～81.4 μg·L^{-1},均值为 15.14 μg·L^{-1}。下泄水变化范围为 0.1～9.3 μg·L^{-1},均值为 2.02 μg·L^{-1}(表 3.1)。叶绿素浓度随时间变化在 2007～2008 年和 2011～2012 年相同,另外,入库水与库区水叶绿素浓度变化一致,都表现为夏季高冬季低的特征。而下泄水叶绿素浓度在 3 月份达最大值,其他月份变化均较小。

表 3.1　研究区域主要生物地球化学参数的范围及均值

Term		2007～2008 年			2011～2012 年		
		W1	W2	W3	W1	W2	W3
$T/$ ℃	Max	21.34	28.63	20.8	24.37	29.66	24.62
	Min	10.41	10.74	10.32	9.7	9.7	9.84
	Mean	16.305	19.66	16.27	16.81	19.75	16.4
	SD	3.76	5.86	3.73	4.14	5.97	4.76
	CV(%)	23.06	29.79	22.9	24.63	30.22	29.02
pH	Max	8.25	9.29	7.97	8.15	8.54	8.01
	Min	7.63	7.61	7.12	7.69	7.53	7.36
	Mean	7.86	8.38	7.65	7.93	7.95	7.7
	SD	0.18	0.54	0.23	0.11	0.3	0.18
	CV(%)	2.31	6.46	3.02	1.44	3.77	2.4
DO/ (mg·L^{-1})	Max	10.58	15.43	11.63	10.68	12.38	10.19
	Min	7.43	5.14	1.12	7.8	3.76	3.15
	Mean	8.96	10.8	7.11	9.14	7.38	7.27
	SD	0.99	3.36	3.16	0.72	2.56	2.09
	CV(%)	11.02	31.13	44.4	7.88	34.69	28.75
Chl/ (μg·L^{-1})	Max	2.9	81.4	9.3	3.51	40.64	4.94
	Min	0.1	0.1	0.1	0.92	1.35	1.11
	Mean	0.98	18.975	2.03	2.23	11.31	2.01
	SD	0.999	22.92	3.08	1.28	10.11	0.9
	CV(%)	101.92	120.79	151.65	57.40	89.40	44.78
$CO_2/$ (μmol·L^{-1})	Max	114.44	127.57	402.15	98.47	133.79	207.68
	Min	34.05	2.03	62.98	38.28	10.18	51.81
	Mean	77.72	42.41	141.22	60.01	62.48	106.54
	SD	23.69	45.96	91.11	16.64	37.93	43.58
	CV(%)	30.48	108.37	64.52	27.68	61.71	40.90

（续表）

Term		2007～2008 年			2011～2012 年		
		W1	W2	W3	W1	W2	W3
DIC/ $(\mu mol \cdot L^{-1})$	Max	2 533	2 598.4	3 095.8	2 911.19	2 551.7	2 922.1
	Min	1 999	2 123.3	2 217.3	1 709.2	1 623.9	1 770.7
	Mean	2 335.8	2 391	2 502.9	2 189.4	2 089.2	2 193.1
	SD	163.45	151.82	222.9	340.92	223.29	269.75
	CV(%)	7	6.35	8.91	15.57	10.69	12.30
POC/ $(\mu mol \cdot L^{-1})$	Max	—	—	—	61.69	153.61	45.5
	Min	—	—	—	10.58	27.58	9.99
	Mean	—	—	—	26.04	62.32	24.25
	SD	—	—	—	11.52	34.31	11.51
	CV(%)	—	—	—	44.24	55.05	47.46
$\delta^{13}C_{DIC}/$ ‰	Max	−7.71	−5.18	−7.94	−7.14	−4.92	−8.27
	Min	−9.47	−9.99	−10.07	−9.18	−9.49	−9.94
	Mean	−8.71	−7.63	−9.05	−8.24	−7.45	−8.88
	SD	0.48	1.42	0.66	0.57	1.34	0.44
	CV(%)	5.51	18.61	7.29	6.92	17.99	4.95
$\delta^{13}C_{POC}/$ ‰	Max	−24.72	−22.28	−26.04	−25.98	−28.53	−27.17
	Min	−30.1	−31.91	−31.04	−30.78	−33.89	−35.3
	Mean	−27.97	−28.79	−29.27	−28.26	−30.96	−29.97
	SD	2.38	4.4	2.25	1.26	1.49	2.03
	CV(%)	8.51	15.28	7.69	4.46	4.81	6.77

　　水体分层具有季节性特征,剖面上温度、pH 及 DO 在 4 月份出现分层,直到 10 月份该现象逐渐消失(图 3-2)。水体温跃层介于 8～23 m 之间,上层变温层中各参数变化较大,下层均温层中基本不变。叶绿素含量一般都表现出随水深增加而减少的趋势,在水体分层期间,这种变化更加明显,如 7 月份变化幅度可达 81 $\mu g \cdot L^{-1}$(图 3-2d)。

3.2.2　CO₂

　　入库水 CO₂ 浓度变化范围为 34.05～114.4 $\mu mol \cdot L^{-1}$,均值为 68.85 $\mu mol \cdot L^{-1}$。库区水 CO₂ 浓度变化范围为 2～133.8 $\mu mol \cdot L^{-1}$,均值为 52.45 $\mu mol \cdot L^{-1}$。下泄水变化范围为 51.8～402.2 $\mu mol \cdot L^{-1}$,均值为 123.85 $\mu mol \cdot L^{-1}$。河流点(W1)CO₂ 浓度随时间变化不大。库区水和下泄水变化较大,振幅分别为约 130 $\mu mol \cdot L^{-1}$ 和 350 $\mu mol \cdot L^{-1}$,且季节性变化较明显(图 3-3a,b)。相对于 2007～2008 年,2011～2012 年入库水和下泄水 CO₂ 浓度都在减少,但库区浓度却有所增加。总体来看,下泄水 CO₂ 浓度明显高于水体和库区水 CO₂ 浓度(表 3.1)。

　　在水体剖面上,表层水体 CO₂ 浓度秋季最高,为 128 $\mu mol \cdot L^{-1}$,夏季最低,为 2 $\mu mol \cdot L^{-1}$。CO₂ 浓度从春季开始出现分层现象,夏季分层最为剧烈,表层和底层浓度差值可达 164 $\mu mol \cdot L^{-1}$,秋季分层逐渐消失,直到冬季水体完全混合,浓度维持在 52 $\mu mol \cdot L^{-1}$ 左右(图 3-4a)。

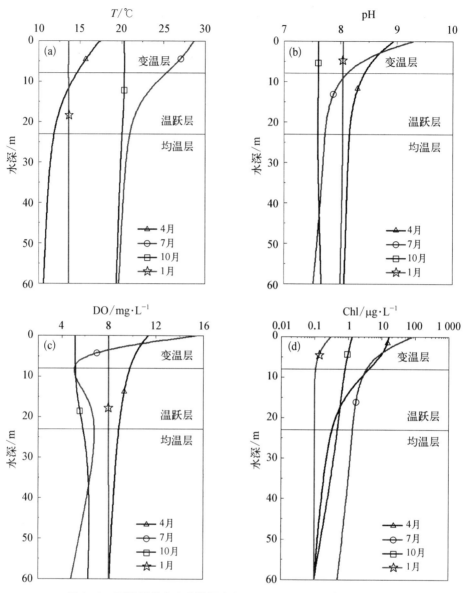

图 3 - 2　不同季节水库水柱温度(T)、pH、DO 和 Chl 含量的剖面图

3.2.3　DIC

入库水 DIC 浓度变化范围为 1 709.2～2 911.2 μmol·L^{-1},均值为 2 262.6 μmol·L^{-1}。库区水 DIC 浓度变化范围为 1 623.9～2 598 μmol·L^{-1},均值为 2 240.1 μmol·L^{-1}。下泄水 DIC 浓度变化范围为 1 770.7～3 095.8 μmol·L^{-1},均值为 2 348 μmol·L^{-1}。入库水、库区水和下泄水 DIC 浓度随时间变化在 2007～2008 年和 2011～2012 年并不完全相同,但都表现为夏秋季较小,春冬季较大(图 3 - 3c,d)。入库水 $\delta^{13}C_{DIC}$ 变化范围为 -9.465‰～-7.14‰,均值为 -8.48‰。库区水变化范围为 -9.99‰～-4.92‰,均值为 -7.54‰。下泄水变化范围为 -10.07‰～-7.94‰,均值为 -8.96‰。入库水和下泄水 $\delta^{13}C_{DIC}$ 随时间变化波动不大,但库区水变化较大,主要表现为 $\delta^{13}C_{DIC}$ 在春夏季较正,最正可达 -4.92‰(图 3 - 3e,f)。总体来看,下

泄水 DIC 浓度最大，$\delta^{13}C_{DIC}$ 最负。2011～2012 年 DIC 浓度较 2007～2008 年变小，$\delta^{13}C_{DIC}$ 变化不大（表 3.1）。

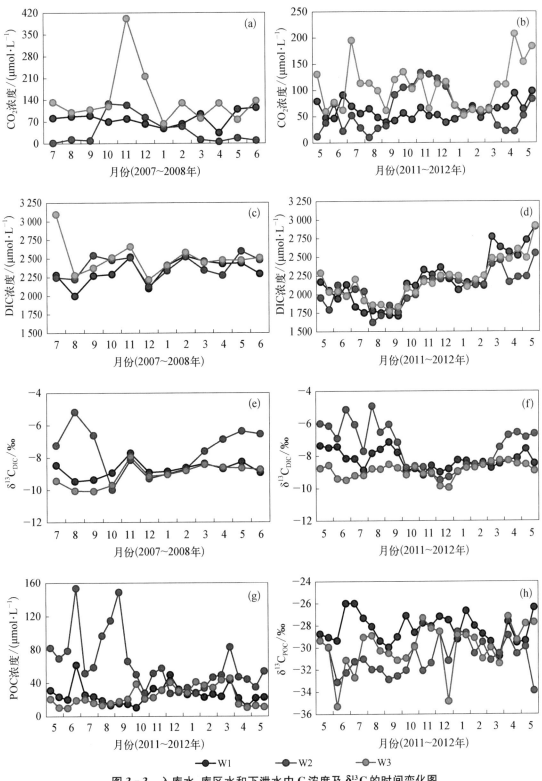

图 3-3　入库水、库区水和下泄水中 C 浓度及 $\delta^{13}C$ 的时间变化图

在水体剖面上,$\delta^{13}C_{DIC}$呈现出与 DIC 浓度相反的季节性变化特征(图 3 - 4b,c),表层水体 DIC 浓度秋季最高,为 2 479 $\mu mol \cdot L^{-1}$,春夏季最低,为 2 248 $\mu mol \cdot L^{-1}$左右;$\delta^{13}C_{DIC}$秋季偏负,为 $-9.99‰$,春季偏正,为 $-6.78‰$。春季随着分层现象的出现,DIC 浓度在变温层出现随水深增加浓度升高的趋势,浓度升高了 183.5 $\mu mol \cdot L^{-1}$,$\delta^{13}C_{DIC}$随水深增加逐渐偏负,偏负了 2.23‰。夏季分层结构最成熟,底部 DIC 浓度增加了 435.3 $\mu mol \cdot L^{-1}$,$\delta^{13}C_{DIC}$偏负了 2‰。秋季分层现象逐渐消失,DIC 浓度和 $\delta^{13}C_{DIC}$在剖面上有较小的波动。冬季水体无分层,DIC 浓度和 $\delta^{13}C_{DIC}$基本不变。春夏秋冬各季节 $\delta^{13}C_{DIC}$平均值分别为 $-8.07‰$,$-8.80‰$,$-9.80‰$,$-8.99‰$,因此,总体来看,$\delta^{13}C_{DIC}$值秋季最负,春季最正。

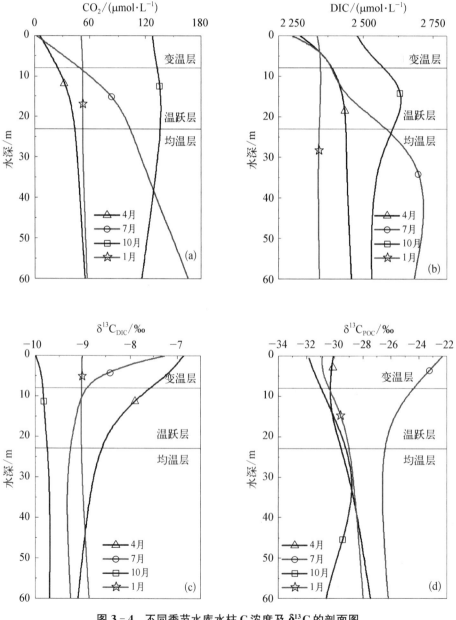

图 3 - 4　不同季节水库水柱 C 浓度及 $\delta^{13}C$ 的剖面图

3.2.4　POC

入库水 POC 浓度变化范围为 $10.6 \sim 61.7 \ \mu mol \cdot L^{-1}$，平均值为 $26.3 \ \mu mol \cdot L^{-1}$。库区水 POC 浓度变化范围为 $27.5 \sim 153.6 \ \mu mol \cdot L^{-1}$，均值为 $63.8 \ \mu mol \cdot L^{-1}$。下泄水 POC 浓度变化范围为 $10 \sim 45.5 \ \mu mol \cdot L^{-1}$，平均值为 $25.3 \ \mu mol \cdot L^{-1}$。入库水和下泄水 POC 浓度随时间变化不大，而库区水波动较大，主要表现为春夏季浓度较高，秋冬季较低（图 3-3g）。入库水 $\delta^{13}C_{POC}$ 变化范围为 $-30.78‰ \sim -25.98‰$，均值为 $-28.29‰$。库区水 $\delta^{13}C_{POC}$ 变化范围为 $-33.1‰ \sim -28.53‰$，均值为 $-30.88‰$。下泄水变化范围为 $-35.3‰ \sim -27.17‰$，均值为 $-30.15‰$。入库水和下泄水 $\delta^{13}C_{POC}$ 无季节性变化，而库区水 $\delta^{13}C_{POC}$ 在春夏季偏负（图 3-3h）。总体来看，2011 ~ 2012 年的 $\delta^{13}C_{POC}$ 较 2007 ~ 2008 年偏负，特别是在库区（表 3.1）。

在水体剖面上，表层水体 $\delta^{13}C_{POC}$ 在夏季偏正，为 $-22.28‰$，秋季偏负，为 $-31.91‰$。春季分层现象开始出现，夏季分层最为剧烈，底层 $\delta^{13}C_{POC}$ 相对于表层偏负了 $4.55‰$。秋季分层现象没有完全消失，$\delta^{13}C_{POC}$ 在温跃层与均温层交界处波动较大。冬季分层消失，水体混匀，$\delta^{13}C_{POC}$ 变化较小（图 3-4d）。

3.3　乌江河流-水库体系碳循环特征及控制因素

3.3.1　碳循环特征

大坝拦截河流导致碳循环产生明显的空间异质性和季节不连续性。造成这一现象的根本原因是筑坝后形成的水库发生分层现象，生物作用增强，且具有底层泄水的发电方式。喀斯特河流筑坝后易形成峡谷型深水水库。夏季水库受太阳辐射表面温度持续升高，产生的水层密度差异阻碍了水体垂向混合，形成以水温为主导的季节性物理分层结构。水深增加，光透强度减弱，水体剖面上逐渐产生生物分层（Kirillin et al., 2016；Wetzel, 2001）。进而在生物作用叠加热力学平衡作用的情况下，乌江渡水库中各碳组分于 4 月份至 9 月份间在水体剖面上发生化学分层（图 3-4）。表 3.2 给出的相关性分析表明，库区叶绿素浓度与 T、pH、DO、CO_2、DIC、POC、$\delta^{13}C_{DIC}$ 都具有很好的相关关系，而在入库水和下泄水，并没有发现这种现象，说明库区水体碳循环主要受生物作用驱动（图 3-5），光合作用加强，有机质分解加快，最终导致的结果是库区水体具有较高的 POC 浓度，较低的 CO_2 浓度。河流水体受呼吸作用和风化作用影响，长期向大气中释放 CO_2，而下泄水碳循环易受库区水体分层的影响，导致其具有较高的 CO_2 浓度。库区水和下泄水中各碳组分（CO_2、POC、DIC）及其相应的碳同位素组成（$\delta^{13}C_{DIC}$、

表 3.2　Pearson 相关性分析

		T	pH	DO	CO_2	DIC	POC	$\delta^{13}C_{DIC}$	$\delta^{13}C_{POC}$
	W1	0.061	−0.008	0.15	−0.058	−0.012	0.367	0.32	−0.44*
Chl	W2	0.515**	0.701**	0.505**	−0.57**	−0.335**	0.929**	0.642**	0.105
	W3	−0.269	0.281	0.349*	−0.266	−0.098	0.495*	0.347*	−0.19

注：* 表示相关性在 0.05 水平上显著（双尾）；** 表示相关性在 0.01 水平上显著（双尾）。

$\delta^{13}C_{POC}$)随时间的波动幅度远大于河流区(图3-3),而且水库中各指标变异系数普遍较大(表3.1),表明大坝拦截后明显加快了碳的生物地球化学循环,特别是在春、夏季。另外,水库运行时间也会影响水体碳循环(喻元秀等,2008)。

3.3.2 峡谷型水库碳的生物地球化学循环

碳的赋存形态主要包括溶解态有机碳(DOC)、溶解态无机碳(DIC,指碳酸盐体系CO_3^{2-}、HCO_3^-及CO_2)、颗粒态有机碳(POC)以及颗粒态无机碳(PIC)。

河流中DIC主要来源于流域的岩石的化学风化,POC和DOC主要来源于流域的土壤侵蚀;有机质氧化产生大量CO_2,河水CO_2分压远高于大气CO_2分压,使得河流成为CO_2的排放源(Wang et al.,2007)。水库库区湖沼学发育,浮游植物通过光合作用,消耗DIC,合成POC和DOC。生成的POC一部分通过浮游动物进入水生生物网,一部分通过重力作用沉降到水库底层作为沉积物保存下来。在沉降过程中,一部分POC经过微生物呼吸作用重新转化为DIC;自生有机碳在有氧和无氧条件下都可矿化为无机碳,而外来有机碳只能发生有氧矿化作用(Bastviken et al.,2004;Hulthe et al.,1998)。DOC在变温层一部分迅速被光降解形成DIC,大部分则在沉降过程中被微生物消耗,只有很少一部分累积下来经长时间后才被分解(Stedmon et al.,2005)。沉积有机物的再悬浮与降解会导致有机碳的生成,POC通过微生物分解也会产生DOC。此外,沉积物中的有机质在微生物作用下生成CH_4,CH_4在向上迁移的过程中大部分被重新氧化生成CO_2(Striegl et al.,1998)。河流中PIC主要来自流域岩石的侵蚀作用和CO_2去气作用下的$CaCO_3$结晶(自生PIC)(Peng et al.,2014;Hellings et al.,1999;Meybeck,1993);水库中浮游植物光合作用消耗大量的CO_2,也可导致$CaCO_3$结晶,成为生物成因的PIC。下泄水继承了水库底部碳的生物地球化学特性。

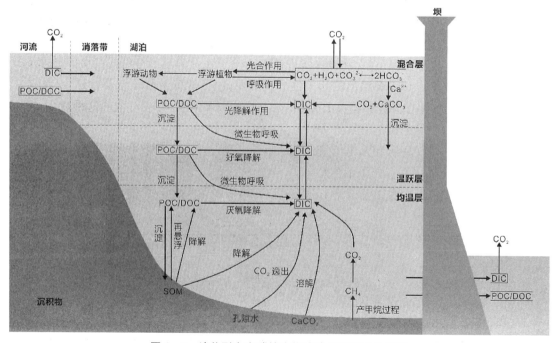

图3-5 峡谷型水库碳的生物地球化学循环示意图

3.4　乌江河流-水库体系碳循环的碳同位素示踪

3.4.1　水体中影响碳同位素的主要因素

乌江流域土壤有机质形成的 $\delta^{13}C_{DIC}$ 在 $-17‰$ 左右(刘丛强,2007),典型的碳酸盐岩 $\delta^{13}C$ 为 $0‰$(Andrews et al.,2001),故碳酸盐岩风化产生的 $\delta^{13}C_{DIC}$ 在 $-8.5‰$ 左右。河流(W1)中大部分样品的 $\delta^{13}C_{DIC}$ 都在 $-8.5‰$ 左右,说明河流 DIC 主要来自流域碳酸盐岩的风化作用。个别样品的 $\delta^{13}C_{DIC}$ 出现在碳酸盐岩溶解线上或线下(图 3-6a),应归因于 CO_2 的释气和微生物呼吸作用产生的 CO_2(Doctor et al.,2008;Breugel et al.,2005)。11 月份至来年 2 月份,各采样点的 $\delta^{13}C_{DIC}$ 都集中在 $-8.5‰$ 左右(图 3-3e,f),说明寒冷季节水体中碳受风化作用影响较大,这与 Wang 等的研究一致(Wang et al.,2014)。水体中影响 $\delta^{13}C_{DIC}$ 的三个主要作用过程:(1) 水-气界面 CO_2 交换。大气 CO_2 溶解过程发生 $-1.29‰ \sim -1.19‰$ 的分馏(Zhang et al.,1995)。(2) CO_2 的释气作用。此过程可能会导致 DIC 富集 ^{13}C(Doctor et al.,2008)。(3) 光合作用与呼吸作用。淡水浮游植物固定碳过程中存在约 $-31‰ \sim -22‰$ 的分馏(Tcherkez et al.,2006),浮游植物优先吸收轻的碳同位素 ^{12}C,结果使残留的无机碳富集 ^{13}C,导致 $\delta^{13}C_{DIC}$ 偏正;呼吸作用产生 DIC 过程不存在较大的同位素分馏,但有机质分解会优先释放 ^{12}C,使 $\delta^{13}C_{DIC}$ 偏负(Breugel et al.,2005)。这一点由 $\delta^{13}C_{DIC}$ 的剖面变化可以得到证实(图 3-4c)。春、夏季水体分层现象明显,上层以光合作用为主,下层以呼吸作用为主,$\delta^{13}C_{DIC}$ 随深度增加逐渐偏负。春、夏季水体生物活动强度存在差异,故 $\delta^{13}C_{DIC}$ 偏负的程度不一样。库区水体 $\delta^{13}C_{DIC}$ 主要受生物呼吸作用和光合作用共同控制,产生的结果是 $\delta^{13}C_{DIC}$ 与 CO_2 浓度具有极显著的相关关系(图 3-6a)。

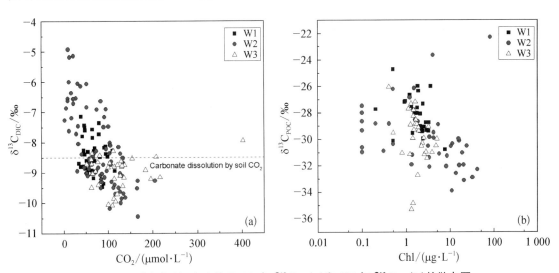

图 3-6　乌江河流-水库体系 CO_2 与 $\delta^{13}C_{DIC}$(a)和 Chl 与 $\delta^{13}C_{POC}$(b)的散点图

3.4.2　水体中 POC 的主要来源

水体中 POC 有三个主要来源:(1) 流域陆生植物,陆生 C3、C4 植物的 $\delta^{13}C$ 均值分别为 $-27‰$、$-12‰$(Vogel,1993)。(2) 水生浮游植物,淡水浮游植物 $\delta^{13}C$ 的变化范围为

—34.4‰～—5.9‰。(3) 微生物贡献的生物量,微生物会贡献贫化^{13}C 的生物量,化能自养生物量 δ^{13}C≈—45‰,甲烷氧化产生的生物量 δ^{13}C 为—65‰～—50‰(Freeman et al.,1990;Whiticar et al.,1986)。雨水季节陆源植物碎屑增加,河流(W1)有机碳主要来自陆生植物,POC 浓度增加,且 δ^{13}C$_{POC}$ 在—26‰左右(图 3-3h)。水库中 POC 主要来源于浮游植物,δ^{13}C$_{POC}$ 与叶绿素呈现显著相关关系(图 3-6b)。表层水体高强度的光合作用使二氧化碳利用受限制,藻类就会吸收 HCO_3^-,从而弱化对 ^{13}C 的判别,使合成的有机物富集 ^{13}C,导致 δ^{13}C$_{POC}$ 偏正(Fogel et al.,1993)。夏季表层水中 δ^{13}C$_{POC}$ 偏正可以证明这一点(图 3-4d)。夏季水体温度高,生物活动较强烈,水下 5 m 处硅藻[其 δ^{13}C 值偏负(Wang et al.,2013)]生物量增加。水体下层 POC 除来自变温层沉降下来的浮游植物生物量外,还包括贫化 ^{13}C 的微生物的生物量。因此,与其他季节呈现的变化趋势不同,夏季 δ^{13}C$_{POC}$ 在剖面上逐渐偏负(图 3-4d)。水体中有机质分解与矿化的过程会优先释放 ^{12}C,使剩余的有机碳富集 ^{13}C(Vähätalo et al.,2008;Breugel et al.,2005)。δ^{13}C$_{POC}$ 的剖面变化可以解释这一点,随水深增加,δ^{13}C$_{POC}$ 逐渐偏正(图 3-4d)。

参 考 文 献

刘丛强,2007.生物地球化学过程与地表物质循环:西南喀斯特流域侵蚀与生源要素循环[M].北京:科学出版社.

刘丛强,汪福顺,王雨春等.2009.河流筑坝拦截的水环境响应:来自地球化学的视角[J].长江流域资源与环境,18:384-396.

向鹏,王仕禄,卢玮琦,等.2016.乌江流域梯级水库的氮磷分布及其滞留效率研究[J].地球与环境,492-501.

喻元秀,刘丛强,汪福顺,等.2008.乌江流域梯级水库中溶解无机碳及其同位素分异特征[J].科学通报,53:1935-1941.

ANDREWS J E, GREENAWAY A M, DENNIS PF, et al. 2001. Isotopic effects on inorganic carbon in a tropical river caused by caustic discharges from bauxite processing[J]. Applied Geochemistry, 16: 197-206.

AUFDENKAMP A K, MAYORGA E, RAYMOND P A, et al. 2011. Riverine coupling of biogeochemical cycles between land, oceans, and atmosphere[J]. Frontiers in Ecology and the Environment, 9: 53-60.

BARROS N, COLE J J, TRANVIK L J, et al. 2011. Carbon emission from hydroelectric reservoirs linked to reservoir age and latitude[J]. Nature Geoscience, 4: 593-596.

BASTVIKEN D, PERSSON L, ODHAM G, et al. 2004. Degradation of dissolved organic matter in oxic and anoxic lake water[J]. Limnology and Oceanography, 49: 109-116.

BREUGEL Y V, SCHOUTEN S, PAETZEL M, et al. 2005. The impact of recycling of organic carbon on the stable carbon isotopic composition of dissolved inorganic carbon in a stratified marine system (Kyllaren fjord, Norway)[J]. Organic Geochemistry, 36: 1163-1173.

CHETELAT B, LIU C Q, ZHAO Z Q, et al. 2008. Geochemistry of the dissolved load of the Changjiang Basin rivers: Anthropogenic impacts and chemical weathering[J]. Bulletin of Mineralogy, Petrology and Geochemistry, 72: 4254-4277.

DOCTOR D H, KENDALL C, SEBESTYEN S D, et al. 2008. Carbon isotope fractionation of dissolved inorganic carbon (DIC) due to outgassing of carbon dioxide from a headwater stream[J]. Hydrological Processes, 22: 2410-2423.

FOGEL M L, CIFUENTES L A. 1993. Isotope Fractionation during Primary Production[J]. Springer US.

FREEMAN K H, HAYES J M, TRENDEL J M, et al. 1990. Evidence from carbon isotope measurements for diverse origins of sedimentary hydrocarbons[J]. Nature, 343: 254 – 256.

HELLINGS L, DEHAIRS F, TACKX M, et al. 1999. Origin and fate of organic carbon in the freshwater part of the Scheldt Estuary as traced by stable carbon isotope composition[J]. Biogeochemistry, 47: 167 – 186.

HULTHE G, HULTH S, Hall P O J. 1998. Effect of oxygen on degradation rate of refractory and labile organic matter in continental margin sediments[J]. Geochimica et Cosmochimica Acta, 62: 1319 – 1328.

HUMBORG C, CONLEY D J, RAHM L, et al. 2016. Silicon Retention in River Basins: Far-reaching Effects on Biogeochemistry and Aquatic Food Webs in Coastal Marine Environments[J]. Ambio, 29: 45 – 50.

KARR J R. 1991. Biological Integrity: A Long-neglected aspect of water resource management[J]. Ecological Applications, 1: 66 – 84

KIRILLIN G, SHATWELL T. 2016. Generalized scaling of seasonal thermal stratification in lakes[J]. Earth-Science Reviews, 161: 179 – 190.

KUMMU M, VARIS O. 2007. Sediment-related impacts due to upstream reservoir trapping, the Lower Mekong River[J]. Geomorphology, 85: 275 – 293.

LIU Z, DREYBRODT W. 2015. Significance of the carbon sink produced by H_2O-carbonate-CO_2-aquatic phototroph interaction on land[J]. Science Bulletin, 60: 182 – 191.

MCCARTNEY M P, SULLIVAN C A, ACREMAN M C. 2001. Ecosystem Impacts of Large Dams[J]. Centre for Ecology and Hydrology.

MEYBECK M. 1993. Riverine transport of atmospheric carbon: Sources, global typology and budget[J]. Water, Air, and Soil Pollution, 70: 443 – 463.

PENG X, LIU C Q, WANG B, et al. 2014. The impact of damming on geochemical behavior of dissolved inorganic carbon in a karst river[J]. Chinese Science Bulletin, 59: 2348 – 2355.

REGNIER P, FRIEDLINGSTEIN P, CIAIS P, et al. 2013. Anthropogenic perturbation of the carbon fluxes from land to ocean[J]. Nature Geoscience, 6: 597 – 607.

STEDMON C A, MARKAGER S. 2005. Tracing the production and degradation of autochthonous fractions of dissolved organic matter by fluorescence analysis[J]. Limnology and Oceanography, 50: 1415 – 1426.

STRIEGL R G, MICHMERHUIZEN C M. 1998. Hydrologic Influence on Methane and Carbon Dioxide Dynamics at Two North-Central Minnesota Lakes[J]. Limnology and Oceanography, 43: 1519 – 1529.

TCHERKEZ G G, FARQUHAR G D, ANDREWS T J. 2006. Despite slow catalysis and confused substrate specificity, all ribulose bisphosphate carboxylases may be nearly perfectly optimized[J]. Proceedings of the National Academy of Sciences, 103: 7246 – 7251.

VäHäTALO A V, WETZEL R G. 2008. Long-term photochemical and microbial decomposition of wetland-derived dissolved organic matter with alteration of ^{13}C: ^{12}C mass ratio[J]. Limnology and Oceanography, 53: 1387 – 1392.

VOGEL J C. 1993. Variability of carbon isotope fractionation during photosynthesis[J]. Stable Isotopes and Plant Carbon-water Relations, 7: 29 – 46.

WANG B, LIU C Q, PENG X, et al. 2013. Mechanisms controlling the carbon stable isotope composition of phytoplankton in karst reservoirs[J]. Journal of Limnology, 72: 11.

WANG B L, LIU F S, YU Y X, et al. 2008. The distributions of autumn picoplankton in relation to environmental factors in the reservoirs along the Wujiang River in Guizhou Province, SW China[J]. Hydrobiologia, 598: 35 – 45.

WANG F, CAO M, WANG B, et al. 2015. Seasonal variation of CO_2 diffusion flux from a large subtropical reservoir in East China[J]. Atmospheric Environment, 103: 129 – 137.

WANG F, LIU C Q, WANG B, et al. 2014. Influence of a reservoir chain on the transport of riverine inorganic carbon in the karst area[J]. Environmental Earth Sciences, 72: 1465 – 1477.

WANG F S, YU Y, LIU C, et al. 2010. Dissolved silicate retention and transport in cascade reservoirs in Karst area, Southwest China[J]. Science of the Total Environment, 408: 1667 – 1675.

WANG F, WANG Y, ZHANG J, et al. 2007. Human impact on the historical change of CO_2 degassing flux in River Changjiang[J]. Geochemical Transactions, 8: 1 – 10.

WANG S J, LIU Q M, ZHANG D F. 2004. Karst rocky desertification in southwestern China: geomorphology, landuse, impact and rehabilitation[J]. Land Degradation & Development, 15: 115 – 121.

WETZEL R G. 2001. Limnology: lake and river ecosystems[J]. Transactions American Geophysical Union, 21: 1 – 9.

WHITICAR M J, FABER E, SCHOELL M. 1986. Biogenic methane formation in marine and freshwater environments: CO_2 reduction vs. acetate fermentation—Isotope evidence[J]. Geochimica et Cosmochimica Acta, 50: 693 – 709.

ZHANG J, QUAY P D, WILBUR D O. 1995. Carbon isotope fractionation during gas-water exchange and dissolution of CO_2[J]. Geochimica et Cosmochimica Acta, 59: 107 – 114.

ZHOU J, ZHANG M, LU P. 2013. The effect of dams on phosphorus in the middle and lower Yangtze River [J]. Water Resources Research, 49: 3659 – 3669.

（本章作者：王宝利）

第 4 章

乌江河流-水库体系生物过程

水利发电筑坝是影响天然河流的最主要人类活动之一。筑坝形成的水库会出现水温和营养盐分层现象,而且这类水库还存在大坝泄水发电和反季节蓄水等人为调节活动(Wang et al.,2014;Serra et al.,2007)。河流拦截蓄水后形成具有独特水文特征、元素生物地球化学循环及浮游植物的水库生态系统,被认为是人类干扰下形成的新生态系统。以往研究结果表明,浮游植物群落结构演替受多种环境因子的影响。水流增加导致优势浮游植物群落结构由蓝藻向绿藻和硅藻演替(Harris et al.,1996;Reynolds et al.,1983),水温的降低同样使得优势藻种由固氮蓝藻向硅藻变化(Schabhuttl et al.,2013;Markensten et al.,2010),且元素化学计量比(如 C/Si、P/Si)也能影响硅藻和非硅藻之间的演替(Wang et al.,2016;Wang et al.,2014)。喀斯特地区的峡谷型水库通常具有较高浓度的溶解无机碳,浮游植物作为水库的重要初级生产者,具有重要的生态环境意义。对喀斯特河流-水库该生态系统中浮游植物群落结构的时空分布特征及控制机制的系统研究,将有助于完善蓄水河流生态学的理论体系。

4.1 研究区域及研究方法

4.1.1 研究区域

乌江流域作为典型的连续筑坝河流,非常适合作为研究对象。乌江是贵州省最大的河流,全长 1 037 km,流域面积为 8.79 万 km²,平均年径流量达到 534 亿 m³,整个流域有 2 124 m 的海拔落差。自从 1959 年以来,沿乌江流域筑坝修建了许多水库,对这些水库的主要水文特征已得到很好了解。

4.1.2 研究方法

本研究共采集了 9 个采样点(图 4 - 1),选择 4 个点用于 BPANNS 建模,其中代表原始河流的 W1 位于六冲河,W6 代表受筑坝影响的河流点,洪家渡水库(W2)代表新建水库,乌江渡水库(W7)代表修建时间较久的水库。从 2011 年 5 月至 2012 年 5 月,每月采集表层水(0.5 m 以上)2 次。用多功能水质参数仪器(YSI 6600)原位测量水温、溶解氧、pH 等理化指标;低温保存一部分样品用于测定总磷和总氮,样品经碱性过硫酸钾消解后用紫外分光光度计(Unico UV - 2000)测量吸光值(EPA,1988)。水样用 0.45 μm 醋酸纤维膜过滤,并分装到容器中,用于测定阴阳离子和营养盐的水样直接封后冷藏保存;测定阳离子的样品加入纯硝酸 HNO_3 酸化至 pH<2;阳离子和溶解性硅酸盐用 ICP - OES 测定;阴离子用 ICS - 90 型离子色谱仪测定,这些主要离子用于计算水离子强度。利用盐酸现场滴定水样碱度(Alkalinty, ALK),溶解性 CO_2 浓度用碱度(ALK)、水温(T)、pH 来估算,并用温度和离子强度对解离常数进行校正

(Maberly，1996)。取 1.5 L 水样用鲁格试剂处理静止 24 h 在光学显微镜下对浮游植物定量分析，用 64 μm 的锦纶网收集浮游植物加入 2% 的甲醛用于浮游植物定性分析。用几何模型计算每种藻的生物体积(Hillebrand et al.，1999)，并根据生物体积和细胞密度计算浮游植物生物量(Zhang et al.，1991)。叶绿素浓度用荧光调制仪 PHYTO-PAM 测定(Heinz Walz GmbH，Effeltrich，Germany)。用 SPSS 进行统计学分析(version 11.5；SPSS Inc.)。反向传播人工神经网络算法(BPANN)是 Rumelhart 等开发学习程序过程中发展出来的，具有非线性和复杂性的特点，现已被成功应用于模拟水生态系统中浮游植物动力学分析(Jeong et al.，2006；Wei et al.，2001；Recknagel，1997)。BPANN 的结构有三层：输入层、隐藏层、输出层。TN(Total Nitrogen)、TP(Total Phosphorus)、DSi、CO_2、T、pH 和 DO 作为输入层变量，不同浮游植物群落的细胞密度作为输出变量；每个月的数据被分成两组。来自第一个半月的数据构成了训练集，假定该训练集包含建立输入层和输出层之间关系所必需的信息，用该数据库的数据训练反向传播人工神经网络并建立模型(Lek et al.，1999)。第二个半月的数据构成了测试集，用于验证模型的拟合优度。选择 S 型曲线函数：$f(x)=1/(1+e^{-x})$ 来评估隐藏层的激活水平。BPANN 的学习效率为 0.05，使用动量常数($M_c=0.9$)和训练目标($1e^{-3}$)。通过反复的训练和验证，选择性能最好的 BPANN 进行灵敏度分析，以确定浮游植物细胞密度对各输入因子变化的敏感性。

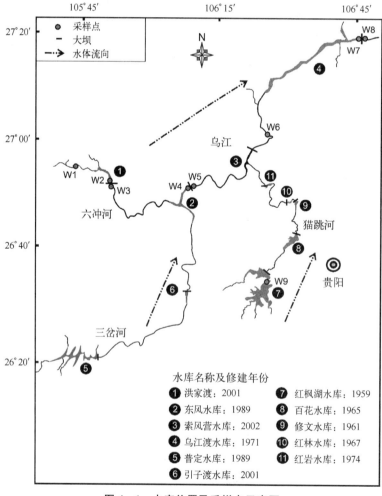

图 4-1　水库位置及采样点示意图

4.2 乌江河流-水库体系浮游植物动态变化特征

4.2.1 基本理化指标

水温呈现明显月份变化规律,从 2 月份开始增加,到 8 月份达到最大值(图 4 - 2a,b;表 4.1)。水温在时间尺度上的变化幅度比空间尺度上的大,而 pH 变化则呈现相反的趋势。

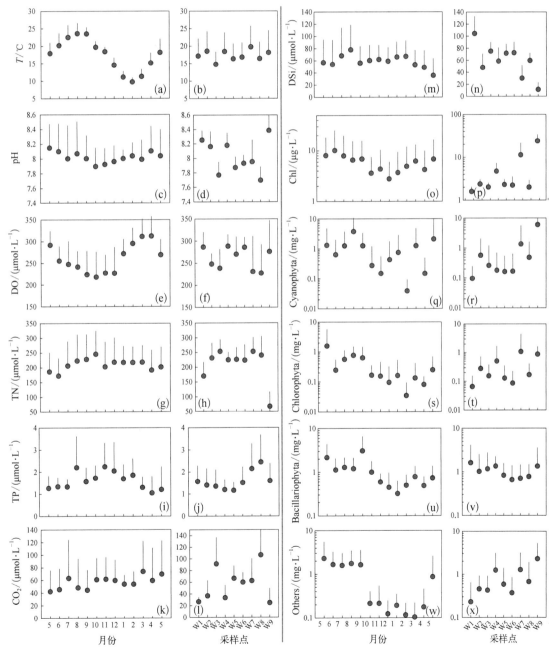

图 4 - 2 2011 年 5 月至 2012 年 5 月不同采样点、月份的物理、化学和生物变量

注:各采样点的位置见图 4 - 1,数值显示为平均值和正标准偏差

通常,pH 大小沿乌江流域逐渐降低,大坝下游的 pH 比上游的 pH 较高。溶解氧(DO)在时间序列上呈现和水温相反的变化趋势,而与 pH 在空间上变化相似。皮尔逊相关性分析结果显示温度(T)、溶解氧(DO)和 pH 之间呈显著相关(表 4.2)。溶解性 CO_2、TN、TP、DSi 和叶绿素平均浓度在月份上不存在明显波动,但是在不同采样点之间存在较大的差异(图 4-2g~n)。在大坝下游有较高的溶解性 CO_2 浓度,在大坝的上游有较低的 DSi 浓度。乌江渡水库(W7)和红枫湖(W9)的叶绿素浓度很高,说明这两个水库的富营养化水平较高。叶绿素浓度与 TN、CO_2、DSi 呈显著负相关(表 4.2)。因为猫跳河流域的 TN 浓度比乌江流域的低,所以红枫湖的 TN 浓度较低。

表 4.1　本研究中主要生物地球化学参数的范围及均值($n=234$)

	T/℃	pH	DO	CO_2	TN	TP	DSi	Chl/
					($\mu g \cdot L^{-1}$)			($\mu mol \cdot L^{-1}$)
Aver	17.37	7.92*	261.2	56.5	209.8	1.60	58.9	5.84
SD	5.17	0.31	53.9	40.0	72.8	0.89	31.9	8.49
Max	29.66	8.99	389.7	226.9	426.3	5.81	152.7	49.29
Min	6.62	7.36	98.4	2.1	7.2	0.38	0.02	0.92

注:* 由几何平均值计算的均值。算术平均值为 8.02。

表 4.2　Pearson 相关性分析

	pH	DO	TN	TP	CO_2	DSi	Chl
T	0.239**	−0.335**	−0.063	0.034	−0.300**	−0.151*	0.272**
pH		0.561**	−0.486**	−0.226**	−0.881**	−0.279**	0.514**
DO			−0.251**	−0.366**	−0.453**	−0.032	0.146*
TN				0.126	0.365**	0.304**	−0.507**
TP					0.240**	0.028	−0.029
CO_2						0.167*	−0.365**
DSi							−0.613**

注:* 表示相关性在 0.05 水平上显著(双尾);** 表示相关性在 0.01 水平上显著(双尾)。

4.2.2　浮游植物群落的动态变化特征

乌江流域的河流-水库系统总共鉴定出 7 个门类的藻。绿藻门(chlorophyta)、硅藻门(bacillariophyta)和蓝藻门(cyanophyta)是主要优势藻,而甲藻和隐藻出现在 5~8 月。硅藻通常是河流生态系统中的优势藻,乌江渡和红枫湖两个富营养化水库中蓝藻占据优势,而在洪家渡、东风水库这类中营养的水生态系统中共同存在以上 3 类优势藻。藻类总生物量 5 月和8 月出现峰值,且群落结构存在显著时空变化特征(图 4-2o~x,图 4-3)。

BPANN 模型预测的输出值和实测值呈显著相关,表明预测输出值可以很好地与实测值做比较(图 4-4)。模拟结果显示,不同采样点之间存在不同的模式,四个采样点的优势藻群落得到很好预测。对优势藻的预测常比非优势藻的预测结果理想。BPANN 模型的灵敏度分析结果指导我们理解藻类对不同环境因子的敏感性(表 4.3、表 4.4)。通过灵敏度分析显示,在采样点 W2 和 W7 的优势蓝藻对 T、CO_2 和 pH 的变化有很高的灵敏性;而采样点 W1、W2 和 W6 的优势硅藻对 T、DSi、CO_2 和 pH 的变化较为敏感;采样点 W2 的优势绿藻对 T 和 pH 的变化最敏感。

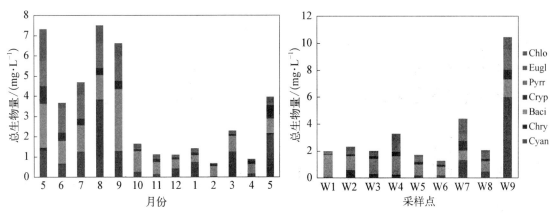

图 4-3　2011 年 5 月至 2012 年 5 月不同采样点、月份浮游植物群落的平均生物量(湿重/L)

表 4.3　采样点 W1、W2、W6 和 W7 不同浮游植物群落对输入增长 10% 的灵敏度分析

	T	pH	DO	CO_2	TP	TN	DSi
W1							
Cyanophyta/%	−7.8	58.9	−11.8	−34.7	−1.1	2.6	4.7
Bacillariophyta/%	−1.2	−16.5	−28.5	−28.7	−1.3	7.3	8.1
Chlorophyta/%	−0.5	−58.9	−13.5	−22.8	13.9	3.6	5.8
Other phytoplankton/%	15.2	−133.2	−5.9	−8.3	−8.4	4.1	12.0
W2							
Cyanophyta/%	41.3	−35.0	2.3	−34.6	0.1	−2.8	−0.4
Bacillariophyta/%	6.5	−103.3	22.9	9.6	8.9	8.8	−34.1
Chlorophyta/%	43.9	−45.4	−6.7	−2.3	−2.7	−8.3	0.8
Other phytoplankton/%	−89.7	−103.9	−73.0	−24.1	−1.3	4.4	−13.9
W6							
Cyanophyta/%	85.3	−113.9	75.1	57.8	−4.8	−11.3	5.7
Bacillariophyta/%	35.6	183.0	42.9	6.8	−2.3	−8.0	0.6
Chlorophyta/%	18.0	−89.9	106.0	12.1	−1.1	−13.7	11.3
Other phytoplankton/%	111.6	7.4	21.9	−6.6	12.1	31.9	26.4
W7							
Cyanophyta/%	188.6	−40.6	−51.9	−39.4	−2.6	−29.9	−2.5
Bacillariophyta/%	−3.4	51.9	14.5	4.3	−4.7	−13.3	2.9
Chlorophyta/%	8.6	−54.5	−5.5	−6.8	−0.0	−4.1	−1.4
Other phytoplankton/%	13.0	8.5	0.4	11.6	0.1	−0.8	1.6

注: 1. 优势藻种的名称以粗体标记。

2. 通过细胞密度的变化除以原始细胞密度计算灵敏度。输入值 T、pH、DO、CO_2、TN、TP 和 DSi。

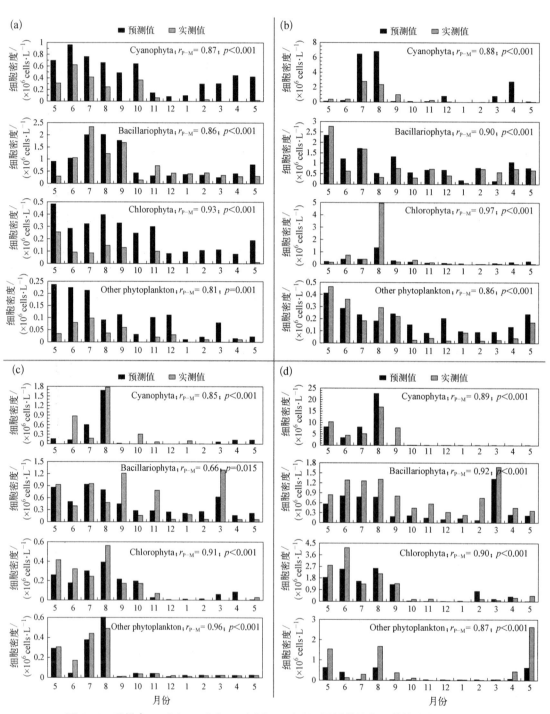

图 4 - 4 采样点 W1(a)、W2(b)、W6(c)和 W7(d)不同浮游植物群落的演替结果验证

注：采样点位置见图 4 - 1；r_{P-M} 是预测值和实测值之间的相关系数

表 4.4　采样点 W1、W2、W6 和 W7 不同浮游植物群落对输入减少 10% 的灵敏度分析

	T	pH	DO	CO_2	TP	TN	DSi
W1							
Cyanophyta/%	−21.3	−140.8	8.9	−0.5	0.4	−3.5	−7.4
Bacillariophyta/%	0.5	55.8	39.6	23.6	1.4	−7.6	−6.4
Chlorophyta/%	−9.4	−9.0	6.3	−5.4	−15.2	−5.7	−6.8
Other phytoplankton/%	−12.3	121.0	−5.6	3.8	9.8	−3.8	−12.6
W2							
Cyanophyta/%	−28.8	34.8	22.7	36.3	−0.1	14.4	0.4
Bacillariophyta/%	−16.8	79.7	−20.2	−14.6	−8.2	−9.0	36.1
Chlorophyta/%	−20.0	142.9	7.8	28.9	2.6	9.6	−0.8
Other phytoplankton/%	97.9	−126.4	57.7	24.0	1.1	−3.1	13.5
W6							
Cyanophyta/%	−8.4	68.2	−76.8	27.3	5.6	65.9	−3.9
Bacillariophyta/%	−34.5	18.7	−53.2	−7.0	2.2	8.5	1.3
Chlorophyta/%	−29.3	−239.3	−139.0	−17.5	0.5	13.4	−13.5
Other phytoplankton/%	−158.9	−939.1	−60.0	−10.9	−14.1	−38.0	−36.8
W7							
Cyanophyta/%	−40.8	165.6	168.3	169.3	2.7	58.4	2.6
Bacillariophyta/%	17.3	−15.4	−8.0	−3.6	5.7	20.2	−2.6
Chlorophyta/%	−12.7	45.8	5.0	6.2	−0.0	4.1	1.4
Other phytoplankton/%	11.6	−1.0	0.6	−1.4	−0.0	52.8	4.1

注：1. 优势藻种的名称以粗体标记。
　　2. 通过细胞密度的变化除以原始细胞密度计算灵敏度。输入值 T、pH、DO、CO_2、TN、TP 和 DSi。

4.3　浮游植物生长的限制性因子和基于 BPANN 的浮游植物动力学驱动因子

4.3.1　浮游植物生长的限制性因子

　　水力发电筑坝形成的水库改变了自然河流的水文水动力、透明度以及营养元素的循环。藻类光合作用吸收 CO_2 释放 O_2，导致 pH 升高和 DO 增加。叶绿素、pH 和 DO 之间的显著相关性说明了蓄水河流中浮游植物光合作用是影响水化学的重要生物过程。相比之下，自然河流中的水化学特征主要受岩石风化和有机碳矿化的控制(Liu，2007)。根据相关性分析，水温是影响梯级水库中浮游植物生长的关键限制性因子，水温增加能促进浮游植物的光合作用，诱使浮游植物快速繁殖(Neori et al.，1982)。浮游植物吸收营养盐会导致 TN、CO_2、DSi 的浓度降低，反映在叶绿素浓度的变化和这些化学指标呈负相关上(表 4.2)。硝态氮(NO_3^-)作为总氮的重要组成部分，与叶绿素浓度呈显著负相关($r=-0.601$，$p<0.01$，$n=234$)。淡水生态系统通常是磷限制性(Hecky et al.，1988)。在本研究中，TN/TP 的摩尔比大于 50，说明磷可能是限制因子(Guildford et al.，2000)；然而这些水库的磷含量相对较高且 TP 和叶绿素含量

不显著相关,说明磷不是主要的限制性因子(表 4.2)。BPANN 模型灵敏度分析也证实了该观点。因此,乌江流域的浮游植物不受营养盐的限制,而是受水温限制。

4.3.2　基于 BPANN 模型的浮游植物动力学驱动因子

BPANN 模型被用来模拟不同浮游植物门类的动态变化,然而以前的研究通常是针对某个特定藻种(Wei et al.,2001;Recknagel,1997)。不同门类或相同种属的种间竞争可能会使模型复杂化。基于时间滞后性输入参数,研究说明 BPANN 模型能很好地预测浮游植物的时间序列变化规律,尤其是对优势门类的预测(图 4-4)。BPANN 模型的灵敏度分析可以被用于识别浮游植物群落结构变化的主要驱动因子。模拟结果显示,水温和优势藻的变化是协同发生的,这可解释温度是浮游植物变化的重要驱动因子。硅藻吸收硅酸盐用于合成硅壳,使得硅酸盐与硅藻生物量呈负相关关系。同样,蓝藻和硅藻的生物量增加导致溶解性 CO_2 的浓度降低,这是由于浮游植物光合作用吸收 CO_2 所致。pH 和溶解性 CO_2 浓度密切相关,在理想碳酸盐体系中,pH 受 $[CO_2]/[CO_3^{2-}]$ 比值控制,$[CO_2]$ 增加伴随着 $[CO_3^{2-}]$ 的降低,将导致 pH 的降低。因此,以 pH 为统计结果的关键驱动因子反映了浮游植物动力变化对碳循环的影响。

4.4　乌江河流-水库体系浮游植物群落结构演替的生物地球化学制约机制

4.4.1　浮游植物生长对营养盐的临界浓度具有种类特异性

浮游植物生长对营养盐的临界浓度具有种类特异性,这是因为不同浮游植物利用营养盐的途径和机制不同,因此这些营养盐的化学计量比会影响浮游植物群落结构(Wang et al.,2014;Baldia et al.,2007;Grover,1989)。在喀斯特梯级水库中与 CO_2 和 DSi 生物地球化学循环相关的浮游植物群落具有明显的空间异质性。藻类进化出的二氧化碳浓缩机制(Carbon Dioxide Concentrating Mechanisms,CCMs)使得藻类可以适应低 CO_2 浓度的环境。在该机制下,藻类可以直接吸收 HCO_3^- 作为碳源,还可以在胞外碳酸酐酶的作用下将 HCO_3^- 转化为 CO_2 被藻类吸收(Moroney et al.,2007)。

4.4.2　水生态系统中硅藻和非硅藻群落结构间的演替

由于不同藻类的二氧化碳浓缩机制(CCMs)存在明显的种间差异,使得硅藻和蓝藻对 CO_2 浓度的响应机制不同。在水体 CO_2 的浓度低于 $10\ \mu mol \cdot L^{-1}$ 的条件下,随着 CO_2 浓度的降低,硅藻的生物量相对稳定,但是蓝藻生物量还可以持续增加,同时还伴随着 HCO_3^- 浓度的降低(图 4-5)。说明蓝藻可以在低 CO_2 浓度时利用 HCO_3^- 作为无机碳源,而硅藻的二氧化碳浓缩机制(CCMs)相对于蓝藻较弱,这使得水体优势藻类群落由硅藻向蓝藻方向演替。藻类对无机碳的吸收受 pH 的影响,这也是蓝藻和绿藻对高 pH 环境敏感的原因。硅藻的生长需要吸收硅元素来合成硅壳,硅酸盐的浓度限制了硅藻生物量对浮游植物总量的贡献。在有机碳腐烂过程中,生物质硅的再矿化速率远低于有机氮和有机磷的矿化释放速率,因此氮、磷、硅的再利用率存在明显不同(Howarth et al.,2011;Koszelnik et al.,2008)。水体富营养化能提升硅元素的限制能力,诱导藻类由硅藻向蓝藻演替。因此,CO_2 和 DSi 的化学计量比决定了水生态系统中硅藻和非硅藻群落结构之间的演替(图 4-6)。

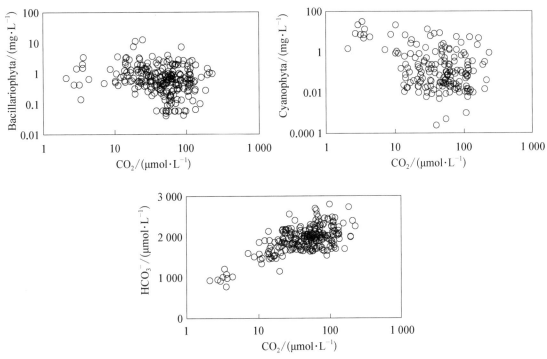

图 4 - 5　硅藻湿重、蓝藻湿重、HCO₃⁻ 浓度与溶解 CO₂ 浓度的散点图

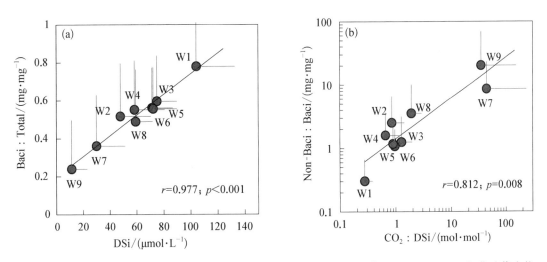

图 4 - 6　DSi 和硅藻生物量与总浮游植物生物量比率(Baci：Total)的散点图(a)；CO₂：DSi 和非硅藻生物量与硅藻生物量比率(Non - Baci：Baci)的散点图(b)

注：数值显示为平均值和正标准偏差；采样点位置见图 4 - 1

参 考 文 献

刘丛强,2007.生物地球化学过程与地表物质循环：西南喀斯特流域侵蚀与生源要素循环[M].北京：科学出版社.

章宗涉,黄祥飞.1991.淡水浮游生物研究方法[M].北京：科学出版社.

BALDIA S F, EVANGELISTA A D, ARALAR E V, et al. 2007. Nitrogen and phosphorus utilization in the cyanobacterium Microcystis aeruginosa isolated from Laguna de Bay, Philippines[J]. Journal of Applied Phycology, 19: 607 - 613.

CLEMENT R, JENSEN E, PRIORETTI L, et al. 2017. Diversity of CO_2-concentrating mechanisms and responses to CO_2 concentration in marine and freshwater diatoms[J]. Journal of experimental botany, 68: 3925 - 3935.

EPA, 1988. Environmental quality standard for surface water. State standard of the People's Republic of China (GB 3838 - 88). Environmental Protection Administration of China. China Environmental Science Press, Beijing, China.

GROVER J P. 1989. Phosphorus-dependent growth kinetics of 11 species of freshwater algae[J]. Limnology and Oceanography, 34: 341 - 348.

GUILDFORD S J, HECKY R E. 2000. Total nitrogen, total phosphorus, and nutrient limitation in lakes and oceans: Is there a common relationship? [J]. Limnology and Oceanography, 45: 1213 - 1223.

HARRIS G P, BAXTER G. 1996. Interannual variability in phytoplankton biomass and species composition in a subtropical reservoir[J]. Freshwater Biology, 35: 545 - 560.

HECKY R E, KILHAM P. 1988. Nutrient limitation of phytoplankton in freshwater and marine environments: a review of recent evidence on the effects of enrichment[J]. Limnology and Oceanography, 33: 796 - 822.

HILLEBRAND H, DÜRSELEN C D, KIRSCHTEL D, et al. 1999. Biovolume calculation for pelagic and benthic microalgae[J]. Journal of Phycology, 35: 403 - 424.

HOWARTH R, CHAN F, CONLEY D J, et al. 2011. Coupled biogeochemical cycles: eutrophication and hypoxia in temperate estuaries and coastal marine ecosystems [J]. Frontiers in Ecology and the Environment, 9: 18 - 26.

JEONG K S, KIM D K, JOO G J. 2006. River phytoplankton prediction model by Artificial Neural Network: model performance and selection of input variables to predict time-series phytoplankton proliferations in a regulated river system[J]. Ecological Informatics, 1: 235 - 245.

KOSZELNIK P, TOMASZEK J A. 2008. Dissolved silica retention and its impact on eutrophication in a complex of mountain reservoirs[J]. Water, Air, and Soil Pollution, 189: 189 - 198.

LEK S, GUEGAN J F. 1999. Artificial neural networks as a tool in ecological modelling, an introduction[J]. Ecological Modelling, 120: 65 - 73.

MABERLY S C. 1996. Diel, episodic and seasonal changes in pH and concentration of inorganic carbon in a productive lake[J]. Freshwater Biology, 35: 579 - 598.

MARKENSTEN H, MOORE K, PERSSON I. 2010. Simulated lake phytoplankton composition shifts toward cyanobacteria dominance in a future warmer climate[J]. Ecological Applications, 20: 752 - 767.

MORONEY J V, YNALVEZ R A. 2007. A proposed carbon dioxide concentration mechanism in Chlamydomonas reinhardtii[J]. Eukaryotic Cell, 6: 1251 - 1259.

MUYLAERT K, SANCHEZ-PEREZ J M, TEISSIER S, et al. 2009. Eutrophication and its effect on dissolved Si concentrations in the Garonne River (France)[J]. Journal of Limnology, 68: 368 - 374.

NEORI A, HOLM-HANSEN O. 1982. Effect of temperature on rate of photosynthesis in Antarctic phytoplankton[J]. Polar Biology, 1: 33 - 38.

RAVEN J A, GIORDANO M, BEARDALL J, et al. 2012. Algal evolution in relation to atmospheric CO_2: carboxylases, carbon-concentrating mechanisms and carbon oxidation cycles [J]. Philosophical Transactions of the Royal Society B, 367: 493 - 507.

RECKNAGEL F. 1997. ANNA—Artificial Neural Network model for predicting species abundance and succession of blue-green algae[J]. Hydrobiologia, 349: 47 – 57.

REYNOLDS C S, WISEMAN S W, GODFREY B M, et al. 1983. Some effects of artificial mixing on the dynamics of phytoplankton populations in large limnetic enclosures[J]. Journal of Plankton Research, 5: 203 – 234.

RUMELHART D E, HINTON G E, WILLIAMS R J. 1986. Learning representations by back-propagating errors[J]. Nature, 323: 533 – 536.

SCHABHUTTL S, HINGSAMER P, WEIGELHOFER G, et al. 2013. Temperature and species richness effects in phytoplankton communities[J]. Oecologia, 171: 527 – 536.

SERRA T, VIDAL J, CASAMITJANA X, et al. 2007. The role of surface vertical mixing in phytoplankton distribution in a stratified reservoir[J]. Limnology and Oceanography, 52: 620 – 634.

WANG B, LIU C Q, MABERLY S C, et al. 2016. Coupling of carbon and silicon geochemical cycles in rivers and lakes[J]. Scientific Reports, 6: 35832.

WANG B, LIU C Q, PENG X, et al. 2013. Mechanisms controlling the carbon stable isotope composition of phytoplankton in karst reservoirs[J]. Journal of Limnology, 72: 127 – 139.

WANG B, LIU C Q, WANG F, et al. 2015. A decrease in pH downstream from the hydroelectric dam in relation to the carbon biogeochemical cycle[J]. Environmental Earth Sciences, 73: 5299 – 5306.

WANG F, WANG B, LIU C Q, et al. 2014. Changes in nutrient ratios and phytoplankton community structure caused by hydropower development in the Maotiao River, China [J]. Environmental Geochemistry and Health, 36: 595 – 603.

WEI B, SUGIURA N, MAEKAWA T. 2001. Use of artificial neural network in the prediction of algal blooms [J]. Water Research, 35: 2022 – 2028.

（本章作者：王宝利）

第 5 章

沉积物-水界面物质交换及其对上覆水体的影响

5.1 沉积物-水界面地球化学过程

人工水库、天然湖泊是以水为载体的自然综合体,由湖盆、湖水、水体中所含物质(矿物质、溶解质、有机质)以及水生生物等所共同组成(王苏民等,1998),是陆地水体生态系统的重要组成部分,也是江河流域内重要的生态系统。一般而言,淡水湖泊水体深度较浅,从几米到几十米不等,属于相对封闭的地表水体环境。与海洋相比,湖泊有机物质来源丰富,包括河流(大气)输入的流域侵蚀物质、湖泊水体内藻类及其残体、湖底沉积物的再悬浮物质等(图 5-1)(Davison,1985,1993;Håkanson et al.,1995)。沉积物-水界面的地球化学过程主要包括沉积过程、成岩过程、氧化还原过程和扩散过程等。

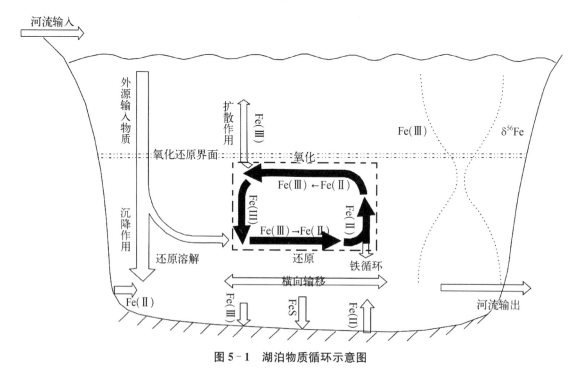

图 5-1 湖泊物质循环示意图

5.1.1 沉积过程

湖水滞留时间一般较长。河水中携带来的流域侵蚀物质在湖泊这样的静水环境中,流速减缓,大部分很快就能沉降下来。但受侵蚀速率的影响,湖泊沉积速率各有差异。沉积物-水界面是水体和沉积物两相组成的边界环境,除微粒浓度不整合以外,在密度、微粒、溶液组成、化学种类的活动性、pH、氧化还原电位和生物活动性等方面均存在明显的梯度变化(万国江,1988)。这一界面环境上,两相在物理、化学及生物特征上均显著不同。

湖泊沉积物中微粒主要具有三种不同的物质来源:河流输入的泥沙、水体中部分溶质盐分的结晶体、水体中的浮游动植物残骸和广泛分布的微生物。各种物质汇集到湖泊沉积中,但是在永久性埋藏之前,这些物质并不是简单的堆积,而是经历了非常复杂的反应,和上层水体、沉积物发生了频繁的物质和能量的交换。沉积物-水界面上沉降物质除了发生沉积作用外,还存在着早期成岩作用。

5.1.2　氧化还原过程

氧化还原反应是自然界中广泛存在的地球化学作用过程,尤其是在自然水体中。在季节性热分层发育良好的湖库水环境中,上层水体含氧量较高;而在湖泊底层中,由于有机物质的不断降解使得其底层水体中的溶解氧消耗殆尽,逐渐形成还原环境,在氧化和还原区域之间便形成了一个以氧化还原指标为判据的界面,众多氧化还原反应即发生在此界面附近。氧化-还原界面为一个空间上不稳定的化学界面,对于贫营养的淡水湖泊和大多数的河流而言,氧化-还原界面一般处于沉积物内部几厘米的深度(Jones et al.,1979)。特别是对于富营养化的季节性厌氧湖泊,在夏季湖泊分层期间,流域物质来源丰富且表层水体中湖泊生产力旺盛,由于呼吸作用和大量有机物质的降解使得湖泊下层水体中的溶解氧很快耗尽,暂时形成一个以还原环境为特征的水层,此时的氧化还原界面处于湖泊底部水层中。随着季节的更替,氧化-还原界面不断下移,回到与水-沉积物界面重合的状态或进入沉积物内部几厘米的深度以下。

铁、锰等元素在自然水体环境中广泛存在,主要来自流域侵蚀、含铁锰矿物或沉积物的溶解等,在一定情况下,也受到矿山废水的影响。由于铁、锰均属于氧化还原敏感的元素,通常在各种宏观的氧化-还原界面和微观的水-颗粒物界面的相关作用过程中通过价态转变发生强烈的界面迁移转化;而且,铁锰氧化物/氢氧化物具有很强的吸附能力,在其自身发生界面循环的同时,可以影响众多微量金属元素、磷以及有机物的循环迁移,一直以来受到众多湖泊学家、地质学家以及水处理专家的关注(Anderson et al.,1981;Benjamin et al.,1981;Tipping,1981;De Vitre et al.,1988;Hongve,1997;Zaw et al.,1999;Gandy et al.,2006)。

根据铁、锰在氧化还原界面附近的循环模型(图 5 - 2,Davison,1985;1993;Davison et al.,1980;Buffle et al.,1989;Davison et al.,1992),假定在氧化区域和还原区域之间存在一个相对稳定的界面,铁锰氧化物颗粒与溶解态的 $Fe(II)_{aq}$ 与 $Mn(II)_{aq}$ 之间进行着持续不断的转化。湖泊水体中的悬浮颗粒物在重力作用下不断沉降,当颗粒物进入还原区域时,部分活性较强的铁锰氧化物或氢氧化物即充当电子受体,参与有机质的降解过程,被还原为溶解态的 $Fe(II)_{aq}$ 和 $Mn(II)_{aq}$。这样在氧化还原界面附近产生了一个 $Fe(II)_{aq}$ 与 $Mn(II)_{aq}$ 的扩散源。溶解态的 $Fe(II)_{aq}$ 与 $Mn(II)_{aq}$ 在水中自由扩散迁移,当 $Fe(II)_{aq}$ 与 $Mn(II)_{aq}$ 扩散至氧化区域时,便重新被氧化为铁锰氧化物或氢氧化物。随着时间的增长,这些颗粒态的铁锰氧化物聚集为更大的颗粒,并随着重力作用重新沉降回还原区域,或是吸附到更大的颗粒物表层,被带回到还原区域。因此,随着氧化-还原作用在界面附近持续不断地进行,两者便构成了铁锰在氧化-还原界面附近的循环,即所谓的铁锰界面循环(Davison,1985;1993)。铁的氧化还原界面循环被形象地称为"ferrous wheel"。

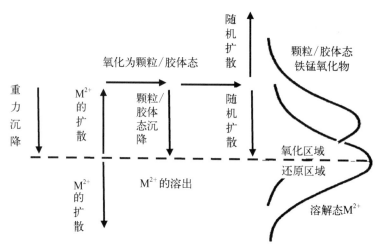

图 5－2　铁锰氧化-还原界面循环模式（Davison，1985；1993）

根据已有研究，氧化/还原循环过程中形成的铁锰颗粒物聚集和沉降速度较慢，甚至可以在界面附近达 10 天左右（Davison et al.，1980；Laxen et al.，1983），因此，铁锰界面循环的结果便是：铁锰氧化物或氢氧化物在界面附近不断地聚集，形成了一个峰值，往两侧呈高斯曲线状分布（图 5－2）。根据有机质降解反应的吉布斯自由能的大小、电子受体氧化还原电位的高低和分布特征以及微生物异化还原能力的影响，氧化还原界面附近的电子受体呈现一定的顺序分带，即氧还原带、硝酸盐还原带、锰还原带、铁还原带、硫酸盐还原带和产甲烷带（图 5－3）（Nealson and Saffarini，1994）。因此，铁锰硫含量较高的湖泊中，当氧化-还原界面附近的溶解氧非常低时，锰氧化物或硝酸盐均有可能充当 Fe（Ⅱ）的氧化剂，这样一来，锰的界面循环可能会处在铁循环的上方，而硫循环可能会处在铁循环的下方（图 5－4）。

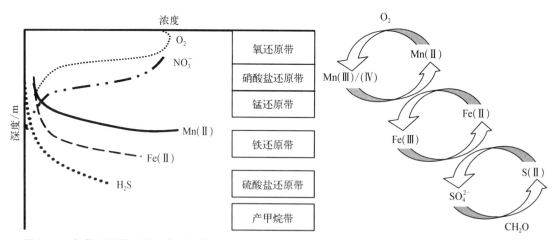

图 5－3　氧化还原界面附近电子受体的理想分带示意图　　图 5－4　铁循环与锰循环、硫循环之间可能存在的相互影响

5.1.3　扩散作用

湖泊和水库沉积物是流域各种环境物质的宿体。以水库为例，水库滞留了大量来自流域的自然及人为的污染物质（如重金属、营养盐等），在矿山活动地区，产生的各种重金属均可能

在水库中蓄积。蓄积在水库底部沉积物中的重金属在某些条件下可能会释放至上覆水中,成所谓的"二次污染"问题,致水质恶化。在水库水质管理工作中,水环境容量的计算往往侧重水体本身,对沉积物往往关注其污染物容纳能力的计算,而忽视其作为潜在污染源的可能性。各种地球化学过程在沉积物-水界面附近造成重金属元素"源/汇"关系的转化。水环境沉积物中各元素影响上覆水体,首先要转化为可溶形式存在于孔隙水中,然后通过分子扩散作用在沉积界面附近进行迁移,这可以由 Fick 定律进行描述:

$$F_d = -\Phi D_s (dc/dz) \tag{5.1}$$

$$D_s = D_0 \times \Phi^2 \tag{5.2}$$

式(5.1)、(5.2)中: F_d 为溶质扩散通量; Φ 为孔隙度; D_s 为孔隙水中元素的分子扩散系数 ($cm^2 \cdot a^{-1}$); D_0 为理想溶液中的分子扩散系数,与温度有关; dc/dz 为孔隙水中溶质的浓度梯度; c 为溶质的浓度; z 为扩散方向。

沉积物体系中分子扩散系数 D_s 的测定往往繁杂,是沉积物弯曲度的函数。通常是通过 D_0 的测定来转换的, D_0 是稀溶液中的分子扩散系数,相对易于测定,且积累资料较多。

5.2　沉积界面铁锰循环及其环境效应

5.2.1　湖泊水体铁锰及重金属循环过程

5.2.1.1　湖泊溶解态铁锰及其他重金属的季节变化特征

分别在贵州阿哈湖和红枫湖进行了湖泊分层水体和悬浮颗粒物的样品采集(图 5-5)。图 5-6 显示了阿哈湖和红枫湖夏、冬两季湖水溶解态微元素浓度的剖面变化情况。从图中可以看出,夏季湖水分层期间,阿哈湖 DB 和 LJK 采样点溶解态微量元素浓度均呈现一定的剖面变化特征;冬季湖水混合期间,湖水水质均匀,无明显剖面变化。红枫湖 HW 采样点中,除 Zn 以外的其他微量元素浓度与阿哈湖有着同样的剖面变化规律;Zn 浓度在冬季呈一定的剖面变化,在夏季剖面变化不明显。阿哈湖 DB 采样点各微量元素以及红枫湖 HW 采样点 Fe、Mn 和 Co,在夏季表层水体中的浓度普遍偏低;阿哈湖 LJK 采样点表层水体中溶解态 Fe 的浓度相对较高,为 $6.77 \mu g \cdot L^{-1}$;HW 采样点表层 5~10 m 深度 Cr、Ni 浓度相对较高。夏季 LJK 表层水体中 DOC 的浓度为 $10.26 mg \cdot L^{-1}$,远高于其他湖水样品。湖水中大量溶解有机质的存在有利于铁有机络合物的生成,并且有机物质可以通过吸附作用使得湖水中的含铁胶体颗粒更加稳定(Perdue et al.,1976;Koenings,1976),而 $0.45 \mu m$ 滤膜过滤所得的溶液中往往包括了这些粒径较小的胶体颗粒(Björkvald et al.,2008)。

夏季湖水分层期间,在阿哈湖和红枫湖底层水体中 Mn、Fe 和 Co 的浓度均具有逐渐增高的趋势。尤其在水-沉积物界面附近,各元素的浓度同时出现明显的大幅增加。湖水分层期间,有机物质的不断降解使得底层水体呈现缺氧状态,颗粒物中的 Mn、Fe 氧化物可以作为电子受体而不断被还原溶解,使得水体中溶解态 Mn、Fe 的浓度逐渐升高。在氧化还原界面以下,溶解态 Mn 的浓度及其升高幅度均远高于 Fe(图 5-6),显示出 MnO_x 颗粒物是阿哈湖和红枫湖底层水体中更为活跃和主要的电子受体(Stumm et al.,1981)。此外,沉积物向上覆水体的扩散作用可能也对水-沉积物界面附近 Mn、Fe 浓度升高有一定的贡献。

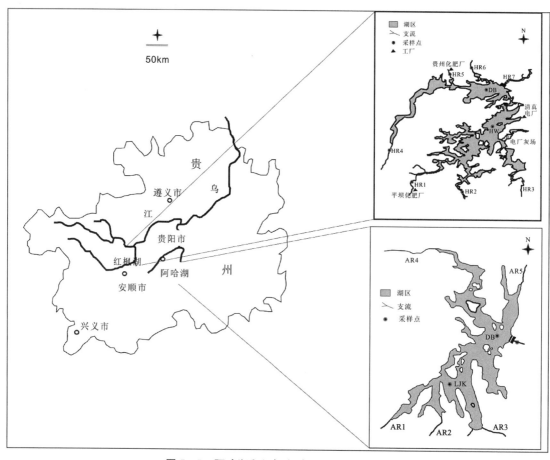

图 5-5　阿哈湖和红枫湖地理位置和采样图

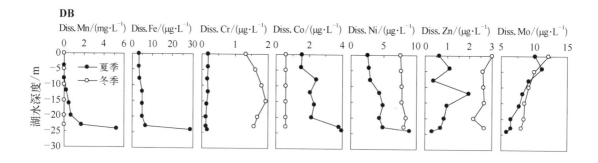

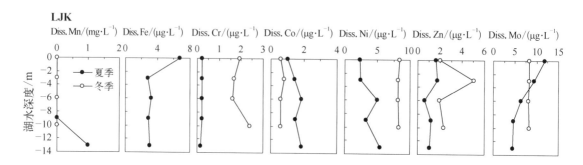

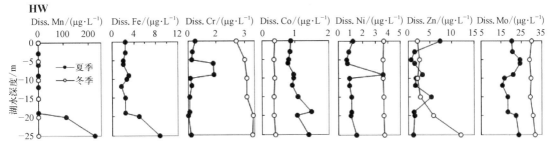

图 5-6　阿哈湖大坝(DB)、两江口(LJK)和红枫湖后五(HW)采样点溶解态
微量金属元素浓度的剖面变化图(Diss.=Dissolved)

夏季采样点湖水溶解态 Co 浓度和溶解态 Mn 与 Fe 浓度的相关系数分别为：阿哈湖 DB，$R^2=0.87$ 和 $R^2=0.54$；红枫湖 HW，$R^2=0.59$ 和 $R^2=0.98$。夏季阿哈湖 DB 采样点溶解态 Ni 浓度与溶解态 Mn 和 Fe 浓度的相关系数分别为 $R^2=0.90$ 和 $R^2=0.70$；冬季红枫湖 HW 采样点 Co、Ni 浓度与 Mn 浓度的相关系数分别为 $R^2=0.74$ 和 $R^2=0.79$。由此可见，Co 和 Ni 浓度与 Mn 和 Fe 浓度的相关性较为显著，其变化趋势可能也受到类似生物地球化学过程的控制。Mn 浓度与 Co、Ni 浓度的相关系数更高，进一步说明了 MnO_x 颗粒物可能是阿哈湖底层水体中主要的电子受体。在阿哈湖 DB 采样点，Mn 的浓度从 12 m 处的 $226.96\ \mu g\cdot L^{-1}$ 增加到 $5\,220.61\ \mu g\cdot L^{-1}$，大大超出了集中式生活饮用水地表水水源地的标准限值（$100\ \mu g\cdot L^{-1}$，GB 3838—2002）。因此，夏季湖水分层期间，自来水厂不宜从水深 12 m 以下的水层中取水。在红枫湖 HW 采样点，夏季水体中 Mn 的含量是冬季的 100 多倍，出现季节性污染，与万曦等(1997)的结论一致。

阿哈湖底层水体中溶解态 Zn 和 Mo 浓度呈现出随水体深度增加而逐渐减低的趋势，而红枫湖底层水体中 Zn 和 Mo 浓度却随水体深度增加而逐渐升高。已有研究证明，Zn 和 Mo 容易与 FeS 发生共沉淀或吸附在 FeS 颗粒上，也易形成 ZnS 沉淀等(Stumm et al.，1981)。阿哈湖底层水体中存在硫酸盐还原作用(Song et al.，2011)，有大量 S(Ⅱ)的生成，而红枫湖底层水体硫酸盐还原作用相对较弱。因此，阿哈湖底层水体中溶解态 Zn 浓度的降低可能与 ZnS 沉淀的生成或与 FeS 颗粒的吸附或共沉淀作用有关。Mo 在 pH>5 的水体中通常以 MoO_4^{2-} 的形式存在，并且 MoO_4^{2-} 容易与 Ca^{2+} 或其他金属离子结合成为钼酸盐沉淀。而阿哈湖湖水的矿化程度较高，Ca^{2+} 的浓度约为 $106.55\ mg\cdot L^{-1}$，其他金属离子的浓度也较高，所以，湖泊底层水体中溶解态 Mo 浓度的降低可能与钼酸盐沉淀的形成以及 FeS 颗粒的吸附或共沉淀有关。

5.2.1.2　湖泊悬浮物铁锰循环及重金属空间分布

图 5-7 显示了阿哈湖和红枫湖夏、冬两季湖水悬浮颗粒物微量元素的剖面变化情况。从图中可以看出，对于阿哈湖，除 LJK 采样点的 Cr 外，夏季和冬季表层湖水颗粒物微量元素的浓度接近。整体表现为，夏季表层湖水颗粒物的微量元素浓度高于近表层水体，而冬季的情况则相反。表层水体颗粒物主要来源于河流的外源输入以及湖泊内部藻类繁殖等(Håkanson et al.，1995)。对夏季丰水期阿哈湖悬浮颗粒物 Fe 同位素的研究表明，表层湖水颗粒物的 Fe 同位素组成明显受到陆源输入的颗粒有机结合态铁的影响(宋柳霆等，2008)，阿哈湖入湖支流河水悬浮颗粒物微量元素的浓度普遍高于冬季，且夏季藻类生物量远大于冬季，使得表层湖水颗粒物微量元素浓度偏高。自温跃层起，夏季湖水颗粒态 Mn、Fe、Cr、Co、Ni、Zn 和 Mo 的含

量均呈现出明显升高的趋势,且明显高于冬季,DB 剖面在 16～20 m 处达到峰值,冬季在16～20 m 处也有一个微弱的峰值(图 5 - 7)。

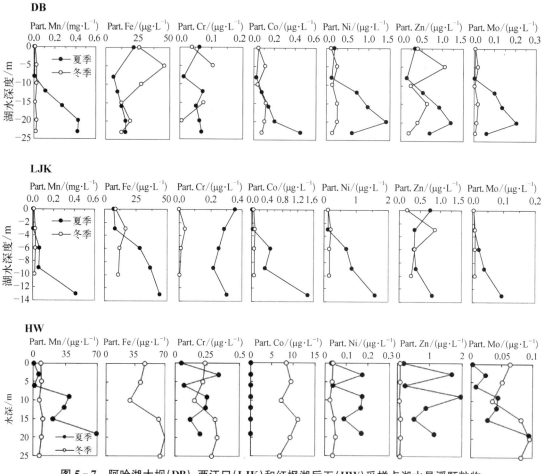

图 5 - 7　阿哈湖大坝(DB)、两江口(LJK)和红枫湖后五(HW)采样点湖水悬浮颗粒物微量金属元素浓度的剖面变化图(Part.＝Particulate)

红枫湖 HW 采样点,颗粒物微量元素浓度夏季分层现象较明显,而冬季浓度比较稳定,普遍无明显分层现象。同阿哈湖一样,红枫湖自温跃层起,夏季湖水颗粒态 Mn、Cr、Co、Ni、Zn 和 Mo 的浓度呈现出升高的趋势。

pH、DOC 浓度、盐度以及氧化还原状态等水质变化往往可以改变颗粒物的化学组成和活性(Beckett et al.,1990;Herman et al.,1999;Mannino et al.,1999),即发生水-粒相互作用。水-粒相互作用是悬浮颗粒物研究的核心内容之一,其涵盖内容较为广泛,包括了胶体絮凝、离子交换、吸附/解吸、沉淀/溶解、生物吸收、水合作用、盐析效应、微生物作用以及颗粒有机物的降解等一系列物理、化学和生物过程(Turner et al.,2002)。在此,我们主要从有机物的降解、吸附/解吸、沉淀/溶解等方面讨论水-粒相互作用对湖泊底层水体中微量元素循环的影响。为了更好地显示湖泊内部微量元素的迁移转化规律,我们将悬浮颗粒物的 M/Al(M 代表微量元素)与水深作图(图 5 - 8)。

以往的众多研究表明,Fe、Mn 等元素的界面循环往往会影响到湖水中其他微量金属元素的分布和迁移转化(Yin et al.,2016;Davison et al.,1980;Vitre et al.,1991)。夏季处于丰

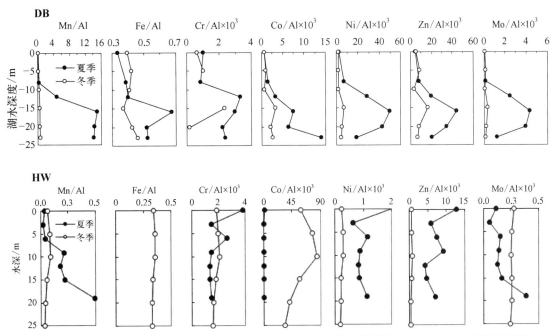

图 5-8 阿哈湖大坝(DB)和红枫湖(HW)采样点湖水悬浮颗粒物微量金属元素与 Al 比值的剖面图

水期,流域冲刷作用强烈,加之湖泊生产力旺盛,湖泊内部有机质含量较高,大量藻类残体等有机物质不断降解使得湖泊底层处于缺氧状态,并使得湖水 pH 不断降低(宋柳霆等,2012)。此时活性较高的铁锰氧化物/氢氧化物即可充当电子供体,参与有机质的降解,被不断还原溶解,同时伴随着 Co、Ni、Zn 等微量元素的释放(图 5-6),底部湖水不断降低的 pH 有利于还原溶解过程的进行。根据铁、锰在氧化还原界面附近的循环模型(Davison,1985),活性铁、锰氧化物的不断还原溶解使得溶解态 $Fe(II)_{aq}$、$Mn(II)_{aq}$、Co、Ni 等的浓度在还原区域达到一个峰值(图 5-6)。在扩散作用下进入氧化区域的 $Fe(II)_{aq}$、$Mn(II)_{aq}$ 又重新被氧化为铁锰氧化物/氢氧化物,新生成的铁锰颗粒物聚集和沉降速度较慢,在界面附近甚至可达 10 d 左右(Davison et al.,1980;Laxen et al.,1983),因此,界面循环的不断持续使得铁锰氧化物或氢氧化物在界面附近不断地聚集,形成了一个峰值,往两侧呈高斯曲线状分布(图 5-7)。从图 5-8 可以看出,在阿哈湖 DB 采样点 16 m 处同时出现了 Fe/Al、Mn/Al 的峰值,进一步证明了颗粒态铁锰氧化物的峰值是湖泊氧化还原界面循环不断持续的结果。而红枫湖 HW 采样未出现明显的 Fe/Al、Mn/Al 峰值,可能是因为红枫湖中 Mn 浓度远低于阿哈湖(图 5-6),导致红枫湖氧化还原循环相对较弱。

根据已有研究,氧化还原循环过程中新生成的铁锰氧化物/氢氧化物具有较大的比表面积和较多的表面活性羟基,因而具有较强的吸附能力,尤其是对众多重金属离子具有很强的吸附能力(Trivedi et al.,2000;Gandy et al.,2007)。微量元素易与铁锰氧化物发生共沉淀,因此,在颗粒态铁锰达到峰值的区域,Co、Ni、Zn、Mo 等的浓度也出现了峰值。此外,Zn、Cu 等还易与还原态 S 结合生成 ZnS、CuS 等(Puppa et al.,2013;Torres et al.,2013),可能也是湖泊底层水体中颗粒物 Zn、Cu 增加的原因。从图 5-8 可以看出,阿哈湖 Co/Al、Ni/Al、Zn/Al、Mo/Al 也均在水深 16 m 左右出现峰值,说明 Co、Ni、Zn、Mo 与 Fe、Mn 的界面循环受到类似生物地球化学过程的控制。相对而言,Mn、Co、Ni、Zn 的循环更为强烈。

为进一步确认 Fe、Mn 对 Cr、Co、Ni、Zn、Mo 等微量元素循环的影响,我们将 Cr/Al、Co/Al、Ni/Al、Zn/Al、Mo/Al 与 Fe/Al 和 Mn/Al 进行了相关分析,见表 5.1。从表中可以看出,阿哈湖颗粒物 Cr/Al、Co/Al、Ni/Al、Zn/Al、Mo/Al 与 Mn/Al、Fe/Al 的相关系数均大于 0.73,红枫湖颗粒物 Cr/Al、Co/Al、Ni/Al、Zn/Al 与 Mn/Al、Fe/Al 的相关系数均大于 0.87,且与 Mn/Al 的相关系数均略高于与 Fe/Al 的相关系数,这说明铁锰循环均对 Cr、Co、Ni、Zn、Mo 等微量元素的迁移转化产生了重要影响,但 Mn 循环的影响略高于 Fe 循环,也进一步证明了锰氧化物是阿哈湖和红枫湖底层水体中更为活跃的电子供体。

表 5.1　阿哈湖大坝采样点和红枫湖后五采样点悬浮颗粒物 M/Al 之间的相关性分析

湖　泊	元　素	Fe/Al	Mn/Al	Cr/Al×10³	Co/Al×10³	Ni/Al×10³	Zn/Al×10³	Mo/Al×10³
阿哈湖	Fe/Al	1.00						
	Mn/Al	0.79						
	Cr/Al×10³	0.79	0.69					
	Co/Al×10³	0.69	0.87	0.57				
	Ni/Al×10³	0.79	0.84	0.83	0.52			
	Zn/Al×10³	0.86	0.87	0.81	0.58	0.98		
	Mo/Al×10³	0.73	0.80	0.82	0.45	0.99	0.96	1.00
红枫湖	Fe/Al	1.00						
	Mn/Al	0.98						
	Cr/Al×10³	0.99	1.00					
	Co/Al×10³	0.98	1.00	1.00				
	Ni/Al×10³	0.97	0.97	0.98	0.97			
	Zn/Al×10³	0.91	0.91	0.90	0.90	0.87		
	Mo/Al×10³	0.13	0.13	0.20	0.14	0.30	0.05	1.00

5.2.2　湖泊沉积物-水界面铁锰及其他重金属迁移过程

沉积物与上覆水体之间进行物质交换的主要形式是由浓度梯度所引起的分子扩散作用和伴随孔隙水向下的平流迁移,以及伴随固体颗粒向界面的沉降。分子扩散是静态条件下沉积物-水界面重金属迁移的主要形式,可以根据 Fick 第一定律来计算:

$$F_d = \varphi_0 \cdot D_s \cdot \frac{dc}{dz} \tag{5.3}$$

式中: F_d 为沉积物-上覆水界面扩散通量; φ_0 为表层沉积物的孔隙度; $\frac{dc}{dz}$ 为沉积物-上覆水界面的浓度梯度,一般可用近似界面附近的浓度差表示; D_s 为考虑了沉积物弯曲效应的实际分子扩散系数,通常, $\varphi_0 \leqslant 0.7$ 时, $D_s = \varphi_0 \cdot D_0$;当 $\varphi_0 > 0.7$ 时, $D_s = \varphi_0^2 \cdot D_0$ 。 D_0 为离子在无限稀释溶液中的理想扩散系数,取 $\varphi_0 = 0.9$,冬季沉积物-水界面 10 ℃条件下, $D_0(Fe) = 150.4 \ cm^2 \cdot a^{-1}$, $D_0(Mn) = 144.4 \ cm^2 \cdot a^{-1}$;7 ℃条件下, $D_0(Cr) = 179.4 \ cm^2 \cdot a^{-1}$, $D_0(Co) = 114.5 \ cm^2 \cdot a^{-1}$, $D_0(Ni) = 109.7 \ cm^2 \cdot a^{-1}$, $D_0(Pb) = 203.1 \ cm^2 \cdot a^{-1}$ (Li et al., 1974)。

沉积通量则取决于固体颗粒在界面的沉降速率,计算公式如下:

$$F_s = C_g \times S \tag{5.4}$$

式中：F_s 为沉积物-上覆水界面的沉降通量；C_g 为沉积物中元素的平均含量（$g \cdot g^{-1}$）；S 为沉积物平均堆积速率（$g \cdot cm^{-2} \cdot a^{-1}$）。阿哈湖和红枫湖的沉积物平均堆积速率分别为 $0.625\ g \cdot cm^{-2} \cdot a^{-1}$、$0.17\ g \cdot cm^{-2} \cdot a^{-1}$（陈振楼，1994；万国江等，1990）。所有结果列于表 5.2。

表 5.2　重金属在沉积物-水界面的扩散和沉降通量　　　单位：$mg \cdot cm^{-2} \cdot a^{-1}$

湖　泊	界面通量	Fe	Mn	Cr	Co	Ni	Pb
阿哈湖	F_d	0.09	1.13	0.00	0.00	0.00	0.00
	F_s	70.94	7.58	0.06	0.11	0.14	0.03
红枫湖	F_d	0.11	0.15	0.00	0.00	−0.02	0.00
	F_s	8.50	0.09	0.02	0.00	0.01	0.01

阿哈湖和红枫湖 Fe、Mn 扩散通量分别为 0.09、1.13 和 0.11、0.15 $mg \cdot cm^{-2} \cdot a^{-1}$，Fe、Mn 均存在由沉积物孔隙水向上覆水体扩散的现象，且 Mn 的界面扩散通量均高于 Fe，与刘恩峰等（2010）对南四湖和 Pakhomva 等（2007）对 Golubaya 湾、Finland 湾、Vistula 泻湖的研究结果一致，这可能是导致沉积物中 Mn 含量远低于 Fe 的原因之一。阿哈湖和红枫湖 Fe 平均沉降通量为 70.94、8.50 $mg \cdot cm^{-2} \cdot a^{-1}$，Fe 扩散通量分别占其沉降通量的 0.1%、1.3%，可以看出 Fe 的季节性释放对其沉积过程几乎没有影响。阿哈湖和红枫湖 Mn 平均沉降通量为 7.58、0.09 $mg \cdot cm^{-2} \cdot a^{-1}$，Mn 扩散通量分别占其沉降通量的 14.9%、172.0%，说明湖水输入沉积物中 Mn 通过季节性释放而流失严重，其中红枫湖较阿哈湖更为明显。

由表 5.2 可以看出，对于阿哈湖和红枫湖，除 Fe、Mn 外的其他重金属元素的界面扩散通量接近于 0，在沉积物-水界面扩散现象不明显，较小的扩散通量可能与水体中重金属浓度较低有关。

5.2.3　湖泊沉积物内部铁锰循环及重金属迁移过程

目前，针对两个湖泊重金属、氮磷等迁移转化过程已经开展了一系列研究，主要集中在重金属的赋存形态（梁莉莉等，2008）、铁锰的界面循环以及微生物活动对重金属二次迁移的影响（汪福顺等，2003）、氮磷物质循环（商立海等，2011）等方面。然而，对于不同沉积环境下沉积物铁锰循环模式、重金属分布特征及其控制因素尚缺乏系统研究。本节选取阿哈湖和红枫湖两个位置相邻但沉积环境不同的湖泊作为研究对象，研究两湖沉积物及孔隙水的 Fe、Mn、Co、Ni、Cu、Zn、Cr、As 和 Pb 垂向分布特征及其控制因素，并探讨不同沉积环境下铁锰循环对重金属迁移转化的影响机制。

5.2.3.1　湖泊沉积物铁锰循环

铁锰循环模式的研究对于深入理解湖泊沉积物早期成岩作用过程及重金属、磷等的循环迁移规律具有重要意义（黄先飞等，2008；Johnson et al.，2016）。活性铁/锰在沉积物早期成岩作用过程中尤为活跃（Johnson et al.，2016）。活性铁中的 Fe(Ⅲ)/Fe(Ⅱ) 值与沉积环境的类型密切相关，根据 Fe(Ⅲ)/Fe(Ⅱ) 值可以将沉积物分为氧化型（>3）、弱氧化型（1~3）和还原型（<1）（秦蕴珊等，1985；Ma et al.，2011）。红枫湖 Fe(Ⅲ)/Fe(Ⅱ) 值在 3~9 之间，属于氧

化型,而阿哈湖 Fe(Ⅲ)/Fe(Ⅱ)值在 0~2 之间,属于弱氧化至还原型沉积环境,表明两湖的沉积环境存在较大差异。

有机质是沉积物早期成岩作用的重要驱动力,沉积物堆积速率越大,新沉降下来的有机质就越容易被埋藏保存(Tyson,2001)。已有研究显示,阿哈湖和红枫湖的平均堆积速率分别约为 0.625 g·cm^{-2}·a^{-1} 和 0.092 g·cm^{-2}·a^{-1},有机质平均含量分别为 5%、2.8%(罗莎莎,2001;何邵麟等,2012),对应的,阿哈湖沉积物铁和锰的含量约是红枫湖的 2.4 倍和 23 倍,表明阿哈湖沉积物早期成岩作用所需的电子供体和电子受体含量均远高于红枫湖,反映出阿哈湖沉积物早期成岩过程中经历的氧化还原过程更为强烈。对比研究两湖上覆水体颗粒物与沉积物的 Fe/Al 和 Mn/Al 比值发现,阿哈湖上覆水体颗粒物的 Fe/Al 在 0.33~1.32 之间,Mn/Al 比值在 0.40~12.80 之间(宋柳霆等,2008;Song et al.,2011),而沉积物 Fe/Al 比值和 Mn/Al 比值分别在 0.51~4.86 和 0.01~0.43 之间;对应的,红枫湖上覆水体颗粒物的 Fe/Al 在 0.34~1.04 之间,Mn/Al 比值在 0.02~0.49 之间(宋柳霆等,2008),而沉积物 Fe/Al 比值和 Mn/Al 比值分别在 0.32~1.09 和 0.00~0.01 之间。这些数据显示,两湖沉积物沉积后改造作用过程均导致 Fe/Al 比值的增高和 Mn/Al 比值的降低,但阿哈湖沉积物的后期改造强度远高于红枫湖,可能与阿哈湖沉积物早期成岩作用过程经历了更为强烈的氧化还原过程有关。

另外,孔隙水作为沉积体系物质和能量交换的主要场所,孔隙水中溶解态铁锰及其他重金属元素的分布能直接反映其迁移转化途径(Och et al.,2012;Telfeyan et al.,2017)。对阿哈湖和红枫湖沉积物孔隙水重金属含量进行系统分析,结果列于图 5-9、图 5-10 中。从剖面分

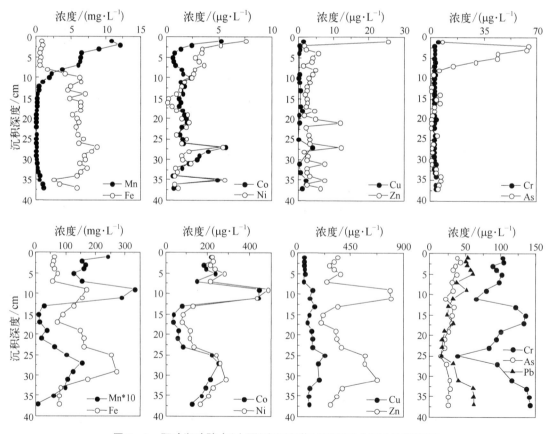

图 5-9　阿哈湖孔隙水(上图)和沉积物(下图)重金属分布剖面图

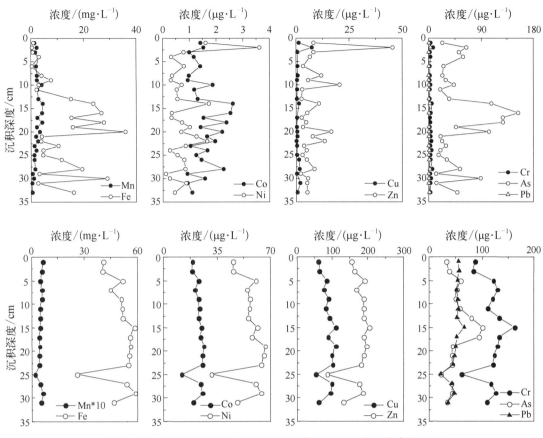

图 5 - 10　红枫湖孔隙水(上图)和沉积物(下图)重金属分布剖面图

布情况来看,阿哈湖沉积物铁锰还原分带非常明显。由于 Mn 的氧化还原电位高于 Fe,在有机质降解过程中,锰氧化物作为电子受体优先还原溶解(Nealson et al.,1994),导致阿哈湖上层沉积物中,尤其是水深 $0\sim7$ cm 范围内,锰氧化物作为优势电子受体优先参与沉积物早期成岩作用过程,孔隙水中 Mn 的浓度最高可达 12.06 mg·L^{-1},而自 11 cm 开始,铁氧化物成为阿哈湖沉积物有机质降解的优势电子受体。相对而言,红枫湖沉积体系中则没有出现明显的铁锰还原分带。

　　造成两个湖泊沉积物铁锰还原分带差异的原因,可能是由于阿哈湖沉积物铁和锰的含量高并且 Mn/Fe 值(0.01~0.4,平均值 0.13)远高于红枫湖(Mn/Fe 值仅为 0.01)。然而,尽管阿哈湖沉积物铁和锰的含量远高于红枫湖,但阿哈湖孔隙水 Fe 和 Mn 的平均浓度(分别为 4.76 mg·L^{-1} 和 1.99 mg·L^{-1})却低于红枫湖(分别为 10.83 mg·L^{-1} 和 2.22 mg·L^{-1}),反映了两湖沉积物早期成岩环境的差异。如前所述,阿哈湖属于弱氧化型至还原型沉积环境,湖水硫酸盐含量平均高达 228.39 mg·L^{-1},硫酸盐还原作用强烈,导致孔隙水中部分铁锰被硫化物固定而降低了溶解态浓度;相比之下,红枫湖属于氧化型环境,湖水硫酸盐浓度较低(平均为 59.74 mg·L^{-1}),硫酸盐还原作用相对较弱,可以维持孔隙水中铁锰含量处于较高水平。

　　综上所述,阿哈湖和红枫湖均存在着铁锰及硫酸盐还原作用,但阿哈湖沉积物中还原作用更为激烈,且存在明显的铁锰还原分带,而红枫湖沉积物中锰的变化基本与铁保持一致,据此建立阿哈湖和红枫湖沉积物早期成岩作用过程的铁锰循环模式(图 5 - 11)。在阿哈湖上层沉积物中,锰氧化物作为优势电子受体参与有机质降解,孔隙水中的 Mn 浓度升高,溶解态 Mn

会向上覆水体或者向下层沉积物扩散。由于阿哈湖冬季湖水处于混合状态,溶解氧浓度和硝酸盐含量均较高(罗莎莎,2001;Song et al.,2011),Mn 向上扩散至水-沉积物界面处,会被再次氧化重新进入固相,导致阿哈湖表层沉积物中 Mn 含量较高。已有研究显示,阿哈湖近表层沉积物中硫酸盐还原菌活性较高(汪福顺等,2003),上层沉积物中发生了细菌还原硫酸盐作用(Biological Sulfate Reduction,BSR),而且 BSR 过程在水深 9 cm 左右尤其活跃。因此,在水深 9 cm 左右,硫酸盐成为有机质降解的又一优势电子受体。随着沉积深度的增加,自水深 11 cm 之后铁氧化物逐渐成为优势电子受体参与有机质的降解。所以,向下扩散的 $Mn(II)_{aq}$ 以及向上扩散的 $Fe(II)_{aq}$ 在水深 10 cm 左右,均可能被 $S(II)$ 捕获生成金属硫化物沉淀或通过共沉淀作用重新进入固相而终止迁移。

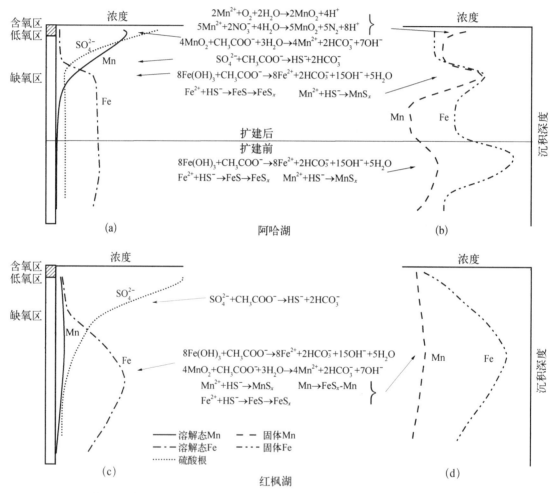

图 5-11 阿哈湖和红枫湖沉积物铁锰迁移转化概念模型图(a、c 为孔隙水中 Fe、Mn、SO_4^{2-} 浓度剖面图;b、d 为沉积物中 Fe、Mn 浓度剖面图)

阿哈湖沉积物铁锰剖面变化图以及陆源校正剖面图显示,在沉积深度 10 cm 处铁和锰均呈现出明显的峰值特征(图 5-9、图 5-12),说明铁锰硫化物可能是此峰的重要组成。因此,尽管阿哈湖沉积物铁锰含量远高于红枫湖,但孔隙水溶解态铁锰含量(尤其是 Fe)并不高。沉积物 Al 含量在沉积深度 23 cm 左右呈现突然的大幅增高趋势,说明可能是由于 1982 年左右阿哈湖水库扩容,导致陆源物质输入量大幅增加所致。而在水库扩容之前,阿哈湖沉积物可能也存在如上所述物质循环过程,所以 25～30 cm 处的峰值可能也是类似铁锰循环的结果。相对而言,9～11 cm 处峰值较低,可能是由于 1985 年以来阿哈湖湖水连续出现铁锰超标、水体泛黄甚至发黑等现象,相关部门开始在入库河流建立了数级石灰投放站和拦河矮坝(白薇扬等,2007),导致铁锰硫的输入量降低所致。

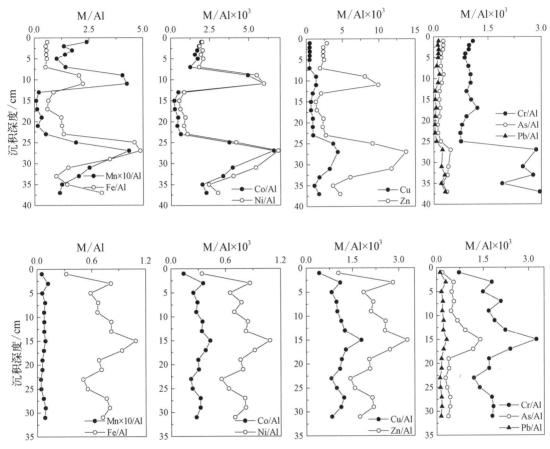

图 5-12　阿哈湖(上图)和红枫湖(下图)沉积物重金属陆源校正剖面图

对于红枫湖,硫酸盐还原细菌也主要活跃在上层沉积物中(汪福顺,2003),对应孔隙水中硫酸盐浓度不断降低,自沉积深度 10 cm 起铁氧化物以及少量锰氧化物成为早期成岩作用过程的优势电子受体(图 5-10、图 5-12)。但是,由于红枫湖铁锰含量相对较低,而且 Mn/Fe 比值远低于阿哈湖,红枫湖沉积物没有明显的铁锰还原分带,锰氧化物还原溶解产生一个微弱的峰值区域,溶解态锰和沉积物锰含量的剖面变化均与铁的剖面变化保持一致。而且,从红枫湖沉积物 Fe/Al 和 Mn/Al 比值的剖面分布图可以看出,Fe、Mn 在中上层沉积物中呈现一定程度的连续富集,但是 Fe/Al 最高仅为 1.09,富集程度相对较弱,说明红枫湖沉积后改造作用过程中铁的再循环较弱。

5.2.3.2　湖泊沉积物微量元素的迁移转化

随着 Mn 和 Fe 的还原溶解,沉积物相关重金属被再次释放,进而向上覆水体和深层沉积物进行双向扩散,在富硫环境下,重金属易被 S(Ⅱ)捕获而沉降(Audry et al.,2006)。阿哈湖和红枫湖沉积物中 Co、Ni、Zn 与 Fe、Mn 相关性较高(表 5.3),说明三者在沉积物中的迁移转化主要受铁锰循环的影响。研究表明,Co、Ni 和 Zn 对铁/锰氧化物有很强的亲和性(Soltan et al., 2011；Audry et al., 2006），可以以高浓度存在于铁锰结核中。另外，根据前面述及，两湖上层沉积物中硫酸盐还原作用均较为活跃，产生大量还原态 $S(II)$，促使 Co、Ni 和 Zn 形成硫化物沉淀，同时可能会通过铁锰硫化物吸附或共沉淀作用进入固相，进而使得阿哈湖沉积物剖面出现"双峰"特征，而在红枫湖沉积物中上层出现一定程度的连续富集。红枫湖沉积物 Mn 浓度相对较低，导致 Co、Ni 和 Zn 主要受 Fe 氧化还原影响。已有研究表明，红枫湖沉积物 Co 与 Fe 显著相关（$r = 0.989$），Co 在沉积物中主要以铁锰氧化物结合态存在（靳小飞等，2011）。与 $Fe(II)$ 相比，$Zn(II)$ 具有较高的水交换反应速率，可以优先与 $S(II)$ 反应形成硫化物沉淀（Torres et al., 2013；Scholz et al., 2007），因此推测两湖孔隙水 Zn 浓度较低主要是因为 ZnS 的形成。

阿哈湖和红枫湖沉积物 Cu 和 Fe 相关性较高（r 均大于 0.9，表 5.3），表明 Cu 的迁移转化主要受 Fe 氧化还原作用控制。Cu 易吸附于铁氧化物/氢氧化物从上覆水运移至沉积物中，再伴随 Fe 的还原溶解进入孔隙水（Puppa et al., 2013）。然而，孔隙水中 Cu 的浓度并不高，可能是形成了铜硫化物沉淀，研究表明 Cu^{2+} 更倾向于形成铜硫化物，而不是吸附于铁硫化物表面（Torres et al., 2013；Audry et al., 2006）。

表 5.3　阿哈湖和红枫湖沉积物经陆源校正重金属元素间相关性

湖　泊	元　素	Mn/Al	Fe/Al	Co/Al ×10³	Ni/Al ×10³	Cu/Al ×10³	Zn/Al ×10³	Cr/Al ×10³	As/Al ×10³
阿哈湖	Fe/Al	0.461							
	Co/Al×10³	0.952	0.647						
	Ni/Al×10³	0.929	0.656	0.987					
	Cu/Al×10³	0.513	0.921	0.701	0.739				
	Zn/Al×10³	0.826	0.775	0.928	0.956	0.871			
	Cr/Al×10³	0.360	0.320	0.474	0.543	0.561	0.549		
	As/Al×10³	0.671	0.362	0.706	0.751	0.590	0.703	0.866	
	Pb/Al×10³	0.531	0.177	0.578	0.627	0.409	0.522	0.895	0.898
红枫湖	Fe/Al	0.636							
	Co/Al×10³	0.644	0.989						
	Ni/Al×10³	0.619	0.979	0.990					
	Cu/Al×10³	0.425	0.925	0.931	0.942				
	Zn/Al×10³	0.699	0.945	0.968	0.950	0.890			
	Cr/Al×10³	0.555	0.938	0.915	0.923	0.911	0.895		
	As/Al×10³	0.416	0.846	0.820	0.794	0.817	0.852	0.913	

Cr、As 和 Pb 在两湖沉积物中的迁移转化过程差异较大。阿哈湖中仅 As 在一定程度上受 Mn 循环的影响（$r = 0.671$），而红枫湖中 Cr、As 和 Pb 主要受 Fe 循环的影响（r 分别为 0.938、0.846 和 0.823）。经陆源校正后可以看出，阿哈湖沉积物 Cr/Al（0～25 cm）、As/Al 和 Pb/Al 在剖面上变化较小（图 5 - 12），表明这 3 种重金属在早期成岩过程中迁移转化不明显。Cr 在 25 cm 以下深度含量逐渐增高，并且 Cr/Al 值处于较高水平，与其他元素差异较大，可能是由于 Cr 不易吸附或共沉淀于铁硫化物，而倾向与氧化物、碳酸盐或硅酸盐结合（O'Day et al., 2000）。阿哈湖和红枫湖沉积物中 Pb 和 Cr 含量远高于 As，但孔隙水中 Pb 和 Cr 浓度却远小于 As，释放量较小，可能是因为还原释放出来的 Pb 极易与 $S(II)$ 或不稳定的 FeS 反应

生成难溶硫化物沉淀,而自然环境中 Cr 主要以三价和六价存在,矿物和胶体对三价铬的吸附能力是六价铬的 30～300 倍(庞禄,2014),因而 Cr(Ⅵ)在还原条件下容易被还原成相对稳定的 Cr(Ⅲ),吸附于颗粒物表面(Kotaś et al.,2000)。

5.3　湖泊沉积物硫的来源及循环过程

硫是控制沉积物中氧化还原体系的重要元素之一,参与络合、交换、吸附、沉淀等一系列的成岩过程。硫在自然界有干湿两种沉降,湿沉降主要是硫酸盐造成的,作为大气污染主要成分之一的二氧化硫,在空气中被氧化成三氧化硫,形成酸雨而沉降下来,进入湖泊和海洋(Krouse et al.,1991;罗莎莎等,2000)。湖泊沉积物是水体硫酸盐等环境物质沉降的重要宿体,硫酸盐在表层沉积物上的异化还原是最主要的沉积形式,硫酸盐还原及硫离子的氧化会影响湖泊的缓冲能力,并且沉积物中的单硫化物含量对沉积物中重金属在水与沉积物间的分配行为有决定性影响。在缺氧水体或沉积物中,许多金属可以和硫化物紧密结合。由于硫化物的溶解度很低,这一过程能明显降低沉积物中重金属的移动性(文湘华等,1997)。另外,硫同位素技术的发展以及对硫形态分布研究的发展为深入地研究湖泊沉积物中的硫循环及环境效应提供了可能(宋柳霆等,2008;赵由之,2006)。因此,研究湖泊沉积物中硫的地球化学循环机制对解决表面水体酸化、评价沉积物中重金属的潜在影响具有重要的意义(罗莎莎等,2000)。

5.3.1　阿哈湖和红枫湖流域湖水硫酸盐的分布特征及来源

阿哈湖流域硫酸根浓度普遍较高,其中入湖支流河水的硫酸根浓度的变化范围较宽,在 0.94～6.52 mmol·L^{-1} 之间,而湖水硫酸根浓度的变化范围却相对较窄,介于 1.91～2.79 mmol·L^{-1} 之间,与世界上多数湖泊相比(Krouse et al.,1991),阿哈湖湖水具有相对较高的硫酸盐浓度。阿哈湖流域硫酸盐的硫同位素组成在 −16.76‰～+0.88‰ 之间,其中湖水的 $\delta^{34}S$ 值在 −9.84‰～−5.89‰ 之间,除少数入湖支流河水具有不足 +1‰ 的 $\delta^{34}S$ 值外,其余均有较负的硫同位素组成,而且绝大多数样品的 $\delta^{34}S$ 值在 −9‰～−7‰ 之间(图 5-13)。以往的研究表明,不同湖泊湖水的硫同位素组成差异较大,对世界著名的北美的安大略湖和伊利湖、非洲的坦噶尼喀湖、俄罗斯的贝加尔湖和日本的琵琶湖等硫同位素的研究显示,不同湖泊湖水的 $\delta^{34}S$ 值广泛分布于 −32‰～+87‰ 之间(Krouse et al.,1991;Trettin et al.,2007;Schiff et al.,2005;Varekamp et al.,2000;Knöller et al.,2004;Torfstein et al.,2005;Hosono et al.,2007),但主要集中在 +5‰～+15‰ 之间。相比而言,阿哈湖具有相对较负的硫同位素组成,而阿哈湖流域内分布有众多小煤矿,且煤矿周围堆放有大量的煤矸石,长期排放的煤矿废水中黄铁矿氧化而来的大量硫酸盐以及煤矸石的淋溶液等可能是导致阿哈湖具有高浓度硫酸盐、低硫同位素组成的主要原因,并且近几年阿哈

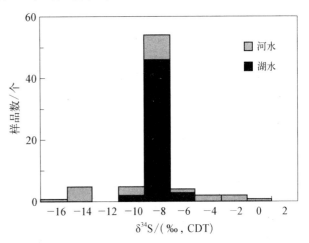

图 5-13　阿哈湖流域湖水与河水硫酸盐硫
同位素组成频数分布图

湖湖水中的硫酸根浓度具有降低的趋势。据王中良等(2007)对 2002 年阿哈湖湖水硫酸盐硫同位素的研究,阿哈湖湖水中硫酸根浓度介于 2.8~2.96 mmol·L^{-1} 之间,对应的 δ^{34}S 值在 −11‰~−10‰ 之间。相比较而言,目前阿哈湖湖水硫酸盐的浓度具有降低的趋势而硫同位素值则有上升的趋势,可能与阿哈湖流域高硫酸盐浓度、低硫同位素比值的硫源输入有关,这很可能是由煤矿废水排放强度的降低引起的。

阿哈湖湖区全年内各个季节的硫同位素组成分别为 −8.07‰(夏季)、−7.81‰(秋季)、−8.30‰(冬季)和 −8.31‰(春季),相对冬、春季节而言,夏季和秋季湖水硫酸盐的 δ^{34}S 值偏高;阿哈湖湖水对应硫酸根的浓度分别为 2.31 mmol·L^{-1}(夏季)、2.29 mmol·L^{-1}(秋季)、2.34 mmol·L^{-1}(冬季)和 2.28 mmol·L^{-1}(春季),可以看出,全年内硫酸根的浓度几乎没有变化。阿哈湖湖区水体的主要补给来源为河水和雨水。贵阳地区雨水中 SO$_4^{2-}$ 的硫同位素值较低,冬季约为 −4.0‰,夏季约为 −7.0‰(洪业汤等,1994)。而贵阳市雨水的 SO$_4^{2-}$ 浓度相对较低,为 0.1 mmol·L^{-1} 左右(肖化云等,2003;Han et al.,2006),但降雨强度和频度均较大,尤其在丰水期,雨水冲刷地表也可以带入大量人为活动导致的硫酸盐。通常情况下,河水中的 SO$_4^{2-}$ 主要来源于蒸发岩溶解、硫化物及有机硫的氧化、大气降水(酸雨)和人为活动输入等(蒋颖魁等,2006)。当然,在一定条件下,各种工矿企业废水的排放也会带来的大量硫酸盐,尤其在阿哈湖流域,整个阿哈湖流域集水区内分布有 200 多个小煤矿,加上煤矿周围堆放有大量的煤矸石,长期排放的煤矿废水中黄铁矿的氧化以及煤矸石的淋溶液均会带来大量的硫酸盐;各种工厂排放的废水中往往也含有一定量的硫酸根,这些不同来源的硫酸盐都有各自特定的硫同位素组成,因而可将这些硫源作为可能的输入端员,进行 δ^{34}S-1/SO$_4^{2-}$ 作图(图 5-14)。如图 5-14 所示,阿哈湖湖区两个采样点(DB 和 LJK)湖水的 δ^{34}S 值都相对集中,尤其是 DB 采样点;两个采样点明显地受到"煤"输入端员的影响,雨水输入的硫酸盐和土壤硫化物的氧化对湖水硫同位素组成的影响相对较小,与已有研究的结果一致(王中良等,2007)。从图 5-14 中也可以看出,仅有夏季和秋季的几个湖水样品相对分散,表现出雨水输入或是硫化物的影响。因此,总体看来,阿哈湖的硫酸盐来源相对稳定。

从湖区不同的采样点看,LJK 采样点全年内硫酸盐的 δ^{34}S 值和硫酸根浓度的平均值分别为 −8.31‰ 和 2.38 mmol·L^{-1},DB 采样点的 δ^{34}S 值相对较低,而硫酸根浓度却相对较高,分别为 −7.98‰ 和 2.25 mmol·L^{-1}。图 5-14 显示了 DB 和 LJK 两个采样点湖水的平均硫同位素组成和硫酸根浓度随季节更替的变化趋势。从图中可以看出,夏季和秋季 LJK 采样点的硫同位素组成相对较高,冬春季节偏低。LJK 采样点的输入支流为 AR1、AR2 和 AR3,夏季对应的 δ^{34}S 值分别为 −13.98‰、−8.71‰ 和 −4.60‰,河流 AR2 和 AR3 的流量相对较小,即使假设 AR1、AR2 与 AR3 的流量相等,根据计算可以得知夏季 LJK 湖水的硫同位素组成约为 −11.48‰,而 LJK 夏季湖水的 δ^{34}S 值为 −8.11‰,这说明夏季大量降雨所带来高 δ^{34}S 值的硫酸盐对湖水产生了一定的影响。如果按照同样的假设计算,冬季 LJK 湖水的硫同位素组成约为 −10.80‰,且冬季雨水的硫同位素组成约为 −4‰(洪业汤等,1994),比夏季要高,而冬季湖水的硫同位素组成平均为 −8.45‰,比夏季要低,这充分体现出了冬季降雨量比夏季明显减少所造成的影响。从图 5-15 也可以看出,LJK 采样点的输入河流 AR1 和 AR2 的硫同位素组成随季节变化的波动很小,同时硫酸根浓度较高(2.27 mmol·L^{-1}~5.40 mmol·L^{-1}),这说明这两条河流的硫酸盐来源单一,因其中煤矿废水的注入,硫酸根可能主要来源于废水中黄铁矿的氧化。河流 AR3 流量较小,其中的硫酸盐主要来源于生活污水的注入,河水中硫酸根浓度相对较低但变化不大,冬季河水的硫同位素组成(−3.28‰)比夏季(−4.60‰)要高;而

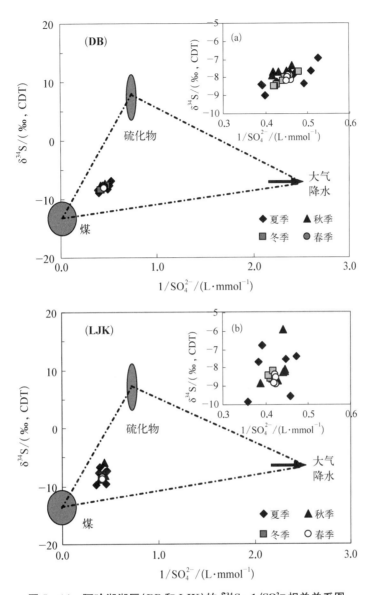

图 5 - 14　阿哈湖湖区 (DB 和 LJK) 的 δ^{34}S - 1/SO$_4^{2-}$ 相关关系图

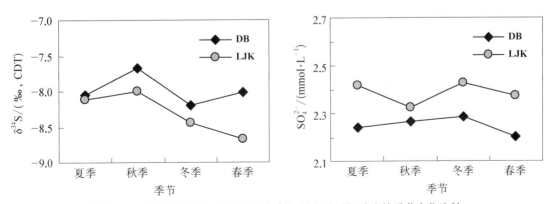

图 5 - 15　阿哈湖 DB 和 LJK 采样点 δ^{34}S 值与硫酸根浓度的季节变化比较

LJK 夏季湖水的硫同位素组成(−8.11‰)却比冬季(−8.45‰)和春季(−8.67‰)均要高,这也体现出了夏季大量的降雨对 LJK 湖水硫同位素组成产生的影响明显要比冬季更大。但是,从硫酸根的季节变化情况看(图 5 - 15),夏季和冬季湖水的硫酸根浓度却几乎相等,这主要是因为,虽然冬季降雨量减小,但同时冬季河流 AR1 的硫酸根浓度也明显降低(从夏季的5.44 mmol · L⁻¹ 降低到了冬季的 4.20 mmol · L⁻¹),因此,冬季的硫酸根浓度与夏季相差不大。

　　阿哈湖 DB 采样点的两条入湖支流为 AR4 和 AR5,因河流 AR4 流域内有林东矿务局、郭家冲 30 多家煤矿排放废水的影响,AR4 的硫酸盐浓度较高而硫同位素组成较低,且与其他受煤矿废水污染严重的河流相似,全年硫同位素组成变化不大。AR5 流经乌当区的野鸭乡、贵州轮胎厂且穿过贵州工业大学,河水中纳入了大量的工业和生活废水,与 LJK 的入湖河流AR3 类似,硫酸盐含量不高且浓度相对稳定,其硫同位素组成在阿哈湖所有入湖河流中最高(图 5 - 16)。在夏季,不计算雨水影响的情况下,两条入湖支流 AR4 与 AR5 的流量均较大,假设 DB 的流量相等的话,根据计算可以得出 DB 湖水的硫同位素组成约为−7.70‰,再加上夏季雨水(δ³⁴S 值约为−7‰)给 DB 带来的影响(洪业汤等,1994),DB 的 δ³⁴S 值会比−7.70‰更高,而实际上夏季 DB 湖水的 δ³⁴S 却为−8.04‰(图 5 - 14),几乎与夏季 LJK 湖水硫酸盐的δ³⁴S 值相等。主要的原因可能是 DB 采样点处于阿哈湖流域的下游,和 LJK 水域之间的连通广阔,夏季丰水期阿哈湖大坝经常泄水,此时处于上游 LJK 的湖水即会对 DB 产生重要的影响。因此,夏季 DB 湖水的硫同位素组成受到了入湖支流 AR4、AR5 以及 LJK 水域的共同影响。秋季和冬季 DB 湖水的 δ³⁴S 值均比 LJK 要高,进入春季这种差异变得更大。秋冬季节,随着水动力条件的减弱,两者的硫同位素组成出现一定的差异,而经过一定时间的积累,到了春季,这种差异变得更加明显。

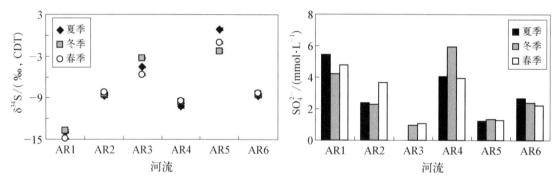

图 5 - 16　阿哈湖各支流河水的 δ³⁴S 值与硫酸根浓度的季节变化图

　　图 5 - 17 显示了红枫湖流域全年湖水与河水的硫酸根浓度与硫同位素组成,两者均具有较宽的分布范围。与阿哈湖相比,红枫湖流域的硫酸盐浓度偏低而硫同位素组成偏高。整个红枫湖湖区 SO₄²⁻ 年均浓度为 0.98 mmol · L⁻¹,其中后五平均为 0.89 mmol · L⁻¹,而大坝较后五要高,平均为 1.04 mmol · L⁻¹;湖水的 δ³⁴S 值正好相反,后五(平均为−6.41‰)比大坝(平均为− 7.28‰)要高,全湖平均为− 6.84‰。至于湖周各支流,SO₄²⁻ 浓度在 0.42～3.66 mmol · L⁻¹ 之间,波动较大,R4、R5 和 R6 三条河流 SO₄²⁻ 浓度较高;硫同位素组成变化范围也较宽,尤以河流 R4 为最低,年均−14.56‰,却同时有着最高的 SO₄²⁻ 浓度,年均为3.25 mmol · L⁻¹。整体看来,湖区内 SO₄²⁻ 浓度冬春两季稍高且剖面变化不明显;而夏秋季节偏低,并从剖面上看,表水层和静水层 SO₄²⁻ 浓度均呈现出不同程度降低的趋势(图 5 - 24),

δ³⁴S值的变化趋势相反(图5-23)。红枫湖属于乌江流域,每年5～10月为丰水期,占全年总水量的80%左右,11月至次年4月为枯水期,仅占全年总水量的20%,所以红枫湖湖水硫酸盐的这种季节性变化特征可能体现了降水所带来的影响;而红枫湖又属于季节性缺氧湖泊,且处于中等富营养化水平,使得湖区生物地球过程较为复杂,则可能是导致剖面上SO_4^{2-}浓度变化及同位素组成变化的主要原因。

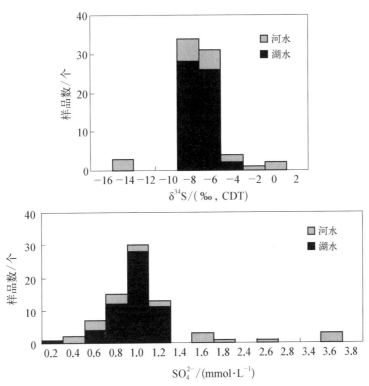

图 5-17   红枫湖流域湖水与河水硫酸盐浓度与硫同位素组成频数分布图

前人研究表明,湖泊水体的硫同位素组成主要受其硫酸盐的来源不同而差异较大。对北美的安大略湖和伊利湖、非洲的坦噶尼喀湖、俄罗斯的贝加尔湖和日本的琵琶湖等的硫同位素研究显示,不同湖泊湖水的δ³⁴S值广泛分布于-32‰～+87‰之间(Krouse et al.,1991;Trettin et al.,2007;Schiff et al.,2005;Varekamp et al.,2000;Knöller et al.,2004;Torfstein et al.,2005;Hosono et al.,2007),但主要集中在+5‰～+15‰之间(Krouse et al.,1991)。与阿哈湖相似,红枫湖湖水的δ³⁴S值相对较负,湖水全年的δ³⁴S值变化范围为-8.65‰～-4.86‰,平均为-6.84‰,而湖水中SO_4^{2-}离子浓度高于本地区主要河流乌江河水的SO_4^{2-}离子浓度(Han et al.,2001),说明湖水中SO_4^{2-}离子有除流域岩石和土壤风化之外的其他来源硫的参与。通常情况下,河水中的SO_4^{2-}主要来源于蒸发岩溶解、硫化物氧化和大气降水输入,这三种来源的硫的同位素组成明显不同(蒋颖魁等,2006)。另外,在一定条件下还可能受到化肥、工业废水排放和土壤中有机硫矿化等的影响。对于红枫湖流域来说,也是如此,红枫湖流域出露地层以三叠系碳酸盐岩为主,而碳酸盐岩中可能含少量的石膏,其δ³⁴S值介于10‰～28‰之间(Krouse et al.,1991)。另外,贵州三叠系碳酸盐岩地层中还含有丰富煤层,前期研究显示,贵州煤中含有非常高的硫浓度(3.12%～9.08%,平均约5.5%)和相对较低的δ³⁴S值(洪业汤等,1992),对采自煤矿废水的硫酸盐硫同位素分析也呈现了同样的特征,

SO_4^{2-} 的平均浓度为 12.96 mmol·L^{-1}，$\delta^{34}S$ 值为 $-13‰±2‰$($n=5$)(蒋颖魁等，2006)。另一方面，红枫湖湖区的主要补给水源为河水和大气降水，贵阳地区雨水中 SO_4^{2-} 的硫同位素比值也较低，冬季约为 $-4.0‰$，夏季约为 $-7.0‰$(洪业汤等，1994)，贵阳市雨水的 SO_4^{2-} 浓度为 0.1 mmol·L^{-1} 左右(肖化云等，2003；Han et al.，2006)。综上所述，为判定红枫湖湖水硫酸盐的主要来源，可以将其投影在 $\delta^{34}S-1/SO_4^{2-}$ 图上，并将上述主要可能来源端员一并投影，其结果见图 5-18，可以看出，红枫湖湖区湖水的硫同位素组成相对集中在煤和大气降水两端员之间，硫化物的风化可能产生了一定的影响，而蒸发岩的影响非常小，这与已有的研究结果一致(王中良等，2007)。对乌江流域的黄壤和石灰土中硫酸盐的研究表明，土壤表层硫酸盐含量非常低(蒋颖魁等，2007)。对加拿大土耳其湖流域硫同位素的研究也显示，土壤硫酸盐硫对于整个流域的 $\delta^{34}S$ 值影响并不显著(Schiff et al.，2005)。

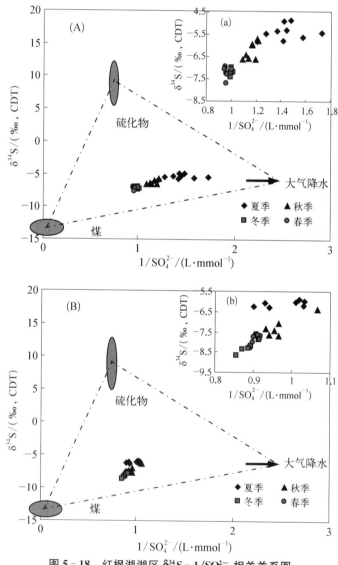

图 5-18 红枫湖湖区 $\delta^{34}S-1/SO_4^{2-}$ 相关关系图

注："煤"端员的相关数据引用自文献：蒋颖魁等，2006；蒋颖魁，2007；"硫化物"端员的数据引用自文献：杨元根等，2004；"大气降水"端员的数据引用自文献：洪业汤等，1994；肖化云等，2003；Han et al.，2006

从红枫湖全年硫同位素组成的分布情况来看,δ^{34}S 值季节性变化明显,尤其是南湖,从高到低排序依次为:夏季＞秋季＞冬季、春季(图 5-19),并且从 δ^{34}S-1/SO$_4^{2-}$ 图中可以看出,δ^{34}S 与 SO$_4^{2-}$ 浓度呈明显的反相关关系(图 5-18a/b),湖水硫同位素的这种季节性变化可能与不同季节的降水量有关。洪业汤等(1994)对贵阳雨水硫同位素组成的研究显示,贵阳地区连续 3 年夏、秋季雨水 δ^{34}S 平均值分别为 $-5.78‰$、$-6.70‰$ 和 $-8.08‰$,冬季平均分别为 $-3.08‰$、$-2.49‰$ 和 $-5.10‰$(洪业汤等,1994)。虽然夏季雨水的 δ^{34}S 值并不比冬季高,但考虑到煤矿废水的排放在冬春季节所占比例更大,与阿哈湖流域相似,夏秋季节大气降水的贡献要比冬春季节大,最终使得湖水的硫同位素组成呈现出夏秋较高而冬春较低的现象,而且硫同位素组成的差异要比阿哈湖更为明显(图 5-15 和图 5-23)。

从湖区内不同位置的硫同位素组成特征来看,南湖(HW)和北湖(DB)的硫同位素组成存在明显差异,后五的 δ^{34}S 值总是高于同一季节大坝的 δ^{34}S 值,其 δ^{34}S 值平均为 $-6.41‰$,大坝的 δ^{34}S 值年均则为 $-7.28‰$,而硫酸根浓度却相反(图 5-23、图 5-24)。红枫湖流域全年内各支流河水的硫酸根浓度与硫同位素组成变化情况见图 5-19。全年内从河水的硫酸盐浓度与同位素组成与湖水的硫酸盐浓度与同位素组成的关系看,因北湖大坝的入湖支流 R6 流量较小而忽略不计,河流 R5 的硫酸盐主要来源于贵州化肥厂的污水,表现为冬春季河流 R5 的温度明显高于其他支流,硫酸盐浓度及同位素组成均比较稳定,平均分别为 1.74 mmol·L^{-1} 和 $-8.13‰$,因此,可将夏季 R5 的硫酸根浓度和 δ^{34}S 值近似为 1.74 mmol·L^{-1} 和 $-8.13‰$；另一支流 R4 的硫酸根浓度和 δ^{34}S 值分别为 3.51 mmol·L^{-1} 和 $-14.35‰$；而夏季北湖湖水对应的硫酸根浓度和硫同位素组成的平均值分别为 1.02 mmol·L^{-1} 和 $-6.13‰$。显然,除河流 R4 和 R5 之外,北湖还受到另外一个具有较低硫酸根浓度但却有较高 δ^{34}S 值的水体影响。夏季南湖湖水的硫酸根浓度和硫同位素组成的平均值分别为 0.70 mmol·L^{-1} 和 $-5.39‰$,并且夏季红枫湖大坝泄水频繁,水动力条件充足,使得处于上游的南湖成了北湖的一个大的支流,从而削弱了河流 R4 和 R5 的影响。南湖后五全年的 δ^{34}S 值较为分散,冬季和夏季具有明显差异,这可能是因为后五周围农田广布,夏季频繁的人为活动(蒋颖魁等,2005)和降雨(洪业汤等,1994；肖化云等,2003；Han et al.,2006)带入了部分 δ^{34}S 值较高的硫酸盐,没有工厂废水影响的河流 HR3 表现尤为明显,夏季河水的 δ^{34}S 值为 $-3.20‰$,到了冬季,南湖的入湖支流 R1、R2 和 R3 的硫酸根浓度和 δ^{34}S 值分别为 0.83 mmol·L^{-1}、0.85 mmol·L^{-1}、0.92 mmol·L^{-1} 和 $-5.74‰$、$-6.66‰$、$-6.48‰$。而南湖湖水的 δ^{34}S 值在分别在 0.99～1.01 mmol·L^{-1} 和 $-6.98‰$～$-7.41‰$ 之间,平均值为 0.70 mmol·L^{-1} 和 $-7.16‰$。显然各入湖支流的 δ^{34}S 值均高于南湖湖水的 δ^{34}S 值而硫酸根浓度却均低于湖水的平均值,所以,我们推断位于南湖附近清镇电厂的除尘废水和煤渣侵蚀输入给南湖提供了这部分高硫酸盐含量低 δ^{34}S 值的硫源,

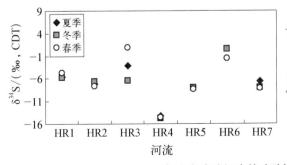
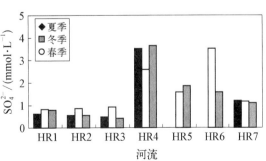

图 5-19　红枫湖各支流河水的硫酸根浓度与硫同位素组成的季节变化

但具体的输入量尚需进一步研究。

5.3.2　阿哈湖和红枫湖流域湖水硫同位素组成的季节变化特征及水/沉积物界面循环

　　如图 5-20 所示,阿哈湖湖区两个采样点(LJK 和 DB)的湖水硫同位素组成均呈现出一定的季节变化特征。总体上,夏季和秋季的剖面变化特征明显,而冬季和春季剖面上下几乎没有变化,这可能与季节性厌氧湖泊夏季分层而冬季混合的特点有关。从图中可以看出,硫同位素的变化主要表现在表层和底层,LJK 表层湖水的 $\delta^{34}S$ 值明显偏高,平均约为 $-7.44‰$,随着水体深度的增加,硫同位素组成出现了较低值($-9.69‰$),而到了底层靠近水-沉积物界面处硫同位素组成又出现了明显升高的趋势,最高值达 $-6.76‰$。对于 LJK 湖水硫酸盐浓度的变化,夏、秋季节呈现出与 $\delta^{34}S$ 值相反的变化趋势(图 5-21),表层和底层的硫酸盐浓度均相对较低,而冬、春季节剖面几乎没有变化,与硫同位素的变化趋势相同。DB 采样点夏季硫同位素和硫酸盐浓度的变化均与 LJK 相似,不过 DB 表层的变化相对缓和,冬、春季节剖面上下的变化也不明显,而秋季则出现较大的不同,表层和底层的 $\delta^{34}S$ 值均相对较低,而表层硫酸盐浓度却相对较高,底层硫酸盐出现先高后低的变化趋势。

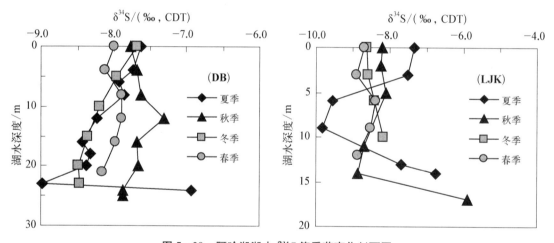

图 5-20　阿哈湖湖水 $\delta^{34}S$ 值季节变化剖面图

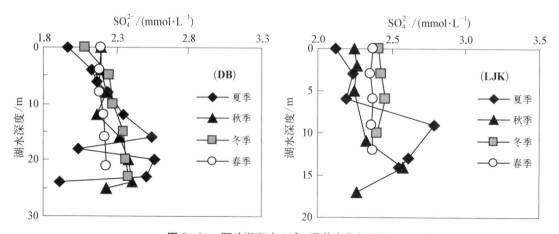

图 5-21　阿哈湖湖水 SO_4^{2-} 季节变化剖面图

前述研究表明,夏季阿哈湖分层较好,表层和底层的温度差大于 10 ℃,夏季属于丰水期,降雨强度和频度都很高,而雨水具有相对高的硫同位素组成($\delta^{34}S$ 值约为 $-7‰$)和低的硫酸盐浓度为 0.1 mmol·L^{-1}左右(洪业汤等,1994;肖化云等,2003;Han et al.,2006),因湖泊分层较好,雨水会在湖泊表层形成一定时间的滞留,这样便会使得湖泊表层水体的硫酸盐浓度降低而硫同位素组成却升高。对于 DB 采样点来说,除去降雨之外,夏季其入湖河流 AR5 的流量较大,而且相比之下,AR5 河水携带的硫酸盐浓度较低但硫同位素组成却较高,而且河水入湖方式与雨水有所不同,因此,DB 的表层湖水受到雨水和 AR5 河水的共同影响而呈现出表层硫酸盐浓度偏低而硫同位素组成偏高的现象,且变化趋势相对平缓。但 DB 秋季表层湖水的硫酸盐浓度与硫同位素组成却与夏季的变化趋势相反,而且与 LJK 的情况也不同,这可能与 DB 输入河流河水中硫酸盐相关变化有关,具体原因尚不明确,有待于进一步研究。

在夏季阿哈湖分层期间,湖泊底层形成了滞水带,有机质的不断降解使得溶解氧消耗殆尽,而且不能及时得到补充,逐渐形成了还原环境。根据王明义等(2007)研究,发现 6 月份的阿哈湖底层水体中有硫酸盐还原细菌出现,而且从水深 20 m 开始逐渐呈现逐渐增大的趋势(图 5 - 22)。实验证明,硫酸盐细菌异化还原过程(BSR)中可以产生较大的同位素分馏,具有轻硫同位素的硫酸盐将优先被还原,使得剩余硫酸盐的同位素组成升高,而生成的 S(Ⅱ)具有较低硫同位素组成,依据细菌的生长速率、还原速率和周围的环境

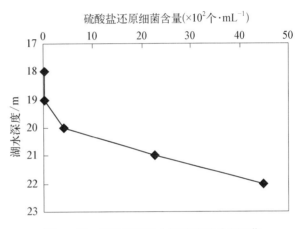

图 5 - 22　阿哈湖深层水环境硫酸盐还原菌数量(王明义等,2007)

不同,$\Delta\delta^{34}S_{硫酸根-硫化氢}$ 值可在 $2‰\sim47‰$ 之间波动(Rees,1973;Canfield,2001;Detmers et al.,2001;Brunner et al.,2005;Mayer et al.,2007)。在自然条件下,当还原速率较慢时,$\Delta\delta^{34}S_{硫酸根-硫化氢}$ 值可以高达 $60‰\sim70‰$(Goldhaber et al.,1980;Ryu et al.,2006)。据此可以判定,阿哈湖底层水体中硫酸盐硫同位素组成的升高很可能与硫酸盐细菌的活动有关。而且,对于 LJK 和 DB 两个采样点来说,夏季底层湖水硫同位素升高的水层均对应有硫酸盐浓度的降低,这表明硫酸盐细菌的还原作用过程即发生在底部水层中。另外,根据以往的研究(汪福顺,2003)及本次现场测定水质参数和 Fe、Mn 等微量元素的分析可知,秋季阿哈湖的底部水层还原环境仍然良好,在 LJK 采样点也看到了与夏季相似的现象,也证明了硫酸盐细菌还原活动的存在。但是,对于 DB 采样点来说,情况却不同,其硫酸盐浓度有些升高而硫同位素组成却降低,这有可能是 DB 泄水时 LJK 湖水对 DB 底部水层造成的影响,但具体原因尚需进一步研究。

从红枫湖硫同位素组成的垂直剖面分布上看(图 5 - 23),冬、春季节水体上下 $\delta^{34}S$ 值几乎没有变化,而夏、秋季节表水层和底部静水层相对较高,这可能跟湖泊水体存在夏、秋季适度分层,冬、春季以水体混合为主的特点有关。从温度上,红枫湖水体夏季显示适度分层,硫同位素组成相对较高的雨水可能在表层有一定时间的滞留,这可能是导致表层湖水 $\delta^{34}S$ 值相对较高的原因。从 SO_4^{2-} 浓度变化剖面图上也可以看出,后五(HW)和大坝(DB)夏秋季节表层水体的 SO_4^{2-} 离子浓度均偏低,跟 $\delta^{34}S$ 的变化趋势正好相反(图 5 - 24),也恰好反映了表层水体受到了低 SO_4^{2-} 浓度的雨水稀释的影响。由于夏、秋季节湖泊分层,湖泊底层形成还原环境,可能

在水/沉积物界面附近发生细菌参与的 SO_4^{2-} 还原作用。如果 $\delta^{34}S$ 值增大的同时伴随底层水体 SO_4^{2-} 浓度的增加，则说明有孔隙水向上扩散；如果 $\delta^{34}S$ 值增大的同时伴随底层水体 SO_4^{2-} 浓度的降低，则表明还原作用发生在底层水体中。硫酸盐细菌异化还原过程（BSR）中可以产生一定的同位素分馏，$\Delta\delta^{34}S_{硫酸根-硫化氢}$ 值可在 2‰～47‰ 之间波动（Rees，1973；Canfield，2001；Detmers et al.，2001；Brunner et al.，2005；Mayer et al.，2007），并且在自然条件下，当还原速率较慢时，$\Delta\delta^{34}S_{硫酸根-硫化氢}$ 值可以高达 60‰～70‰（Goldhaber et al.，1980；Ryu et al.，2006）。因此，红枫湖底层湖水的 $\delta^{34}S$ 值的增大趋势，可能与硫酸盐细菌的还原过程有关，同时伴随有 SO_4^{2-} 浓度不同程度的降低，也恰好说明了还原过程就发生在底层水体中。但整体上看，红枫湖底层湖水硫酸盐的硫同位素的变化幅度并不大（图 5-23），而且底层水的蓄水体积相对较小，这说明相对于来源控制因素而言还原过程整体上对湖水硫酸盐硫同位素的影响并不是主要的。

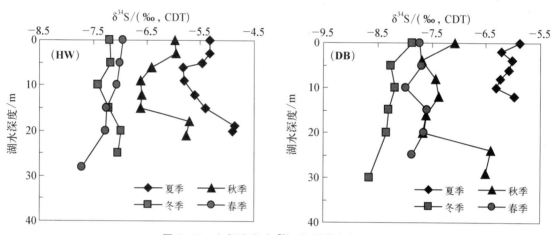

图 5-23   红枫湖湖水 $\delta^{34}S$ 值季节变化剖面图

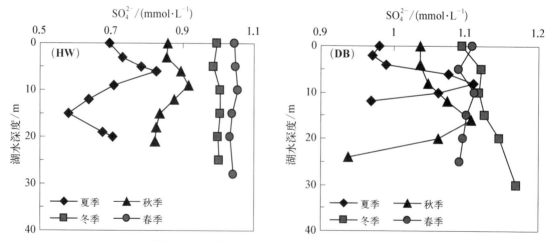

图 5-24   红枫湖湖水 SO_4^{2-} 浓度季节变化剖面图

5.3.3   阿哈湖和红枫湖硫的沉积物-水界面扩散特征

图 5-25 所示为阿哈湖和红枫湖沉积物孔隙水和上覆水体 SO_4^{2-} 浓度剖面分布，从图可以

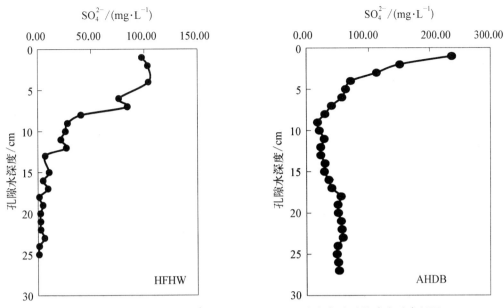

图 5-25　红枫湖和阿哈湖两湖流域沉积物孔隙水中硫酸盐浓度垂直剖面

看出,红枫湖流域硫酸根浓度相对较低,表层最大值达到 103.85 mg·L^{-1},阿哈湖流域硫酸根浓度则相对较高,表层最大含量为 236.04 mg·L^{-1}。同时,两湖流域 SO_4^{2-} 浓度在沉积物-水界面附近显著降低,反映了沉积物-水界面存在着明显的硫酸盐还原作用,这与海洋和其他湖泊的结果是一致的(Baker,1992；Goldhaber et al.,1980；Urban et al.,1994)。另外,对红枫湖 HW 和 DB 采样点表层沉积物孔隙水中硫同位素组成剖面图可以看出,随着深度的增加 $\delta^{34}S$ 值由负变正逐渐增加(图 5-26),结合红枫湖表层硫酸根离子浓度相对较高,说明红枫湖沉积物-水界面处可能有硫酸盐细菌异化还原作用(BSR)的发生。这种作用可以将硫酸盐还原成还原态硫沉积下来(吴丰昌等,1998)。赵由之(2006)对阿哈湖硫形态的研究表明,阿哈湖表层硫酸盐会以 FeS 或者 MnS 的形式被保存。

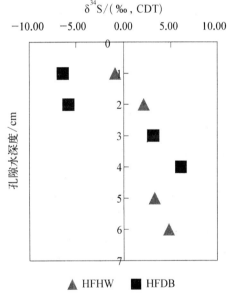

图 5-26　红枫湖流域不同采样点沉积物孔隙水中硫同位素组成

　　从图 5-25 中还可看出,硫酸盐还原渗透深度主要集中在表层沉积物 5 cm 之内,此深度以下孔隙水中的硫酸盐几乎被耗尽,此时发生的硫酸盐还原作用将受到其浓度的制约。因此,我们认为湖泊水环境中硫酸盐还原作用主要发生在沉积物和水界面几厘米以内。这种作用对整个水体硫酸盐的清除作用可用界面附近因硫酸盐浓度梯度而引起扩散的通量来估算。水体硫酸盐向沉积物内部扩散是在硫酸盐还原细菌参与下的硫酸盐还原作用和还原性硫氧化作用共同作用的结果,这种通量方法虽不能判别水体中硫酸盐进入沉积物的方式,但却表示了沉积物对硫酸盐的清除作用(吴丰昌,1995)。

　　假设剖面代表稳态条件,运用 Fick 第一定律计算扩散通量的公式为:

$$J = \Phi D \mathrm{d}c/\mathrm{d}x \qquad\qquad (5.5)$$

式中：J 为扩散通量，Φ 为孔隙度，D 为扩散系数，$\mathrm{d}c/\mathrm{d}x$ 为浓度梯度，其中扩散系数 D 可用温度和孔隙度进行较正，$D = D_0 \cdot \Phi^2$，D 和 D_0 分别为实际和理想状态下 SO_4^{2-} 的分子扩散系数。阿哈湖和红枫湖沉积物-水界面处，温度近似为 9 ℃，据 Li 等(1974)的研究可知 SO_4^{2-} 的标准扩散系数 D_0(0 ℃)为 5.0×10^{-6} ($cm^{-2} \cdot s^{-1}$)，依据 D_0 和温度之间的关系可以推算出7 ℃时，SO_4^{2-} 的扩散系数 D_0(7 ℃)为 6.31×10^{-6} ($cm^{-2} \cdot s^{-1}$)。由于 SO_4^{2-} 浓度的降低主要集中在界面水体 10 cm 和沉积物表层 5 cm 之内，SO_4^{2-} 的 $\mathrm{d}C/\mathrm{d}x$ 用下式求得：

$$\mathrm{d}c/\mathrm{d}x = 1/n \sum (\mathrm{d}c_i/\mathrm{d}x_i) \qquad\qquad (5.6)$$

式中，n 为界面 15 cm 内的间隔采样次数，$\mathrm{d}C_i/\mathrm{d}x_i$ 为第 i(0~n)次采样上下间隔 SO_4^{2-} 的浓度梯度。根据式(5.5)和(5.6)，可以计算阿哈湖和红枫湖沉积物和水界面 SO_4^{2-} 的浓度梯度和扩散通量(表 5.4)。

表 5.4 红枫湖及阿哈湖在界面的浓度梯度和扩散通量

湖　　泊	浓度梯度/ (10^3 mg $\cdot$ cm^{-4})	扩散通量/ mg $\cdot$ ($cm^{-2} \cdot a^{-1}$)	湖水硫酸盐浓度/ (mg $\cdot$ L^{-1})	深度/ m
阿哈湖大坝	27.9	4.07	224.55	17
红枫湖后五	13.31	1.46	80.62	21

从表 5.4 中可以看出，无论水体硫酸盐浓度高低，湖泊均存在自上覆水体向沉积物内部扩散的作用。由于湖泊对硫酸盐自然调节机制的影响，SO_4^{2-} 会因浓度梯度不断向沉积物内部扩散，以还原态硫和有机硫的形式被保存下来(吴丰昌，1995)。同时，罗光俊等(2014)对阿哈水库和红枫湖不同季节沉积物中硫酸盐还原菌(Sulfate Reducing Bacteria, SRB)分布规律的研究中指出，阿哈湖大坝秋冬季表层沉积物中 SRB 含量基本为零，而红枫湖表层 SRB 的含量范围则在 $9.5 \times 10^5 \sim 2.5 \times 10^5$ cells $\cdot$ g^{-1}。因此，阿哈湖作为高浓度硫酸盐湖泊，其沉积物和水界面附近的硫酸盐主要通过硫酸盐的还原作用产生 S^{2-} 与 Mn^{2+} 或者 Fe^{2+} 结合后形成沉淀 MnS 或者 FeS 等硫化物而被保存于沉积物中。而红枫湖，具有相对低硫酸盐、高有机质含量的特征，水体中的硫酸盐在硫酸盐的还原作用影响的同时，也受到湖水生物如藻类同化作用沉降到沉积物中的影响，这与上述硫同位素指示的结果相一致。

参 考 文 献

白薇扬,冯新斌,何天容,等.2011.阿哈水库沉积物总汞及甲基汞分布特征[J].生态学杂志,30(5)：976 - 980.

陈振楼.1994.高原湖泊地球化学记录早期成岩改造过程的研究[D].中国科学院地球化学研究所博士学位论文：贵阳.

何邵麟,李朝晋,潘自平,等.2012.贵阳市红枫湖湖泊沉积物地球化学与环境质量评价[J].物探与化探,36(2)：273 - 276,297.

洪业汤,顾爱良,王宏卫,等.1995.黄河硫同位素组成与青藏高原隆起[J].第四纪研究,20(4)：360 - 366.

洪业汤,张鸿斌,朱泳煊,等.1994.中国大气降水的硫同位素组成[J].自然科学进展,6：741 - 745.

洪业汤,张鸿斌,朱泳煊,等.1992.中国煤的硫同位素组成特征及燃煤过程硫同位素分馏[J].中国科学(B辑),22(8)：868 - 873.

黄先飞,秦樊鑫,胡继伟,等.2008.红枫湖沉积物中重金属污染特征与生态危害风险评价[J].环境科学研究,21
　　(2):18-23.

蒋颖魁.2007.喀斯特流域硫同位素地球化学与碳酸盐岩侵蚀[J].贵阳:中国科学院地球化学研究所.

蒋颖魁,刘丛强,陶发祥.2006.贵州乌江水系枯水期河水硫同位素组成研究[J].地球化学,35(6):623-628.

蒋颖魁,刘丛强,陶发祥.2005.乌江流域硫循环及来源、迁移转化的同位素示踪研究[J].矿物岩石地球化学通
　　报,24(增):326.

靳小飞,刘峰,胡继伟,等.2011.红枫湖沉积物中重金属元Co的赋存形态及污染特征[C].2011.Agricultural &
　　Natural Resource Engineering.

梁莉莉,王中良,宋柳霆.2008.贵阳市红枫湖水体悬浮物中重金属污染及潜在生态风险评价[J].矿物岩石地球
　　化学通报,27(2):119-125.

刘恩峰,沈吉,王建军,等.2010.南四湖表层沉积物重金属的赋存形态及底部界面扩散通量的估算[J].环境化
　　学,29(5):870-874.

罗光俊,何天容,安艳玲.2014.贵阳市"两湖一库"不同季节硫酸盐还原菌分布变化[J].湖泊科学,26(1):
　　101-106.

罗莎莎,万国江.2000.湖泊沉积物中硫的地球化学循环机制研究[J].四川环境,(03):3-5.

罗莎莎.2001.云贵高原湖泊近代沉积作用的Fe,Mn,S指示[D].中国科学院地球化学研究所博士学位论文:
　　贵阳.

庞禄.2014.铁锰复合氧化物对重金属铬(Ⅲ)、砷(Ⅲ)吸附/氧化特征研究[D].重庆:西南大学.

秦蕴珊,赵一阳,赵松龄.1985.渤海地质[M].北京:科学出版社,120-131.

商立海,李秋华,邱华北,等.2011.贵州红枫湖水体叶绿素a的分布与磷循环[J].生态学杂志,30(5):
　　1023-1030.

宋柳霆,刘丛强,王中良,等.2008.贵州红枫湖硫酸盐来源及循环过程的硫同位素地球化学研究[J].地球化学,
　　37(6):556-564.

宋柳霆,王中良,滕彦国,等.2012.贵州阿哈湖物质循环过程的微量元素地球化学初步研究[J].地球与环境,40
　　(1):9-17.

万国江,黄荣贵,王长生,等.1990.红枫湖沉积物顶部$^{210}Po_{ex}$垂直剖面的变异[J].科学通报,35(8):612-615.

万曦,万国江,黄荣贵,等.1997.阿哈湖Fe、Mn沉积后再迁移的生物地球化学机理[J].湖泊科学,9(2):
　　129-134.

汪福顺.2003.季节性缺氧湖泊微量金属元素的界面地球化学行为[D].贵阳:中国科学院地球化学研究所.

汪福顺,刘丛强,梁小兵,等.2003.贵州阿哈湖沉积物-水界面微生物活动及其对微量元素再迁移富集的影响
　　[J].科学通报,48(19):2073-2078.

王中良,刘丛强,朱兆洲.2007,中国西南喀斯特湖泊硫酸盐来源的硫同位素示踪研究[J].矿物岩石地球化学通
　　报,26(增):580-581.

文湘华,Allen H E.1997.乐安江沉积物酸可挥发硫化物含量及溶解氧对重金属释放特性的影响[J].环境科
　　学,(4):32-34.

吴丰昌.1995a.云贵高原湖泊沉积物和水体氮、磷和硫的生物地球化学作用和生态环境效应[D].中国科学院地
　　球化学所博士学位论文:贵阳.

吴丰昌.1995b.云贵高原湖泊沉积物和水体氮、磷和硫的生物地球化学作用和环境效应(摘要)[J].地质地球化
　　学,6:88-89.

吴丰昌,万国江,黄荣贵,等.1998.湖泊水体中硫酸盐增高的环境效应研究[J].环境科学学报,18(1):28-33.

肖化云,刘丛强,李思亮.2003.贵州地区夏季雨水硫和氮同位素地球化学特征[J].地球化学,32(3):248-254.

杨元根,刘丛强,张国平,等.2004.土壤和沉积物中重金属积累及其Pb、S同位素示踪[J].地球与环境,32(1):
　　76-81.

赵由之.2006.高原湖泊沉积物中硫形态分布与微生物地球化学行为:以云南洱海和贵州阿哈湖为例[D].贵

阳：中国科学院地球化学研究所.

AUDRY S, BLANC G, SCHÄFER J, et al. 2006. Early diagenesis of trace metals (Cd, Cu, Co, Ni, U, Mo, and V) in the freshwater reaches of a macrotidal estuary[J]. Geochimica et Cosmochimica Acta, 70(9)：2264 - 2282.

BAKER L A, BREZONIK E. 1992. Recent sulfur enrichment in the sediments of Little Rock Lake, Wisconsin [J]. Limnology & Oceanography, 37(4)：689 - 702.

BALISTRIERI L S, MURRAY J W, PAUL B. 1994. The geochemical cycling of trace elements in a biogenic meromictic lake[J]. Geochimica et Cosmochimica Acta, 58(19)：3993 - 4008.

BECKETT R, LE N P. 1990. The role of organic matter and ionic composition in determining the surface charge of suspended particles in natural waters[J]. Colloids and Surfaces, 44：35 - 49.

BJÖRKVALDL, BUFFAM I, LAUDON H, et al. 2008. Hydrogeochemistry of Fe and Mn in small boreal catchments：The role of seasonality, landscape type and scale[J]. Geochimica Et Cosmochimica Acta, 70 (18)：A52.

BRUNNER B, BERNASCONI S M. 2005. A revised isotope fractionation model for dissimilatory sulfate reduction in sulfate reducing bacteria[J]. Geochimica et Cosmochimica Acta, 69：4759 - 4771.

CANFIELD D. 2001. Isotope fractionation by natural populations of sulfate-reducing bacteria[J]. Geochimica et Cosmochimica Acta, 65：1117 - 1124.

DAVISON W. 1985. Conceptual models for transport at a redox boundary. In：W. Stumm (Editor), Chemical processes in lakes[M]. New York：Wiley Interscience, 31 - 53.

DAVISON W, HEANEY S I, TALLING J F, et al. 1980. Seasonal transformations and movements of iron in a productive English lake with deep-water anoxia[J]. Schweizerische Zeitschrift Für Hydrologie, 42：196 - 224.

DETMERS J, BRUCHERT V, HABICHT K S, et al. 2001. Diversity of sulfur isotope fractionations by sulfate-reducing prokaryotes[J]. Applied & Environmental Microbiology, 67：888 - 894.

GANDY C J, SMITH J W N, JARVIS A P. 2007. Attenuation of mining-derived pollutants in the hyporheic zone：A review[J]. Science of the Total Environment, 373：435 - 446.

GOLDHABER M B, KAPLAN I R. 1980. Mechanisms of sulfur incorporation and isotope fractionation during early diagenesis in sediments of the Gulf of California[J]. Marine Chemistry, 9：95 - 143.

HAN G L, LIU C Q. 2001. Hydrogeochemistry of Wujiang river water in Guizhou province, China[J]. Chinese Journal of Geochemistry, 20(3)：240 - 248.

HAN G L, LIU C Q. 2006. Strontium isotope and major ion chemistry of the rainwaters from Giuyang, Guizhou Province, China[J]. Science of the Total Environment, 264(1 - 3)：165 - 174.

HEM, J D. 1985. Study and interpretation of the chemical characteristics of natural water：In：GEOLOGICAL SURVEY(U.S) (Editor), Geological survey water-supply paper[M], 22 - 54.

HERMAN P M J, HEIP C H R. 1999. Biogeochemistry of the maximum turbidity zone of estuaries (mature)：some conclusions [J]. Journal of Marine Systems, 22(2 - 3)：89 - 104.

HÅKANSON L, PRTERS R H. 1995. Predictive Limnology：Methods for predictive modelling [M]. Amsterdam：SPB Academic Publishing, 464.

HOSONO T, NAKANO T, IGETA A, et al. 2007. Impact of fertilizer on a small watershed of Lake Biwa：Use of sulfur and strontium isotopes in environmental diagnosis[J]. Science of the Total Environment, 384(1 - 3)：342 - 354.

JOHNSON J E, WEBB S M, MA C, et al. 2016. Manganese mineralogy and diagenesis in the sedimentary rock record[J]. Geochimica et Cosmochimica Acta, 173：210 - 231.

KNÖLLER K, FAUVILLE A, MAYER B, et al. 2004. Sulfur cycling in an acid mining lake and its vicinity in

Lusatia, Germany[J]. Chemical Geology, 204: 303 - 323.

KOENINGS J P. 1976. In Situ experiments on the dissoloved and colloidal state of iron in an acid bog lake[J]. Limnology & Oceanography, 21(5): 674 - 683.

KOTAŚ J, STASICKA Z. 2000. Chromium occurrence in the environment and methods of its speciation[J]. Environmental Pollution, 107(3): 263 - 283.

KROUSE H R, GRINENKO V A. 1991. Stable isotopes: natural and anthropogenic sulphur in the environment[M]. Chichester: John Wiley & Sons, Ltd., 440.

LAXEN D P H, CHANDLER I M. 1983. Size distribution of iron and manganese species in freshwaters[J]. Geochimica et Cosmochimica Acta, 47: 731 - 741.

LI YH, GREGORY S. 1974. Diffusion of ions in sea-water and in deep-sea sediments[J]. Geochimica et Cosmochimica Acta, 38(5): 703 - 714.

MANNINO A, HARVEY H R. 1999. Lipid composition in particulate and dissolved organic matter in the Delaware Estuary: sources and diagenetic patterns[J]. Geochimica et Cosmochimica Acta, 63(15): 2219 - 2235.

MA S, BANFIELD J F. 2011. Micron-scale Fe^{2+}/Fe^{3+}, intermediate sulfur species and O^2, gradients across the biofilm-solution-sediment interface control biofilm organization[J]. Geochimica et Cosmochimica Acta, 75(12): 3568 - 3580.

MAYER B, ALPAY S, GOULD W D, et al. 2007. The onset of anthropogenic activity recorded in lake sediments in the vicinity of the Horne smelter in Quebec, Canada: Sulfur isotope evidence[J]. Applied Geochemistry, 22: 397 - 414.

NEALSON K H, SAFFARINI D. 1994. Iron and manganese in anaerobic respiration: environmental significance, physiology, and regulation[J]. Annual Reviews in Microbiology, 48(1): 311 - 343.

OCH L M, MÜLLER B, VOEGELIN A, et al. 2012. New insights into the formation and burial of Fe/Mn accumulations in Lake Baikal sediments[J]. Chemical Geology, 330 - 331: 244 - 259.

O'DAY P A, CARROLL S A, RANDALL S, et al. 2000. Metal speciation and bioavailability in contaminated estuary sediments, Alameda Naval Air Station, California[J]. Environmental Science & Technology, 34(17): 3665 - 3673.

PAKHOMOVA S V, HALL P O J, KONONETS M Y, et al. 2007. Fluxes of iron and manganese across the sediment-water interface under various redox conditions[J]. Marine Chemistry, 107(3): 319 - 331.

PERDUE E M, BECK K, REUTER J H. 1976. Organic complexes of iron and aluminium in natural waters [J]. Nature, 260(5550): 418 - 420.

PUPPA L D, KOMÁREK M, BORDAS F, et al. 2013. Adsorption of copper, cadmium, lead and zinc onto a synthetic manganese oxide[J]. Journal of Colloid and Interface Science, 399: 99 - 106.

REES C E. 1973. A steady-state model for sulphur isotope fractionation in bacterial reduction processes[J]. Geochimica et Cosmochimica Acta, 37: 1141 - 1162.

RYU J, ZIERENBERG R A, DAHLGREN R A, et al. 2006. Sulfur biogeochemistry and isotopic fractionation in shallow groundwater and sediments of Owens Dry Lake, California[J]. Chemical Geology, 229: 257 - 272.

SCHIFF S L, SPOELSTRA J, SEMKIN R G, et al. 2005. Drought induced pulses of SO_4^{2-} from a Canadian shield wetland: use of $\delta^{34}S$ and $\delta^{18}O$ in SO_4^{2-} to determine sources of sulfur[J]. Applied Geochemistry, 20: 691 - 700.

SCHOLZ F, NEUMANN T. 2007. Trace element diagenesis in pyrite-rich sediments of the Achterwasser lagoon, SW Baltic Sea[J]. Marine Chemistry, 107(4): 516 - 532.

SOLTAN M, MOALLA S, RASHED M, et al. 2011. Internal metal distribution in sediment-pore water-

water systems of bights at Nasser Lake, Egypt[J]. Journal of Environmental Systems, 33(2): 133.

SONG L, LIU C Q, Wang Z L, et al. 2011. Iron isotope fractionation during biogeochemical cycle: Information from suspended particulate matter (SPM) in Aha Lake and its tributaries, Guizhou, China [J]. Chemical Geology, 280(1-2): 170-179.

STUMM W, MORGAN J J. 1981. Aquatic Chemistry, 2nd edition[M]. New York: Wiley-Interscience, 780.

TELFEVAN K, BREAUX A, KIM J, et al. 2017. Arsenic, vanadium, iron, and manganese biogeochemistry in a deltaic wetland, southern Louisiana, USA[J]. Marine Chemistry, 192(20): 32-48.

TORFSTEIN A, GAVRIELI I, STEIN M. 2005. The sources and evolution of sulfur in the hypersaline Lake Lisan (paleo-dead Sea) [J]. Earth & Planetary Science Letters, 236(1-2): 61-77.

TORRES E, AYORA C, CANOVAS C R, et al. 2013. Metal cycling during sediment early diagenesis in a water reservoir affected by acid mine drainage[J]. Science of the Total Environment, 461: 416-429.

TRETTIN R, GLÄSER H R, SCHULTZE M, STRAUCH G. 2007. Sulfur isotope studies to quantify sulfate components in water of flooded lignite open pits-Lake Goitsche, Germany[J]. Applied Geochemistry, 22: 69-89.

TRIVEDI P, AXE L. 2000. Modeling Cd and Zn sorption to hydrous metal oxides[J]. Environmental Science & Technology, 34(11): 2215-2223.

TYSON R V. 2001. Sedimentation rate, dilution, preservation and total organic carbon: some results of a modelling study[J]. Organic Geochemistry, 32(2): 333-339.

URBAN N R, BREZONIK P L, BAKER L A, et al. 1994. Sulfate reduction and diffusion in sediments of Little Rock Lake, Wisconsin[J]. Limnology & Oceanography, 39(4): 797-948.

VAREKAMP J C, KREULEN R. 2000. The stable isotope geochemistry of volcanic lakes, with examples from Indonesia[J]. Journal of Volcanology and Geothermal Research, 97: 309-327.

VITRE R D, BELZILE N, TESSIER A. 1991. Speciation and adsorption of arsenic on diagenetic iron oxyhydroxides[J]. Limnology and Oceanography, 36(7): 1480-1485.

YIN H, TAN N, LIU C, et al. 2016. The associations of heavy metals with crystalline iron oxides in the polluted soils around the mining areas in Guangdong Province, China[J]. Chemosphere, 161: 181-189.

（本章作者：宋柳霆）

第 6 章

红枫湖、百花湖水体中 CO_2、CH_4、N_2O 的产生与释放

CO_2、CH_4、N_2O 等温室气体引起的温室效应对全球气候、环境以及生态产生一系列重大影响,因此其"源""汇"效应备受关注。水库,作为人为活动对大气温室气体浓度影响的一个重要方面,也越来越受到国内外学者的关注。水库的建设改变了周围环境的碳循环过程及温室气体的释放,国内外对水库温室气体的研究相对较晚,Duchemin 等(1995)首次对水库水-气界面的 CO_2 和 CH_4 通量进行测定。到 2000 年为止,所有被观测的水库都向大气释放 CO_2 和 CH_4,据估计世界淡水水库中 CO_2 的释放通量占其他人为 CO_2 和 CH_4 释放通量的 4% 和 18%(Louis et al.,2000),由此可见水库在温室气体释放中的重要地位。以往对红枫湖、百花湖的研究侧重于水体中生源要素(C,N,P)和重金属的分布、水体浮游植物特征及富营养化及沉积物中 N、P 的研究等,而对红枫湖、百花湖水体中 CO_2、CH_4、N_2O 产生与释放研究很少。我们的研究通过观测两湖水体中 CO_2、CH_4、N_2O 浓度的时空分布特征及其与大气之间的"源""汇"效应,再结合两湖水体的物理、化学和生物参数,探讨影响两湖水体 CO_2、CH_4、N_2O 产生与释放的主要因素和控制机理,为水库在流域环境管理、温室气体释放等研究提供一定的基础数据和参考。

6.1 红枫湖、百花湖的水环境特征

6.1.1 研究区基本情况介绍

红枫湖($26°24' \sim 26°34'$N,$106°20' \sim 106°26'$E)、百花湖($26°35' \sim 26°42'$N,$106°27' \sim 106°34'$E)地处贵州省中部,位于乌江一级支流猫跳河的上、中游,是兼顾蓄水、供水、发电、养殖、旅游、防洪等多种功能的支流型水库,分别建于 1960 年 3 月和 1966 年 7 月。

红枫湖、百花湖流域属亚热带湿润季风气候。其主要特点是:全年气候温和,冬无严寒,夏无酷暑,雨量充沛,但多云寡照,阴雨天气较多。其中流域内各地区最热为 7 月份,最冷为 1 月份,多年平均气温为 14 ℃。流域内一年的降雨多集中在夏、秋两季,特别是 5~8 月份的降雨占全年降雨的 55% 以上。

由于流域碳酸盐岩分布广泛,湖水具有岩溶水化学特征,主要的阳离子是 Ca^{2+}、Mg^{2+},主要的阴离子是 HCO_3^- 和 SO_4^{2-}。流域内污染源分为工业污染、农牧污染、城镇及非工农业污染三大类。流域内最大的废水排放源为贵州有机化工总厂、贵州化肥厂、清镇发电厂、平坝化肥厂,各污染源大多集中于两湖湖畔或主要入湖河流两岸,对湖水水质有较大影响(张维,1999),容易造成水体富营养化。与湖泊不同,水库水体滞留时间短,对水体物质迁移转化会存在影响。

6.1.2 红枫湖、百花湖水体的水化学特征

我们选择红枫湖、百花湖的湖心作为采样点,可以代表整个湖泊的水化学条件。百花

湖在湖心和山凹处选取两个采样点,代表了整个湖泊不同的水动力条件。分别于 2004 年 2 月、4 月、6 月、8 月、11 月及 2005 年 1 月中旬,用内镀 Teflon 的 Niskin-5 型深水采样器对红枫湖北湖(HF-N)及南湖(HF-S),百花湖(BH-1、BH-2)湖水以 2 m 或 3 m 的间隔进行分层采样(图 6-1)。

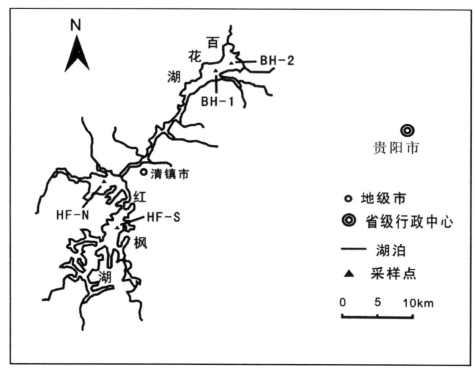

图 6-1 红枫湖、百花湖采样位置示意图

如图 6-2、图 6-3 所示,两湖水温的变化有一定的季节特征:春、夏季,两湖水体出现热分层现象,8 月上下水体温度最大相差 7.1 ℃,温跃层位于水下 5～8 m,这是因为气温升高后,表层水体由于受到阳光的照射而使水温升高,而温跃层以下水温较低,所以出现温度分层现

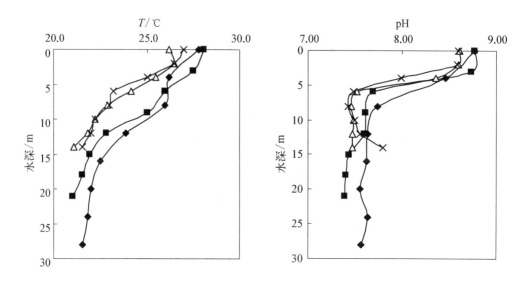

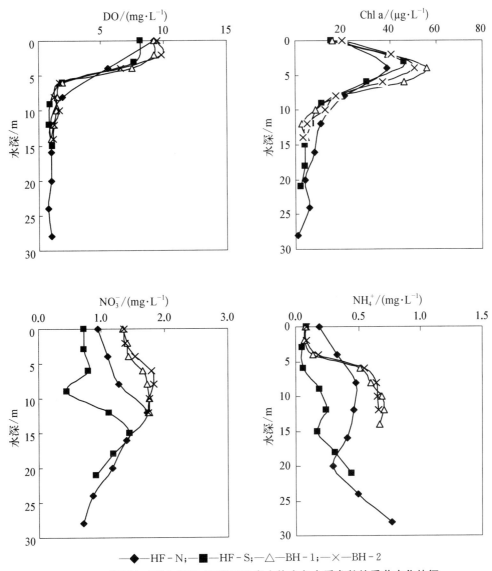

图 6-2　夏季(8 月)红枫湖、百花湖垂直水体中各水质参数的季节变化特征

象。由于温度分层现象的出现,对气体和营养盐在上、下两层水体之间的交换起到阻碍作用,进而影响到水体中的元素循环,而两湖水体中各参数表现出独特的分布特征:① 表层水中 pH 明显高于底层水中 pH。② 表面变温层(0~5 m)中 DO 变化不大并且浓度较高;温跃层(5~8 m)中 DO 随着深度的增加迅速降低,而静水层水体中 DO 几乎为零。③ 表面变温层 Chl a(Chlorophyll a)在 5 m 处达到最大值(两湖水体中 Chl a 最大值分别大约为 $34.9\ \mu g \cdot L^{-1}$ 和 $60.3\ \mu g \cdot L^{-1}$),随后随着水深增加而降低,湖底最低。④ 两湖表面变温层中 NH_4^+ 随着水深的增加而增加,红枫湖变温层以下水体中 NH_4^+ 逐渐降低,而百花湖中逐渐增加;而两湖表层水中 NO_3^- 随水深增加而增加,在水体中下部达到最大值,在湖底明显减小。

秋、冬季,由于水体的混合作用,两湖整个水体水温的变化基本一致,除了 pH、NO_3^- 在上下水体中呈现不规则波动外,其他参数如 DO、Chl a 的变化也较小;两湖水体中 NH_4^+ 浓度变化不大,湖底 NH_4^+ 略有增加(图 6-3)。

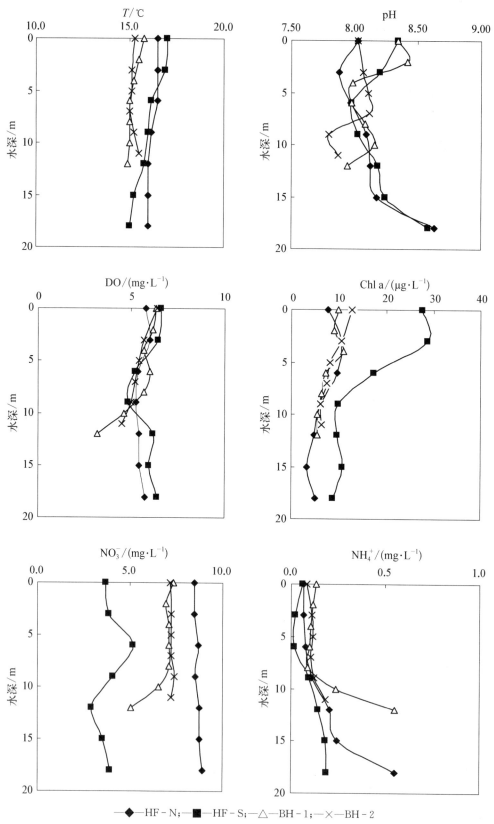

图 6-3 秋季(11月)红枫湖、百花湖垂直水体中各水质参数的季节变化特征

6.2　红枫湖、百花湖 CO_2 的产生与释放

6.2.1　红枫湖、百花湖水体中 CO_2 分压(pCO_2)的季节性变化规律

不同于北方温带地区水库表层水中 CO_2 在无冰期内大多数过饱和的特点(Duchemin et al.，1995；Huttunen et al.，2002)，红枫湖、百花湖表层水中 pCO_2 均表现出明显的季节变化规律(图 6-4)：夏季 6、8 月份 CO_2 分压低于大气 CO_2 分压，其中 8 月份 pCO_2 最低，红枫湖为 $172.7\pm6.7\ \mu atm$，百花湖为 $286.0\pm16.4\ \mu atm$，分别大约是大气 CO_2 分压的 46% 和 76%，说明两湖均为大气 CO_2 的"汇"；而其他月份两湖表层水 CO_2 分压明显高于大气 CO_2 分压，其中 2005 年 1 月份 pCO_2 最高，红枫湖为 $2\,367.2\pm597.3\ \mu atm$，百花湖为 $3\,502\pm332.4\ \mu atm$，分别大约是大气 CO_2 分压的 6.3 倍和 9.3 倍，两湖成为大气 CO_2 的"源"。

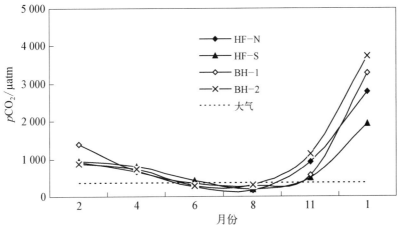

图 6-4　各采样点表层水 pCO_2 的季节变化规律

表 6.1、表 6.2 列出了两湖表层水中 pCO_2 与各水质参数的相关分析结果。通过相关分析发现：两湖 pCO_2 与 Chl a 之间存在的显著负相关是由于浮游植物光合作用与细菌呼吸作用共

表 6.1　红枫湖表层水 pCO_2 与各水质参数之间的相关性分析($n=12$)

	T	降雨量	NO_3^-	NO_2^-	NH_4^+	SiO_3^{2-}	PO_4^{3-}	Chl a	DOC	pCO_2
T	1									
降雨量	0.902**	1								
NO_3^-	−0.676*	−0.715**	1							
NO_2^-	−0.581*	−0.675*	0.864**	1						
NH_4^+	−0.300	−0.235	0.342	0.025	1					
SiO_3^{2-}	0.532	0.619*	−0.401	−0.185	−0.243	1				
PO_4^{3-}	0.099	−0.218	0.114	0.144	0.599	−0.410	1			
Chl a	0.671*	0.719**	−0.662*	−0.421	−0.364	0.809**	−0.663	1		
DOC	0.776*	0.419	−0.538	0.581	−0.090	0.237	0.513	0.094	1	
pCO_2	−0.779**	−0.734**	0.840**	0.607*	0.450	−0.638*	−0.222	−0.668*	−0.719*	1

注：* 表示 $p<0.05$ 显著相关，** 表示 $p<0.01$ 极显著相关。

表 6.2　百花湖表层水 pCO_2 与各水质参数之间的相关性分析 $(n=12)$

	T	降雨量	NO_3^-	NO_2^-	NH_4^+	SiO_3^{2-}	PO_4^{3-}	Chl a	DOC	pCO_2
T	1									
降雨量	0.899**	1								
NO_3^-	−0.552	−0.713**	1							
NO_2^-	−0.640*	−0.732**	0.903**	1						
NH_4^+	−0.566	−0.319	−0.248	−0.314	1					
SiO_3^{2-}	0.217	0.285	−0.076	−0.108	0.255	1				
PO_4^{3-}	−0.048	0.013	−0.489	−0.480	0.333	−0.429	1			
Chl a	0.632*	0.834**	−0.588	−0.645*	−0.265	−0.088	0.102	1		
DOC	−0.186	−0.031	−0.643	−0.720*	0.747*	0.154	0.077	−0.217	1	
pCO_2	−0.755**	−0.713**	0.556	0.824**	0.302	−0.047	−0.282	−0.647*	0.157	1

注：* 表示 $p<0.05$ 显著相关，** 表示 $p<0.01$ 极显著相关。

同影响的结果，也是两湖 pCO_2 出现季节变化的主要因素。两湖特定的水环境条件，如适宜的水温、丰富的降雨量和营养盐通过对浮游植物生长及有机质降解间接影响水体中 CO_2 浓度。水温与 pCO_2 之间的显著负相关，主要是由于水温影响浮游植物生长引起的。降雨量与 pCO_2 之间的显著负相关，主要是由于降雨量影响水库中营养盐的输入和浮游植物生长引起的。NO_3^-、NO_2^- 与 pCO_2 之间的显著正相关，是藻类吸收与有机质降解、硝化反应等共同作用的结果。SiO_3^{2-} 与 pCO_2 之间的显著负相关，是 SiO_3^{2-} 受降雨输入及藻类吸收共同影响的结果。两湖 DOC 与 pCO_2 相关性的差异可能与两湖 DOC 来源不同有关。

6.2.2　控制红枫湖、百花湖水体中 pCO_2 季节变化的过程分析

尽管水库与大气之间的 CO_2 交换发生在水库水体表层，但水库向大气释放的 CO_2 是其内部新陈代谢的结果。光合作用与呼吸作用是水体内部的两个主要新陈代谢过程(Cole et al.，2000)，对水体内部的碳循环起重要作用。水库表层水中 pCO_2 的变化反映的是整个水库内部 CO_2 生产和消耗的净结果。两库表层水中 pCO_2 在 6 月、8 月明显低于大气 CO_2 分压，这是由于富营养化促进光合作用吸收大气 CO_2 的结果。而光合作用产生的或陆源输入的有机碳在有氧或缺氧条件下被细菌呼吸作用利用重新释放出 CO_2，对富营养水体而言，一般以内源有机碳为主(Jonsson，2001)。

有机物降解又分为水体中有机物降解和沉积物中有机物降解两部分。首先，两湖水体内部有机物的降解在春末及整个夏季都比较活跃，表现为随着水体深度的增加，温跃层以下 pCO_2 持续增加(图 6-5)，温跃层水体中 Chl a 浓度降低，光合作用吸收的 CO_2 和产生的 DO 降低，pH 增加(图 6-2)。6 月份两湖水体中 pCO_2 与 DO 之间的显著负相关(图 6-6)说明有机物有氧降解是造成温跃层 DO 消耗并产生 CO_2 的主要原因。在硝酸盐还原条件下，表层光合作用产生的有机碳发生降解消耗 NO_3^- 和 H^+，产生 NH_4^+、PO_4^{3-} 和 CO_2(王仕禄等，2003；肖化云等，2002)，因为南湖浮游藻类更多，所以光合产生的有机碳更多，因而南湖温跃层中有机碳降解产生的 CO_2 更多。而秋、冬季温度降低反而使有机质降解受到一定抑制，表现为在水体中部出现峰值后 pCO_2 有减小趋势(图 6-5)。根据 Kelly 等(2001)的观点，由于红枫湖水体的滞留时间比百花湖长，DOC 比百花湖低，说明陆源输入的有机碳转化生成的 CO_2 少，并且红枫湖比百花湖库容大，所以静水层中沉积物面积与静水层的水容量之间的比值(A_e/V_e)小，从

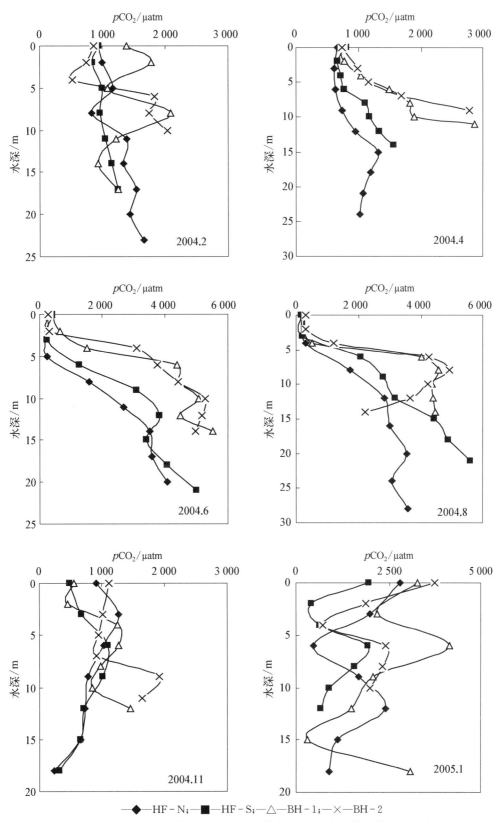

图 6-5　红枫湖和百花湖水体中 pCO_2 垂直变化规律

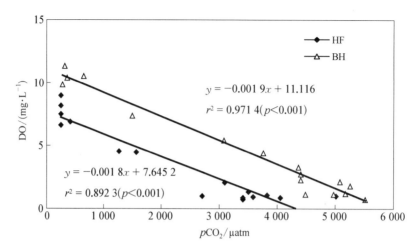

图 6-6 红枫湖和百花湖 6 月份水体中 pCO_2 与 DO 之间的相关性分析

而导致夏季分层期间固定的碳再循环生成 CO_2 的速率降低。其次,红枫湖两个采样点温跃层 10 m 以下水体中,由于光照的缺乏,浮游植物生长受到限制,Chl a 浓度迅速降低,有机质降解产生的 NH_4^+ 发生硝化反应产生 NO_3^-,使 NH_4^+ 降低,NO_3^- 达到最大值(王仕禄等,2003;肖化云等,2002)。沉积物附近 pCO_2 和 NH_4^+、PO_4^{3-} 浓度最高,并且 pCO_2 与 NH_4^+、PO_4^{3-} 之间存在显著正相关,这说明沉积物中有机质降解对静水层中 CO_2、NH_4^+、PO_4^{3-} 的增加发挥了重要作用。水温对沉积物中有机质降解起重要的影响作用(Åberg et al.,2003;Heyer et al.,1998),夏季红枫湖沉积物附近水温较高,有利于沉积物中有机质的降解。另外,湖泊水体的分层与混合作用对湖泊中 pCO_2 分布的季节变化发挥了一定的影响(Riera et al.,1999),夏季由于分层现象的出现,静水层中有机质降解产生的 CO_2 在静水层得到积累,而到了秋、冬季,水体发生混合作用,下滞层中 CO_2 涌到湖水上层,湖底 CO_2 减少,这与北方湖泊类似,与 Kelly 等(1997)、Riera 等(1999)及 Striegl 等(1998)的研究结果一致。

另外,尽管夏季红枫湖光合作用产生的有机物更多,但百花湖水体中 CO_2 更高,只能说明百花湖夏季陆地输入的有机物降解产生更多 CO_2,而百花湖沉积物中产生 CO_2 也比红枫湖高,可能与水库淹没时间长短及淹没的有机物类型有关,有待于进一步研究证实。

6.3 红枫湖、百花湖 CH_4 的产生与释放

6.3.1 红枫湖、百花湖水体中 CH_4 的季节变化规律

夏季红枫湖、百花湖表层水中 CH_4 浓度明显低于其他季节(图 6-7),这与 Dumestre 等(1997)的研究结果类似。其中,红枫湖表层水中 CH_4 浓度 4 月份最高,HF-N 与 HF-S 分别为 0.32 $\mu mol \cdot L^{-1}$ 和 1.42 $\mu mol \cdot L^{-1}$;百花湖表层水中 CH_4 浓度在 4 月和 1 月份相差不大,都较高,BH-1 分别为 0.48 $\mu mol \cdot L^{-1}$ 和 0.82 $\mu mol \cdot L^{-1}$,BH-2 分别为 0.52 $\mu mol \cdot L^{-1}$ 和 0.48 $\mu mol \cdot L^{-1}$。在所有采样期间内,两湖表层水中 CH_4 浓度明显高于与大气中 CH_4 平衡时的浓度(约 0.003 $\mu mol \cdot L^{-1}$),所以两湖都是大气 CH_4 的"源",向大气释放 CH_4。

6.3.2 影响红枫湖、百花湖水体中 CH_4 产生与释放的因素

水体中 CH_4 浓度取决于水体中 CH_4 生产与消耗之间的平衡,$\Delta CH_4 = CH_4(生产) - CH_4$

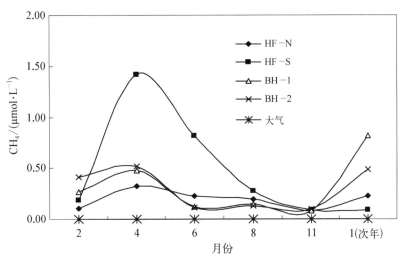

图 6 - 7　红枫湖和百花湖表层水体 CH_4 变化规律

（消耗）。ΔCH_4 为正，说明湖泊中 CH_4 的生产大于消耗，即湖泊是大气 CH_4 的"源"，反之，为大气 CH_4 的"汇"。

水体中产生 CH_4 的过程主要是由沉积物中有机质在厌氧条件下的降解（Bartlett et al.，1988；Rudd et al.，1978），而水体中消耗 CH_4 的过程主要是指 CH_4 从沉积物中释放到水体表层过程中有可能被氧化（Bastviken et al.，2002）。因此，水体中 CH_4 的分布受这两方面因素的影响。

6.3.2.1　红枫湖和百花湖湖底 CH_4 生产对两湖 CH_4 的影响

表 6.3、表 6.4 列出了两湖底层水中 CH_4 浓度与各影响因素之间的相关性分析。两湖夏季温跃层以下的静水层中 CH_4 浓度随水体深度的增加迅速增加，在湖底达到最大值（图 6 - 8），说明湖水底层沉积物的降解对水体中 CH_4 产生有重要影响。通过相关性分析发现：两湖湖底 CH_4 浓度均与湖底水温 T 之间存在显著正相关关系，这说明水温是影响有机质降解产生 CH_4 的主要因素。再者，两湖湖底 CH_4 浓度都与表层水中 Chl a 浓度之间存在显著正相关关系，红枫湖显著性水平达到了极显著相关，这说明浮游植物光合作用产生的有机物对沉积物中 CH_4 的产生提供了原料。另外，由于地处酸雨严重地区，水体中较高的 SO_4^{2-} 对 CH_4 的产生起一定抑制作用。红枫湖湖底 CH_4 浓度与 SO_4^{2-} 之间存在显著负相关说明了这一点。而夏季红枫湖湖底 CH_4 浓度比百花湖高，也可能是由于百花湖湖底 SO_4^{2-} 较高抑制了 CH_4 的生成，百花湖湖底 CO_2 浓度高于红枫湖（图 6 - 5）也印证了这一说法。

表 6.3　红枫湖底层水中 CH_4 与各因素之间的相关性分析（$n=12$）

	T	DO	SO_4^{2-}	NO_3^-	NH_4^+	SiO_3^{2-}	Chl a
DO	-0.698^*						
SO_4^{2-}	-0.615^*	-0.252					
NO_3^-	-0.351	0.477	0.078				
NH_4^+	-0.236	0.103	0.359	0.339			
SiO_3^{2-}	0.635^*	-0.419	-0.841^{**}	-0.402	-0.240		
Chl a	0.632^*	-0.445	-0.682^*	-0.662^*	-0.359	0.809^{**}	
CH_4	0.796^{**}	-0.575^*	-0.672^*	-0.487	-0.161	0.774^{**}	0.804^{**}

表 6.4　百花湖底层水中 CH_4 与各影响因素之间的相关性分析($n=12$)

	T	DO	SO_4^{2-}	NO_3^-	NH_4^+	SiO_3^{2-}	Chl a
DO	−0.658*						
SO_4^{2-}	−0.702*	0.322					
NO_3^-	−0.253	0.505	−0.399				
NH_4^+	−0.816**	0.478	0.769**	−0.247			
SiO_3^{2-}	−0.098	−0.315	−0.014	−0.079	0.258		
Chl a	0.703*	−0.353	−0.424	−0.490	−0.314	−0.252	
CH_4	0.794**	−0.643*	−0.295	−0.561	−0.577*	−0.245	0.691*

注：表 6.3 和表 6.4 中 T、DO、SO_4^{2-} 为湖底数据，Chl a、NO_3^-、NH_4^+、SiO_3^{2-} 为湖水表层数据。* 表示 $p<0.05$ 显著相关，** 表示 $p<0.01$ 极显著相关。

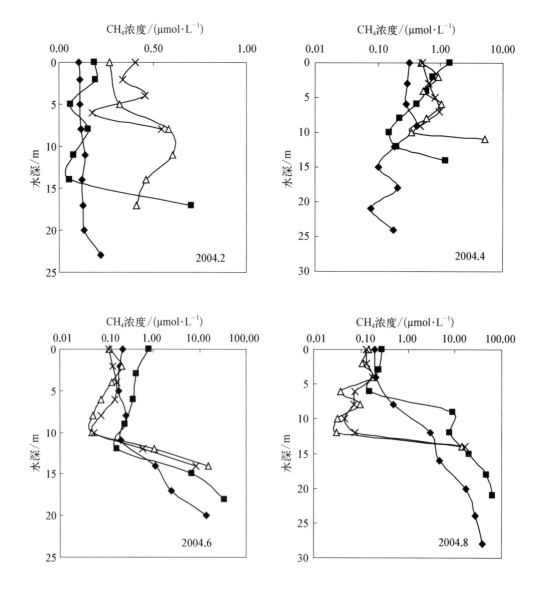

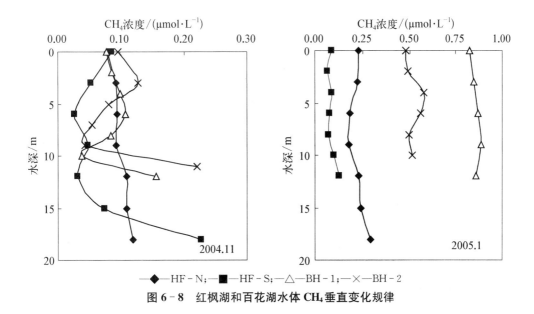

图 6 - 8　红枫湖和百花湖水体 CH_4 垂直变化规律

6.3.2.2　水体含氧状态对两湖水体中 CH_4 的影响

表 6.5 列出了百花湖表层水中 CH_4 浓度与各影响因素之间的相关性分析。红枫湖表层水中 CH_4 浓度与各因素之间不存在显著相关关系,故未列出。通过相关性分析发现,百花湖表层水中 CH_4 浓度与 pH、Chl a 之间呈显著负相关关系,与 NH_4^+ 之间呈显著正相关关系,这说明夏季浮游植物生长消耗 NH_4^+,而浮游植物光合作用又吸收 CO_2 产生 DO,使得水体中 pH 降低(图 6 - 1),而产生的 CH_4 被氧化,故夏季百花湖表层水中 CH_4 浓度低。秋、冬季,夏季湖底积累的 CH_4 扩散到表层,由于水体中 DO 含量丰富(图 6 - 2),所以 CH_4 在向水体表层传输的过程中易被氧化导致表层水中 CH_4 浓度降低。这与 Fallon 等(1980)及 Rudd 等(1980)发现的四季对流混合湖水体中 CH_4 氧化在秋季混合期高导致夏季储存在静水层中 CH_4 消耗的观点相同。

表 6.5　百花湖表层水中 CH_4 浓度与各因素之间的相关性分析($n=12$)

	T	pH	DO	Chl a	NO_3^-	NO_2^-	NH_4^+	PO_4^{3-}
pH	0.860**							
DO	0.768**	0.741*						
Chl a	0.330	0.392	0.405					
NO_3^-	−0.552	−0.607*	−0.895**	−0.490				
NO_2^-	−0.640*	−0.675*	−0.782**	−0.534	0.903**			
NH_4^+	−0.566	−0.466	−0.380	0.314	−0.247	−0.132		
PO_4^{3-}	0.417	0.378	0.251	−0.252	−0.441	−0.452	−0.045	
CH_4	−0.499	−0.679*	−0.113	−0.574*	0.108	0.353	0.606*	−0.097

注: * 表示 $p<0.05$ 显著相关, ** 表示 $p<0.01$ 极显著相关。

表层水中 CH_4 浓度除了受水体中 CH_4 被氧化程度影响外,还与水体的滞留时间长短及水体混合程度等有关。Miller 等(1988)发现表层水中 CH_4 浓度与水温之间存在负相关关系,说明表层水中 CH_4 浓度取决于水体的混合程度。由于冬季百花湖水体混合程度高且氧化程度低,所以百花湖表层水中 CH_4 浓度高。但在本研究中两湖表层水均在枯水期(4 月和 1 月)达到最高,说明表层水中 CH_4 浓度不仅仅取决于水体混合程度,还受其他因素影响。

雨季与旱季导致水库水体滞留时间的变化,进而也可能影响水库中溶解气体的变化。一方面,水体滞留时间长,混合层中 CH_4 被氧化程度高,这种情况会导致表层水体中 CH_4 浓度降低。Bastviken 等(2004)发现表层水中 CH_4 浓度与湖面积成反比,认为是大湖水体滞留时间长造成的。另一方面,水体滞留时间长,CH_4 可能得到积累的程度高,这种情况会导致表层水体中 CH_4 浓度升高。Galy-Lacaux 等(1997)研究发现热带雨林地区水库中 CH_4 的周期变化与水库水流量及水体在水库中滞留时间有关,枯水期 CH_4 浓度较高。由于红枫湖水体滞留时间比百花湖长,所以红枫湖中积累的 CH_4 多。另外,丰水期由于降雨量的增加可能对水体表层中 CH_4 有一定稀释作用(Galy-Lacaux et al.,1999)。因此,红枫湖与百花湖表层水中 CH_4 浓度在枯水期高于丰水期可能还与枯水期 CH_4 的积累及丰水期 CH_4 稀释有关。

6.4　红枫湖、百花湖 N_2O 的产生与释放

6.4.1　红枫湖、百花湖表层水中 N_2O 的季节变化规律

红枫湖、百花湖表层水中 N_2O 的变化规律类似,夏季 N_2O 明显降低,春、秋季明显增加,冬季又有所降低,但仍高于夏季(图 6-9)。其中,红枫湖 HF-N 与 HF-S 两采样点表层水中 N_2O 浓度在 11 月最高(分别为 96.06 $nmol \cdot L^{-1}$ 和 54.67 $nmol \cdot L^{-1}$),在 6 月或 8 月最低(分别为 24.59 $nmol \cdot L^{-1}$ 和 8.38 $nmol \cdot L^{-1}$);百花湖 BH-1 和 BH-2 两采样点表层水中 N_2O 浓度在 2 月最高(分别为 205.28 $nmol \cdot L^{-1}$ 和 213.92 $nmol \cdot L^{-1}$),在 6 月最低(分别为 35.56 $nmol \cdot L^{-1}$ 和 33.37 $nmol \cdot L^{-1}$)。但在采样期间两湖表层水中 N_2O 浓度均高于大气中 N_2O 浓度,都是大气 N_2O 的"源"。

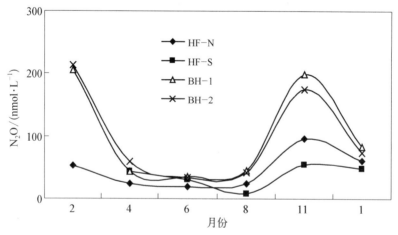

图 6-9　不同月份红枫湖、百花湖表层水中 N_2O 的变化特征

6.4.2　影响红枫湖、百花湖水体中 N_2O 季节变化的因素分析

N_2O 是水体中氮循环的中间产物,水体中 N_2O 的来源主要包括硝化作用与反硝化作用。其中硝化作用是在有氧的状态下,NH_4^+ 在微生物作用下被氧化成 NO_3^- 的过程;反硝化作用是指 NO_3^- 在微生物作用下被还原的过程。反硝化作用主要包括两种情形:一种是异化性的硝

酸盐还原作用,另一种是同化性的硝酸盐还原作用。前者是在缺氧条件下硝酸盐被还原成 N_2,中间过程放出 N_2O;后者是 NO_3^- 被还原成 NH_4^+。

通过比较水体中 NO_3^-、NH_4^+ 及 N_2O 的分布特征(图 6 - 2、图 6 - 3),可以了解水体中 N_2O 的产生机理。2 月,红枫湖水体的中、下部 DO 充足,并且 N_2O 随着 NO_3^- 增加而增加,说明水体中 N_2O 主要通过硝化反应产生。4 月和 6 月,温跃层以上水体中主要发生硝化反应并导致两湖水体中部 N_2O 出现峰值。另外,由于两湖湖底 DO 较低,随着 NO_3^- 降低 N_2O 增加,说明反硝化作用导致 N_2O 的产生。8 月,表面温跃层中随着水体深度的增加,NO_3^- 和 N_2O 增加且表层 DO 充足,说明以硝化反应为主,与 4 月和 6 月不同的是温跃层中 DO 很低(图 6 - 2),N_2O 随着 NH_4^+ 增加而增加,说明以反硝化作用为主,静水层中 N_2O 随 NO_3^- 降低而增加也说明了反硝化作用是 N_2O 增加的原因。因此表面温水层的硝化作用和温跃层、静水层中的反硝化作用共同导致水体的中部出现两个 N_2O 峰值。11 月,HF - N 水体中 NO_3^- 与 N_2O 在同一位置出现最大值,说明发生硝化作用,BH - 1 在水体下部 N_2O 随着 NO_3^- 降低有所增加,同时水体中 NH_4^+ 增加,可能是由于同化性的硝酸盐还原作用造成 N_2O 增加,这种现象在 1 月仍有出现。而其他各点水体中 N_2O 分布在 11 月和 1 月变化不大,说明以水体混合作用为主。

6.4.3　影响红枫湖、百花湖表层水中 N_2O 分布的因素分析

通常,水体中缺氧 - 含氧的状态决定了水体中 N_2O 的产生途径与方式,如在含氧条件下,反硝化或 NO_3^- 氨基化都不可能发生。因此,由于在采样期间,两湖水体表层中 DO 都在 $5.80 \sim 12.5 \ mg \cdot L^{-1}$ 范围内,说明两湖表层水中 N_2O 主要通过硝化反应产生。

通过相关性分析发现:红枫湖表层水中 N_2O 浓度与水温之间存在显著负相关,与 NO_3^-、NO_2^- 之间存在显著正相关关系(表 6.6),即随着水温的增加,NO_3^- 和 N_2O 浓度降低。NO_3^- 与 Chl a 之间的显著负相关关系说明夏季 NO_3^- 被藻类吸收因而含量较低,因此表层水中因硝化反应产生的 N_2O 浓度较低。而到了秋、冬季,红枫湖表层水中 N_2O 随着 NO_3^-、NO_2^- 增加和 NH_4^+ 降低而增加(图 6 - 3、图 6 - 10),说明表层水中发生硝化反应从而促进了 N_2O 的产生与释放。

表 6.6　红枫湖表层水中 N_2O 浓度与各参数的相关性分析($n = 12$)

	T	NO_3^-	NO_2^-	NH_4^+	DO	Chl a
NO_3^-	-0.676^*					
NO_2^-	-0.583^*	0.864^{**}				
NH_4^+	-0.301	0.340	0.021			
DO	0.229	-0.350	-0.518	0.035		
Chl a	0.671^*	-0.662^*	-0.421	-0.361	-0.155	
N_2O	-0.650^*	0.765^{**}	0.737^{**}	0.033	-0.546	-0.169

注:* 表示 $p < 0.05$ 显著相关,** 表示 $p < 0.01$ 极显著相关。

不同于红枫湖,百花湖表层水中 N_2O 除了与水温之间存在显著负相关外,还与 DO 之间存在显著负相关,而与 NO_3^-、NO_2^- 之间不存在显著的相关性(表 6.7)。夏季,百花湖表层水中 DO 高和 NO_3^- 低(图 6 - 2),是由于藻类光合作用的结果。由于 NO_3^- 浓度低抑制了硝化反应,所以 N_2O 浓度低。秋季,由于水体混合作用,百花湖夏季静水层积累的 N_2O 进入湖水表层使得表层水中 N_2O 浓度增加。由于秋季湖底反硝化作用消耗 NO_3^-,所以冬季百花湖表层水中

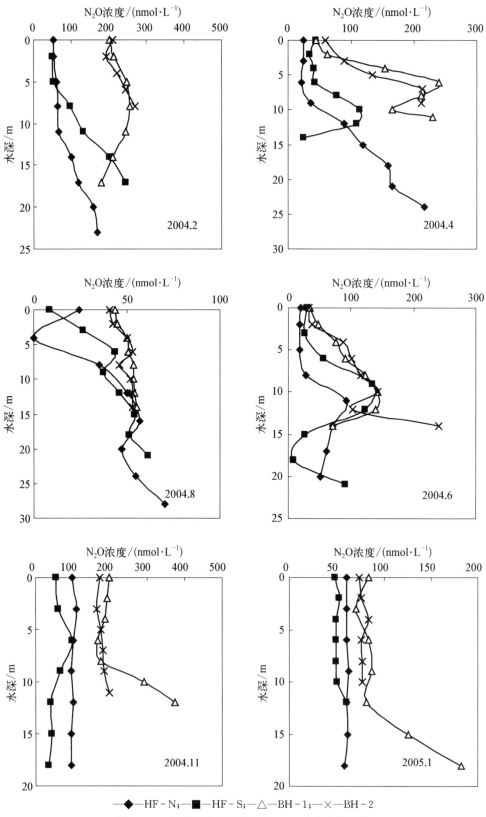

—◆—HF-N;—■—HF-S;—△—BH-1;—×—BH-2

图 6 - 10 红枫湖和百花湖水体 N₂O 垂直变化规律

NO_3^- 降低，N_2O 降低。因此，从总体上来说，硝化反应是影响两湖表层水中 N_2O 季节变化的主要原因，并受表层水温、DO 及 NO_3^- 共同影响。

表 6.7　百花湖表层水中 N_2O 浓度与各参数的相关性分析($n=12$)

	T	NO_3^-	NO_2^-	NH_4^+	DO	Chl a
NO_3^-	-0.552					
NO_2^-	-0.640^*	0.903^{**}				
NH_4^+	-0.566	-0.247	-0.132			
DO	0.768^{**}	-0.933^{**}	-0.787^{**}	-0.121		
Chl a	0.632^*	-0.588	-0.645^*	0.265	0.242	
N_2O	-0.663^*	0.384	0.172	0.425	-0.889^{**}	0.286

注：* 表示 $p<0.05$ 显著相关，** 表示 $p<0.01$ 极显著相关。

综上所述，我们的研究结果显示，红枫湖、百花湖表层水中 CO_2、CH_4、N_2O 分布具有明显的季节变化规律，夏季通常都低于其他季节。两湖夏季吸收大气 CO_2，是大气 CO_2 的"汇"，其余时期均为大气 CO_2 的源，而两湖全年是大气 CH_4、N_2O 的源，向大气释放 CH_4、N_2O。而两湖表层水中 CO_2、CH_4、N_2O 的分布与水体内部的物质循环过程密切相关，如光合作用与有机质降解对 CO_2 的影响，有机质降解和 CH_4 氧化对 CH_4 的影响，硝化作用与反硝化作用对 N_2O 的影响等。水体热分层的季节性出现也显著影响着上述过程，进而影响两湖 CO_2、CH_4、N_2O 的产生与释放。而水体中 CO_2、CH_4、N_2O 的产生又伴随着营养盐、DO 的吸收和释放，水体中微生物活动也起着关键作用。

参 考 文 献

王仕禄，万国江，刘丛强，等.2003.云贵高原湖泊 CO_2 的地球化学变化及其大气 CO_2 源汇效应[J].第四纪研究，23(5)：581.

肖化云，刘丛强，李思亮，等.2002.强水动力湖泊夏季分层期氮的生物地球化学循环初步研究：以贵州红枫湖南湖为例[J].地球化学，31(6)：571-576.

张维，1999.红枫湖、百花湖环境特征及富营养化[M].贵阳：贵州科技出版社.

BARTLETT K B, CRILL P M, SEBACHER D I, et al. 1988. Methane flux from the central Amazonian floodplain[J]. Journal of Geophysical Research, 93(D2): 1571-1582.

BASTVIKEN D, COLE J, PACE M, et al. 2004. Methane emissions from lakes: Dependence of lake characteristics, two regional assessments, and a global estimate[J]. Global Biogeochemical Cycles, 18(4).

ÅBERG J, BERGSTRÖM A K, ALGESTEN G, et al. 2004. A comparison of the carbon balances of a natural lake (L. Orträsket) and a hydroelectric reservoir (L. Skinnmuddselet) in northern Sweden[J]. Water Research, 38(3): 531-538.

COLE J J, PACE M L, CARPENTER S R, et al. 2000. Persistence of net heterotrophy in lakes during nutrient addition and food web manipulations[J]. Limnology and Oceanography, 45(8): 1718-1730.

DEN HEYER C, KALFF J. 1998. Organic matter mineralization rates in sediments: a within- and among-lake study[J]. Limnology and Oceanography, 43(4): 695-705.

DUCHEMIN E, LUCOTTE M, CANUEL R, et al. 1995. Production of the greenhouse gases CH_4 and CO_2 by hydroelectric reservoirs of the boreal region[J]. Global Biogeochemical Cycles, 9(4): 529-540.

FALLON R D, HARRITS S, HANSON R S, et al. 1980. The role of methane in internal carbon cycling in Lake Mendota during summer stratification[J], Limnology and Oceanography, 25(2): 357 – 360.

GALY-LACAUX C, DELMAS R, JAMBERT C, et al. 1997. Gaseous emissions and oxygen consumption in hydroelectric dams: A case study in French Guyana[J]. Global Biogeochemical Cycles, 11(4): 471 – 483.

GALY-LACAUX C, DELMAS R, KOUADIO G, et al. 1999. Long-term greenhouse gas emissions from hydroelectric reservoirs in tropical forest regions[J]. Global Biogeochemical Cycles, 13(2): 503 – 517.

HUTTUNEN J T, VÄISÄNEN T S, HELLSTEN S K, et al. 2002. Fluxes of CH_4, CO_2, and N_2O in hydroelectric reservoirs Lokka and Porttipahta in the northern boreal zone in Finland[J]. Global Biogeochemical Cycles, 16(1): 1 – 17.

KELLY C A, FEE E, RAMLAL P S, et al. 2001. Natural variability of carbon dioxide and net epilimnetic production in the surface waters of boreal lakes of different sizes[J]. Limnology and Oceanography, 46(5): 1054 – 1064.

KELLY C A, RUDD J W M, BODALY R A, et al. 1997. Increases in fluxes of greenhouse gases and methyl mercury following flooding of an experimental reservoir[J]. Environmental Science & Technology, 31(5): 1334 – 1344.

LOUIS V L S, KELLY C A, DUCHEMIN É, et al. 2000. Reservoir surfaces as sources of greenhouse gases to the atmosphere: a global estimate[J]. BioScience, 50(9): 766 – 775.

MILLER L G, OREMLAND R S. 1988. Methane efflux from the pelagic regions of four lakes[J]. Global Biogeochemical Cycles, 2(3): 269 – 277.

RIERA J L, SCHINDLER J E, KRATZ T K. 1999. Seasonal dynamics of carbon dioxide and methane in two clear-water lakes and two bog lakes in northern Wisconsin, U.S.A.[J]. Canadian Journal of Fisheries and Aquatic Sciences, 56(2): 265 – 274.

RUDD J W M, HAMILTON R D. 1978. Methane cycling in a eutrophic shield lake and its effects on whole lake metabolism[J]. Limnology and Oceanography, 23(2): 337 – 348.

RUDD J W M, TAYLOR C D. 1980. Methane cycling in aquatic environments[J]. Advances in Aquatic Microbiology, 2: 77 – 150.

STRIEGL R G, MICHMERHUIZEN C M. 1998. Hydrologic influence on methane and carbon dioxide dynamics at two north-central Minnesota lakes[J]. Limnology and Oceanography, 43(7): 1519 – 1529.

（本章作者：吕迎春、王仕禄）

第7章
乌江流域梯级水库-河流体系水-气界面CO_2交换特征

工业革命以来,大气中的两种主要温室气体(CO_2和CH_4)浓度一直持续升高(Raynaud et al.,1993)。这表明地球表面温室气体"源"已经显著大于其"汇"。鉴于气温对大气CO_2浓度的高度敏感性,各国已经着手制定大量积极的措施减缓温室气体的排放,以应对可能产生的全球变暖趋势。我国也制定了"2060年实现碳中和"的远景目标。全面、准确地掌握我国碳收支清单、厘清温室气体排放中的自然贡献和人为份额,对我国积极参与应对全球气候变化的国际合作,体现负责任大国形象,具有重要的科技支撑作用;同时也对维护我国在气候变化合作中的权益,进一步提高增汇空间、针对性调整区域产业结构具有显著的指导意义。因此,过去20年中,我国科学家从区域和国家尺度上就中国陆地生态系统碳循环的关键问题开展了大量研究,在陆地(包括近海)生态系统的碳收支时空格局、碳循环过程和模型、生态系统碳"汇/源"意义对全球气候变化的影响等方面取得了长足进展(陈泮勤,2004;于贵瑞,2003;严国安等,2001;高全洲等,1998;Cai et al.,1996;方精云等,1996,2001;王效科等,2001;宋长春等,2003;万国江等,2000;Fang et al.,2001;袁道先等,2003;延晓冬等,1995;潘文斌等,2000;Jiang et al.,2006)。相比之下,针对我国陆地水文系统与大气温室气体的交换途径、通量的研究明显不足,相关研究报道仍然偏少(Yu et al.,2008;吕迎春等,2008;李晶莹,2003)。其中,河流筑坝拦截形成的水库系统的温室气体释放效应更是被极大地忽略了,研究工作明显滞后于国际同行。相关数据、结论因此大多由国外科学家进行粗略估算。

事实上,水电长期以来一直被认为是迄今技术最成熟的、可大规模开发的清洁能源的主要获得途径,是有效实施温室气体减排的重要选择。但是随着20世纪90年代以来,世界银行逐渐减少,并于1999年完全停止了对发展中国家水电项目的贷款,水电开发活动由此经历了短暂的停滞。进入21世纪后,随着以中国为代表的水能企业实力的崛起,大规模的水能开发重新获得迅猛发展。世界银行也于21世纪初,重新启动了相关的贷款项目(World Bank,2009)。几乎与此同时,水电开发的"温室效应"问题,逐渐引起了科学界及一些国际组织的重视,并持续进行了十多年的争论。这期间,一系列针对水电开发活动产生大量"碳排放"的文章在重要杂志陆续发表(如McCully et al.,2004;Giles et al.,2006;Barros et al.,2011)。科学家们对寒温带及热带地区的部分水库观测发现,这些地区具有很高的CO_2及CH_4水面释放通量(Santos et al.,2006;Ramos et al.,2009;Guérin et al.,2006;Fearnside et al.,2004;Tremblay et al.,2004)。尤其是在一些热带地区的电站型水库,其生产单位电力所释放的CO_2当量甚至远大于火力发电产生的CO_2当量(Fearnside at el.,2001,2002)。这些研究结论结合其他一些关于水库的负面报道使得人们开始激进地看待大坝继续存在的必要性(Milliman et al.,1997;Ledec et al.,2003;Hart et al.,2002;Stokstad et al.,2006)。

一些较为激进的团体,如International Rivers Network(IRN)、Save the Mekong Coalition(SMC),由此进一步否认了水能开发的必要性。然而,这一认识并没有获得广泛认同。相反,以水能企业为主体的研究团队认为,水电水库的"碳排放"被严重地夸大了,一些水库甚至表现为"碳汇"。针对同一环境事件,出现截然不同的认识,并都获得了详细的科学研究支撑。这一方面显示水库"碳效应"具有明显的空间异质性;另一方面也表明科学界对水库"碳效应"认知的差异。此外,缺乏标准化的测量技术和评估方法,也极大地增大了人们对水库碳排放的认识分歧。为统一研究结果的可对比性,UNESCO/IHA 于 2009 年联合推荐了一套"人工淡水水库温室气体测定方法及评估导则"。

尽管对人工水库碳排放强度、总体碳/源汇关系等方面还存在重要的认识差异,这并没有妨碍一些学者对水库碳排放进行全球性估算,如 St. Louis, et al. (2000)、Barros, et al. (2011)、Raymond, et al. (2013)。由于在全球水库水面积数据、水气交换系数设定、引用文献的代表性等方面存在差异,这些估值表现出较大的变化。最早对全球水库温室气体(Greenhouse Gas, GHG)释放估算发表于 2000 年。估算表明全球水库甲烷释放量为 48 Tg · a^{-1},接近全球人为甲烷释放量的 20%(St. Louis et al., 2000)。Lima(2008)估算了全球水电型水库的甲烷释放量,达到 100 Tg CH$_4$ - C · a^{-1}。最近的估算则明显低于前期结果,全球水电型水库仅释放 48 Tg CO$_2$ - C · a^{-1} 和 3 Tg CH$_4$ - C · a^{-1},这一数值仅为陆地水文系统碳释放总量的 4%(Barros, 2011)。Hertwich(2013)进一步修正了这一估算,全球水电型水库释放量为 76 Tg CO$_2$ - C · a^{-1} 和 7.3 Tg CH$_4$ - C · a^{-1}。Deemer(2016)综合了 CO$_2$ 和 CH$_4$ 的温室效应潜力,得出了全球水库碳排放值 0.8(0.5~1.2)Pg(1 t CH$_4$ = 25 CO$_{2e}$,即 1 t 甲烷的二氧化碳当量是 25 t)。

除了估算结果之间的不统一之外,这些研究结果全球性推广至少还存在几个方面的问题:① 国际上在寒温带、热带水库的研究结论——充足的有机质供应是水库中温室气体产生并向大气释放的必要条件——缺乏广泛的外推意义。对水库而言,来自流域的外源性有机质输入、水库初级生产力提高带来的自生有机质,以及水坝建成后大量淹没的库区原生植被,都会在随后的降解过程中逐渐向水体释放无机形式的营养盐(包括 N、P 等),同时释放温室气体(如CO$_2$、CH$_4$ 等),并构成水库温室气体的重要来源。在寒温带地区,水坝建设往往淹没大量富含有机质的泥炭、沼泽地,从而为 GHG 产生提供碳源。此外,热带地区往往具备很高的生物量,建坝导致的淹没区植被在其随后的水下降解过程能够产生大量的 CH$_4$ 及 CO$_2$ 等温室气体。相比之下,亚热带地区水库的相关工作明显不够,因此在全球估算中存在较大的数据空白区域。例如,中国是水库大国,仅长江流域内就已建成了 40 000 多座大小各型水库,全国则超过10 万座。由于中国水库大多处于亚热带地区,而且水库在拦截蓄水前执行严格的清库工作,和热带水库相比,中国大部分水库显然没有大量的有机质淹没情况。在中国西南地区的研究工作也证实西南地区部分水库水面 CO$_2$ 释放通量与自然湖泊相差不大(喻元秀等,2008)。此外,一些报道也证实:随着水库运行时间的增加,水库温室气体释放水平将逐渐接近临近的天然湖泊(Tremblay et al., 2004;Åberg et al., 2004;Campo et al., 1998)。水库 GHG 产生、释放还受到水库的水动力条件、水库运行时间、水坝泄水方式等多种因素的制约。此外,由于河流普遍实行梯级水能开发,在河流径向上的各级水库在水体停留时间、水体分层结构等方面存在巨大差异,现有的利用纬度模式或库龄模式进行的全球水库碳排放推广估算可能存在很大的不确定性(Barros et al., 2011)。有必要针对不同气候带、不同类型水库开展相关工作。这一方面是水库温室效应科学评估的需求,另一方面也是水库碳排放的全球尺度推广计算的依据(汪福顺等,2017)。② 天然水域也可能是温室气体的来源。评估河流拦截筑坝后的温室气体释放,必须了解建坝前相关水域的温室气体本底状况。与全球碳循环主要界面(如大气-

生物圈、大气-海洋等)相比,全球河流入海碳通量份额很小,约为 0.9 Pg C · a^{-1}(Abril et al.,2000;Dyrssen et al.,2001;Meybeck et al.,1982)。因此,陆地水文系统与大气之间的碳交换常常被忽略。事实上,河流碳迁移并不限于向海洋输送。近年来的研究表明:河流系统也可以向大气释放大量 CO_2(Raymond et al.,1997;Richey et al.,2002;Mayorga et al.,2005)。这是由于许多河流、湖泊以及边缘海中溶解 CO_2 分压都被观测到显著高于大气 CO_2分压(Bakker et al.,1999;Barth et al.,1999;Cole et al.,2001;Galy et al.,1999;Hélie et al.,2002;Jarvie et al.,1997;Semiletov et al.,1996;Telmer et al.,1999)。当进一步考虑陆地水文系统与大气之间碳交换研究的最新成果,从陆地生态系统进入河流系统中的碳实际上可能远高于其入海碳通量。如过去十多年中,一些针对河流水气碳交换的区域性估算及其全球性推广计算表明,陆地水文系统每年向大气释放的 CO_2 达到 1.0 Pg C · a^{-1}(Richey et al.,2002)。最新的估算则表明,这一数值为 2.1 Pg C · a^{-1}(Raymond et al.,2013)或 3.28 Pg C · a^{-1}(Aufdenkampe et al.,2011)。显然,河流水气碳通量明显高于河流碳入海通量,这一数值足以平衡陆地生态系统净碳汇量。但是长期以来,河流一直被认为是被动地向海洋传输物质和能量,在全球碳循环中这部分碳并没有受到重视。因此,计算水库温室气体释放时必须扣除河流筑坝前相关水域的温室气体自然释放量。然而,目前还没有涉及水库温室气体“净通量”的研究报道。现行的水环境影响评估体系对于水库温室气体仍是缺位和滞后于工程实践的。
③ 水库具备碳吸收和碳排放的双重特性。河流拦截蓄水形成水库后,水生生态系统由以底栖附着生物为主的“河流型”异养体系逐渐向以浮游生物为主的“湖沼型”自养体系演化(Saito et al.,2001)。水库的光合固碳能力将得到加强。受营养盐累积刺激、水生光合作用将水体中的无机生源物质大致按照 Redfield 比同化为有机质(Redfield,1958),造成无机生源物质参加生物循环而滞留在水库生态系统中。从流域层面来看,这一过程促进无机碳(一部分来自水体、一部分来自大气)向有机碳转化,并部分滞留在流域内。从这个意义上,发育成熟的水库可以起到一定程度的碳汇效应。以长江流域为例,我们通过历史数据的研究中也发现长江数十年来溶解 Si 及 CO_2 含量下降显著(Wang et al.,2007;长江水文年鉴,1962~1984)。而这一现象已经成为世界河流的共同趋势(Li et al.,2007;Koszelnik et al.,2007;Duan et al.,2007;Neal et al.,2005;Jossette et al.,1999;Humborg et al.,2006;Conley et al.,2000)。相关研究认为,拦截筑坝后发育的水库生态系统,增强了初级生产力,同时导致河流溶解硅通量降低(Humborg et al.,1997,2006;Wang et al.,2010)。这说明逐渐水库化的河流比原始的河流状态能够产生更多的有机碳。例如,在对河道型水库(赣江万安水库)表层水中 CO_2 分压的连续走航观测中也发现:在水体相对静止的坝区 CO_2 分压最低(600~1 000 μatm),而河流特征更为明显的上游库区水体 CO_2 分压显著高于大气水平,达到 2 000 μatm 以上(图 7-1)。此项观测与目前报道的热带水库 CO_2 释放数据存在了很大的差异(Rosa et al.,2004)。此外,在对西南梯级水库的研究中证实,随着水库初级生产力的增加,水库表层在夏季能大量吸收大气 CO_2(Wang et al.,2011)。

尽管水库水体表明存在一定程度碳吸收,但河流拦截蓄水后,随着水动力条件的逐渐减弱,水库水柱剖面上往往形成季节性热分层。此外,来自流域的外源有机质以及水库光合过程形成的内源有机质在沉积物表层或下层水体中降解。因此在水体分层期间,水库下层水体往往具有很高的温室气体分压(喻元秀等,2008;刘丛强等,2009;刘小龙等,2009)。由于多数电站型水库往往采取底层泄水发电方式,水库底层水中溶解的温室气体(包括 CH_4、CO_2、N_2O)将随之大量释放(Guérin et al.,2006)。这过程中,水轮机及下游河道一定距离范围内是水体

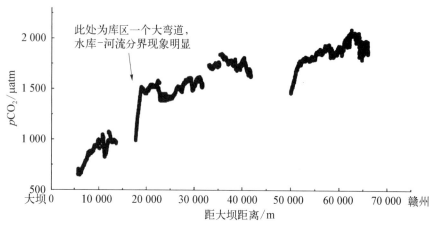

图 7-1 赣江万安水库水面水体中溶解 CO_2 分压(5 月)(梅航远等,2011)

中溶解气体的主要释放通道。尽管科学家们已经认识到水库下泄水通道可能成为温室气体释放的重要途径,但是现有的研究还主要集中在水库水面的温室气体释放,对下泄水中过饱和的温室气体关注仍然不够。

中国是水坝大国。截至 2007 年底,全国已建成各类水库 86 353 座,水库总库容 6 924亿 m^3(未含港、澳、台地区),在世界上排第四,占世界总库容的 9.9%。其中,已建在建 30 m以上大坝数为 4 685 座(中国大坝协会,www.chincold.org.cn)。随着西南水电开发的深入,将会建成更多的大型水坝。事实上,我国几乎所有的主要河流都受到不同程度的筑坝拦截影响,"蓄水河流"已经成为我国河流的普遍现象和重要特征。从分属二级流域来看,区内梯级水库基本实行以龙头水库为枢纽的联合调度模式。换言之,枢纽工程承担主要的蓄水、防洪、拦沙及发电等综合功能,中小型水库则主要承担发电功能。受此影响,各级水库在流域水能开发中定位不同。相应地,在流域物质循环规律中,各级水库亦扮演不同角色。在这样的水循环背景下,讨论水库的碳效应,显然应从梯级开发的整体观来看待。本项研究主要围绕中国西南地区乌江流域的一系列梯级水库群展开观测,详细认识了不同类型水库的 GHG 排放特征,以及水库不同区域的 GHG 产生机制和排放通量,并提出了亚热带地区水库 GHG 排放模式。

7.1 研究区域和研究方法

7.1.1 研究区域

为了解河流被水坝拦截后水环境的时空变化情况,我们于 2006 年 4 月、7 月、10 月和2007 年 1 月对乌江十流中、上游已建成的 6 座水库的入库河流、入库河流汇合后 500 m、水库坝前及出库水体进行采样,入库河流和出库水体只采集表层水样,库区水体分别按表层及水深5 m、10 m、20 m、40 m、60 m、80 m 进行分层采样。采样点位见图 7-2。

7.1.2 研究方法

对水温、pH、HCO_3^- 浓度进行现场测试,并在实验室分析了各水样的阴离子(Cl^-、NO_3^-、

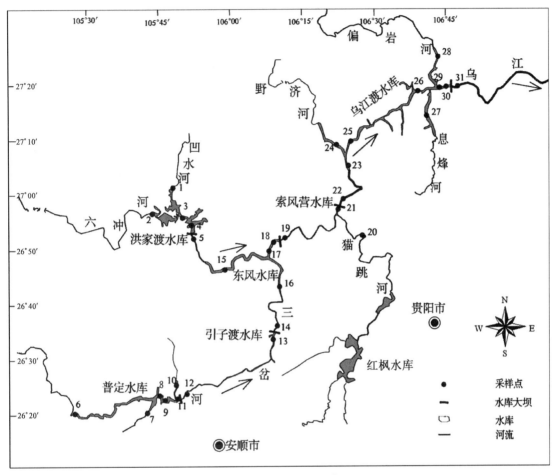

图 7 - 2　采样点布置示意图

SO_4^{2-})、阳离子(K^+、Na^+、Ca^{2+}、Mg^{2+})、DSi、溶解有机碳(DOC)、颗粒有机碳(POC)及同位素组成($\delta^{13}C_{POC}$)等地球化学参数,并通过计算法获取样品中溶解 CO_2 浓度。

7.2　乌江流域干流梯级水库-河流体系 CO_2 释放通量

7.2.1　乌江干流梯级水库群 pCO_2 分布特征

7.2.1.1　表层水体 pCO_2 分布特征

对乌江干流梯级水库的研究表明:总体上,水库表层水体中 pCO_2 秋季最高,春季最低;出库水体中 pCO_2 均高于入库水体。研究区水库春季、夏季、秋季、冬季出库水体中 pCO_2 平均值比入库水体中 pCO_2 分别高 27.40%、114.70%、76.57%、82.77%(图 7 - 3),除引子渡水库外,其余水库出库水体中 pCO_2 年均值均高于入库水体(表 7.1),说明水体经水库过程后 pCO_2 值增高。此外,具有较短水体滞留时间的河道型水库,如引子渡水库和索风营水库,其库区坝前表层水体中各季度的 pCO_2 值均分别高于其上游普定水库和东风水库库区坝前同一时期的值,这说明水库水体滞留时间对 pCO_2 值具有重要影响(图 7 - 3)。

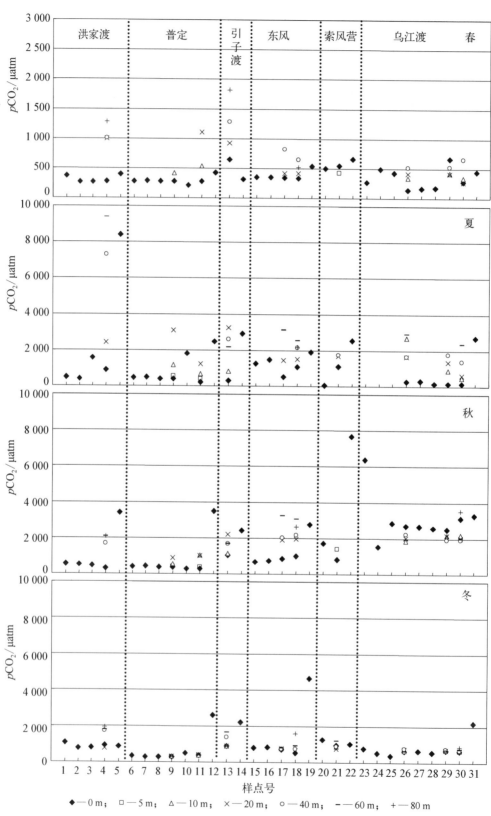

图 7-3　乌江流域中上游各水库 $p\mathrm{CO_2}$ 时空分布图

研究区除普定水库坝前表层水体外,其余各表层水体 pCO_2 的年均值均高于大气中 pCO_2 值(380 μatm),说明研究区水体是大气 CO_2 的源。总体上,出库水体中 pCO_2 均高入于入库水体,尤其是作为龙头水库的洪家渡水库和普定水库,其出库水体中年均 pCO_2 分别比出库水体中 pCO_2 高 178.90% 和 371.66%(表 7.1)。

表 7.1　研究区各水库表层水体 pCO_2 年均值

水 体 性 质	洪家渡	普定	引子渡	东风	索风营	乌江渡	各水库平均
入库水体/μatm	554	478	2 254	1 951	1 676	2 096	1 501
坝前水体/μatm	599	287	719	733	853	1 050	707
出库水体/μatm	1 546	2 254	1 961	2 463	2 969	2 141	2 222
出库水体与入库水体差值百分比/%	178.90	371.66	−12.98	26.27	77.15	2.13	48.01
出库水体与坝前水体差值百分比/%	158.37	684.69	172.69	236.24	248.13	103.95	214.48

注：差值百分比为正时,表示表底层水体中的值比表层水体中的高;为负时,则相反。

7.3.1.2　水体剖面特征

由图 7-3 可以看出,pCO_2 随水深的增加而增加,底层水体中 pCO_2 的值远高于表层水体中的值。研究区各水库春季、夏季、秋季、冬季各水库底层水体中 pCO_2 平均值比表层水体中 pCO_2 分别高出 168.18%、566.03%、91.28%、90.78%,由此看出,在垂直剖面上,pCO_2 在夏季的差异最大。受光透深度的影响,水体深部生物活动主要以呼吸作用为主;上层水体则以光合作用为主。夏季水库水体中温度达到最高,新建水库中被淹没的以及来自河流输入的有机质分解加快,使得水库底部 CO_2 分压增高。同时由于水库夏季温度分层,水库上下层水体交换缓慢,因此上层水体 CO_2 分压与底层水体相差较大。上层水体中的光合作用也会吸收水体溶解二氧化碳,导致其分压降低。

就全年平均而言,研究区各水库坝前剖面水体中 pCO_2 值均是随着水深的增加而增加,且底层水体中 pCO_2 值也远高于表层水体(表 7.2)。研究区水库中,洪家渡水库的这一差异最为明显,差值百分比达到 513.58%(表 7.2 和图 7-3),这主要是因为洪家渡水库既是一座新建水库(2004 年蓄水),又是乌江北源的龙头水库,且其淹没面积最大,在夏季,水库底部被淹有机质和河流来源的有机质大量分解,使得底层 pCO_2 增高。研究区下游乌江渡水库的表层和底层 pCO_2 差异最小(图 7-3 和表 7.2),虽然上游干流来源的有机质被层层拦截,输入量较小,但由于其建库时间最长(1979 年蓄水),其右岸支流息烽河长期以来高含量磷的输入,使得该

表 7.2　研究区各水库坝前剖面表层和底层 pCO_2 年均值

水 体 性 质	洪家渡	普定	引子渡	东风	乌江渡	各水库平均
表层水体/μatm	599	287	719	733	1 005	669
底层水体/μatm	3 672	956	1 831	1 724	2 258	2 088
底层水体与表层水体差值百分比/%	513.58	232.90	154.57	135.36	124.55	212.34

注：差值百分比为正时,表示表底层水体中的值比表层水体中的高;为负时,则相反。

水库水质富营养化,在夏、秋季浮游植物大量生产,在秋季降解强度增大,从而使得水体中 pCO_2 值增高,而随着水深的增加,其有机质含量降低,分解作用产生的 pCO_2 含量逐渐减少,使得下层水体中 pCO_2 降低,使得该水库中 pCO_2 全年均值上、下层差异缩小。

7.2.2　乌江干流梯级水库 CO_2 释放通量

水气界面 CO_2 交换通量受以下几个因素的影响:水体中 pCO_2 与大气中 pCO_2 的分压差;气体交换系数,而气体交换系数又受流速、风速、温度等因素影响。水气界面 CO_2 交换通量可由式(7.1)计算(Wang et al.,2007;Yao et al.,2007;Kelly et al.,1994):

$$F = K(C_{water} - C_{air}) \tag{7.1}$$

式中:F 为水气界面扩散通量(mmol·m^{-2}·d^{-1}),$F>0$ 表示水体向大气中释放 CO_2,$F<0$ 表示水体吸收 CO_2;C_{water} 为水体中实测溶解 CO_2 浓度;C_{air} 为中大气 CO_2 浓度;K 为气体交换系数。由于研究区与红枫湖均位于乌江流域,基本位于同一纬度带上,其气候条件相似,对应的 CO_2 气体交换系数参照红枫湖的取值,即为 $0.5\sim0.8$ m·d^{-1}(王仕禄等,2003),计算出各水体水气界面 CO_2 交换通量。交换通量的上、下限分别采用气体交换系数的上、下限代入式(7.1)进行计算而得。对于出库水体而言,由于其流速较大,其气体交换常数实际上大于入库水体和库区表层水体的值。为便于对比,本文采用保守计算方式,取值与入库水体和库区表层水体一致,实际扩散通量大于本处计算值。

7.3.2.1　入库水体

各水库入库水体中水气界面 CO_2 的扩散通量见表 7.3。就全年平均而言,各水库入库水体 CO_2 水气界面交换通量均为正值,说明各水库的入库水体总体上均为大气 CO_2 的源。位于梯级水库最上游的洪家渡水库和普定水库的入库水体中水气界面的 CO_2 扩散通量明显低于下游水库入库水体的 CO_2 扩散通量,主要是由于上游水库出库水体是下游水库的入库水体之一。

在季节变化上,就各水库 CO_2 平均扩散通量而言,研究区水库入库水体中平均水气界面 CO_2 扩散通量表现为春季<冬季<夏季<秋季,其中春季 CO_2 平均扩散通量为负值,是大气 CO_2 的"汇",其余季节 CO_2 平均扩散通量均为正值,是大气 CO_2 的"源"。由于各水库入库水体来源不同,各水库 CO_2 平均扩散通量的季节变化也不相同,具体情况见表 7.3。

表 7.3　研究区各水库入库水体水气界面 CO_2 平均扩散通量

单位:mmol·m^{-2}·d^{-1}

时　间	洪家渡	普定	引子渡	东风	索风营	乌江渡	各水库平均值
春季	−1.70	−3.56	1.25	−0.71	3.96	−0.18	−0.16
夏季	1.89	15.67	61.52	153.26	17.64	10.70	43.45
秋季	4.43	−0.27	90.33	73.26	54.21	93.59	52.59
冬季	15.64	−0.49	64.39	33.34	74.59	8.60	32.68
年平均值	5.06	2.84	54.37	64.79	37.60	28.18	32.14

7.3.2.2　库区表层水体

各水库库区表层水体中水气界面 CO_2 的扩散通量见表 7.4。除普定水库外,各水库库区坝前表层水体中 CO_2 水气界面年均交换通量均为正值,说明各水库的表面总体上均为大气

CO_2 的源,与入库水体变化趋势一致。位于梯级水库最上游的洪家渡水库和普定水库的表层水体中水气界面 CO_2 扩散通量年均值也低于下游水库表层水体的 CO_2 扩散通量平均值。

表 7.4　研究区各水库库区表层水体水气界面 CO_2 平均扩散通量

单位: $mmol \cdot m^{-2} \cdot d^{-1}$

时　间	洪家渡	普定	引子渡	东风	索风营	乌江渡	各水库平均值
春季	−2.93	−3.10	7.78	−1.28	4.73	−3.02	0.36
夏季	14.65	−5.02	−2.52	19.82	20.83	−6.56	6.87
秋季	−2.03	−2.67	19.06	18.02	13.12	79.94	20.91
冬季	15.67	0.03	15.06	4.35	16.19	7.37	9.78
年平均值	6.34	−2.69	9.85	10.23	13.72	19.43	9.48

在季节变化上,就各水库 CO_2 平均扩散通量而言,研究区水库入库水体中平均水气界面 CO_2 扩散通量表现为春季<夏季<冬季<秋季,各季节 CO_2 平均扩散通量均为正值,是大气 CO_2 的"源"。由于受入库水体的影响,各水库 CO_2 平均扩散通量的季节变化也不相同,具体情况见表 7.4。

由于洪家渡、普定、引子渡、东风、索风营和乌江渡水库的水库面积分别为 80.5 km^2、20.61 km^2、13.88 km^2、19.06 km^2、5.7 km^2 和 47.8 km^2,由此计算出洪家渡、引子渡、东风、索风营和乌江渡水库表面每年分别向大气中释放 CO_2 8 197.06 t、2 194.68 t、3 131.07 t、1 255.79 t、14 919.40 t,普定水库表面则吸收 890.85 t CO_2。扣除吸收量,研究区水库表面每年共计向大气中释放 28 807.16 t CO_2。

7.3.2.3　出库水体

各水库出库水体中水气界面 CO_2 的扩散通量见表 7.5。除引子渡水库出库水体 CO_2 平均扩散通量在春季时为负值外,其余各水库各季节出库水体中 CO_2 水气界面交换通量均为正值,说明各水库的出库水体均为大气 CO_2 的"源"。

表 7.5　研究区各水库出库水体水气界面 CO_2 平均扩散通量

单位: $mmol \cdot m^{-2} \cdot d^{-1}$

时　间	洪家渡	普定	引子渡	东风	索风营	乌江渡	各水库平均值
春季	0.38	1.25	−1.80	4.50	8.07	1.89	2.38
夏季	233.22	61.52	73.30	44.25	62.97	66.94	90.37
秋季	87.52	90.33	58.99	69.32	211.31	83.83	100.22
冬季	13.64	64.39	53.04	123.70	18.11	51.71	54.10
年平均值	83.69	54.37	45.88	60.44	75.11	51.09	61.77

在季节变化上,就各水库 CO_2 平均扩散通量而言,研究区水库出库水体中平均水气界面 CO_2 扩散通量表现为春季<冬季<夏季<秋季,且其 CO_2 平均扩散通量均为正值,是大气 CO_2 的"源"。各水库出库水体中 CO_2 平均扩散通量的最低值均出现在春季,而最高值出现的季节各不相同,洪家渡水库和引子渡水库的 CO_2 平均扩散通量最高值出现在夏季,普定水库、索风营水库和乌江渡水库 CO_2 平均扩散通量最高值则出现在秋季,只有东风水库的 CO_2 平均扩散通量最高值出现在冬季。

7.3.2.4　河流-水库体系水气界面 CO_2 扩散通量变化

由图 7-4 可以看出,就各单个水库 CO_2 扩散通量而言,洪家渡水库为入库水体<库区表层水体<出库水体,引子渡水库和洪家渡水库由于其入库水体分别为普定水库出库水体、引子渡水库和洪家渡水库出库水体,其入库水体的水气界面 CO_2 扩散通量高于出库水体,其余水库均为库区坝前表层水体<入库水体<出库水体。

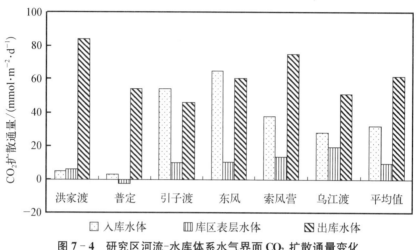

图 7-4　研究区河流-水库体系水气界面 CO_2 扩散通量变化

水库的梯级顺序开发,上游高 CO_2 浓度的水体为下游水库的主要入库水体,使得在整个梯级水库序列中,下游水库库区表层水体的水气界面 CO_2 扩散通量均高于上游水库表层水体(图 7-4)。

就全年平均而言,研究区水气界面 CO_2 扩散通量变化特征为库区坝前表层水体最低,出库水体最高,出库水体分别是入库水体和库区表层水体的 1.92 倍和 6.51 倍。由此可以看出,在对水库 CO_2 扩散通量进行研究时,其水库泄水对大气 CO_2 的影响不容忽视。

7.2.3　与世界上其他地区水库水气界面 CO_2 扩散通量的比较

目前水气界面 CO_2 扩散通量的计算方法主要有计算法和通量箱法。经 Kelly 和 St.Louis 等研究表明(Kelly et al. 1994; St.Louis et al. 2000),这 2 种方法所获得的水气界面 CO_2 扩散通量具有较好的一致性,计算中由于没有考虑冒泡释放 CO_2 通量,值相对偏低,但由于冒泡中溶解气体含量主要为甲烷,CO_2 含量很低,对整体结果影响很小,因此,这 2 种方法所获 CO_2 扩散通量具有可比性。

由表 7.6 可以看出,除普定水库外,其余水库均表现为 CO_2 的源,向大气中释放 CO_2。与世界上其他气候带水库相比,研究区水库的释放通量相对较低,但与王仕禄、刘丛强等对云贵高原湖泊及红枫湖(也为人工水库,其营养程度与乌江渡水库相当)的研究结果相近(王仕禄等,2003;刘丛强等,2007),主要是由于这些水库均位于亚热带季风气候带,且为山区峡谷型水库。但是,其出库水体(即水库泄水水体) CO_2 释放通量平均值是库区表层水体的 6.51 倍。由于目前对水库温室气体的研究主要集中在对水库库区水体的释放通量上,未见对水库泄水的 CO_2 释放通量的研究报道。本研究显示,水库泄水的 CO_2 释放问题极为重要。

表 7.6　世界上不同地区水库中水气界面 CO_2 交换通量

水 库 名 称	所属国家	气候带	水气界面 CO_2 交换通量/$(mmol \cdot m^{-2} \cdot d^{-1})$	数 据 来 源
Lokka	芬兰	温带	24.00	Huttunen et al., 2003
Porttipahta	芬兰	温带	35.00	Huttunen et al., 2003
Hydro-Quebec	加拿大	温带	25.00	Chamberland et al., 1996
Laforge-1	加拿大	温带	52.27	St.Louis et al., 2000
Robert-Bourassa	加拿大	温带	34.09	St.Louis et al., 2000
Eastmain pinica	加拿大	温带	78.41	St.Louis et al., 2000
Cabonga	加拿大	温带	31.82	St.Louis et al., 2000
Revelstoke	加拿大	温带	50.00	St.Louis et al., 2000
Kinsbasket	加拿大	温带	12.05	St.Louis et al., 2000
Arrow	加拿大	温带	29.55	St.Louis et al., 2000
Whatshan	加拿大	温带	15.23	St.Louis et al., 2000
Miranda	巴西	热带	98.59	Santos et al., 2006
Tres Marias	巴西	热带	25.39	Santos et al., 2006
Barra Bonita	巴西	热带	90.57	Santos et al., 2006
Segredo	巴西	热带	61.25	Santos et al., 2006
Xingo	巴西	热带	139.50	Santos et al., 2006
Samuel	巴西	热带	361.77	Santos et al., 2006
Tucurui	巴西	热带	192.61	Santos et al., 2006
Curua-Una	巴西	热带	65.91	St.Louis et al., 2000
Serra da Mesa	巴西	热带	90.91	St.Louis et al., 2000
云贵高原湖泊	中国	亚热带	10.00	王仕禄等,2003
红枫湖	中国	亚热带	20.20	刘丛强,2007
洪家渡水库	中国	亚热带	6.34	本研究
普定水库	中国	亚热带	−2.69	本研究
引子渡水库	中国	亚热带	9.85	本研究
东风水库	中国	亚热带	10.23	本研究
索风营水库	中国	亚热带	13.72	本研究
乌江渡水库	中国	亚热带	19.43	本研究

7.3　乌江支流——猫跳河梯级水库群 CO_2 释放

猫跳河是乌江中、上游重要支流,也是我国第一条已完成全流域水能开发的河流。该河自龙头水库(红枫水库)以下,基本无重要支流汇入,仅下游有修文河汇入,这为认识水库 CO_2 释放的梯级效应提供了良好的实验场所。

7.3.1　猫跳河梯级拦截背景下的河流水质不连续

水体水温是水质参数的基础指标。水体中的热传递是一个复杂的热力学和流体力学过程,河流水体经水坝拦截后所形成的水库中热平衡的不均匀化极易引起水库水体在空间上的变化。研究区表层水体春、夏、秋、冬各季节平均温度分别为 13.0 ℃、24.5 ℃、19.2 ℃、12.1 ℃。图 7-5 采用沿程月际变化来反映河流经过水库过程后表层水温的变化特征。从图 7-5 可以看出,在热季,河流经过水库后水温显著下降,造成明显"冷水"下泄现象。而在冷季,由于水体的良好混合,整体上沿程变化较小。这表明梯级水库能够在热季造成河流水温不连续。这与梯级水库的不同程度的季节性热分层状况以及底层泄水发电密切相关。水库的水温结构变化同时为其他分层结构(如化学分层和生物分层)创造了物理基础。

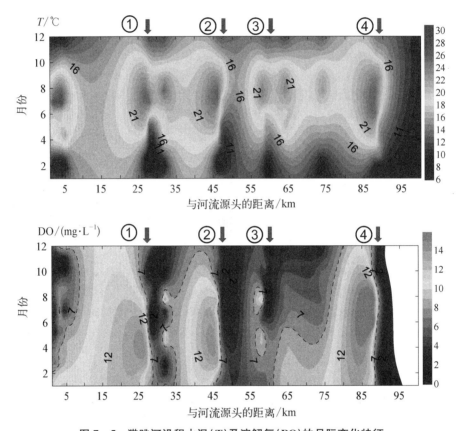

图 7 - 5　猫跳河沿程水温(T)及溶解氧(DO)的月际变化特征

注:①②③④分别指示红枫、百花、修文及红岩水库的大坝位置。虚线表示 DO = 8.1 mg · L⁻¹,代表猫跳河地区的饱和溶解度。

与河流温度不连续相似,猫跳河梯级水库-河流体系同时存在溶解氧(DO)在河流流向上的季节性不连续(图 7 - 5)。溶解氧(DO)是溶解在水中的分子态氧,水体中大部分氧气来自大气。因此,水体与大气接触,复氧能力是衡量水体质量的一个重要指标。氧在水中的溶解度与水中氧的分压、水体温度和水中含盐量密切相关。在 1 atm、25 ℃条件下,氧气在水中达到饱和时的溶解度大约为 8.32 mg · L⁻¹,清洁地表水 DO 一般接近饱和。白天,藻类的光合作用释放氧气;晚上,其呼吸作用又消耗氧气,同时其有机残体的降解也会消耗氧气。有机或无机还原性物质的输入也会使水体中的 DO 含量降低。因此,湖泊(水库)水体中溶解氧的浓度及时空分布动力学是了解水生生物群落分布、行为及生物量的基础参数之一,对氧化还原敏感元素及其化合物在水体中的分布也具有非常大的影响。DO 是湖泊中需氧水生生物新陈代谢的关键因素,DO 的分布还影响了其他一些元素的溶解和沉淀过程。湖泊水体中 DO 的分布主要与水温控制的溶解平衡、水动力条件、光合作用强度、化学氧化和生物新陈代谢耗氧过程等因素有关,并实时反映了水体中呼吸/光合平衡。从图 7 - 5 可以看出,在 4 座坝体的拦截下,猫跳河沿程表层水体出现 DO 季节性不连续,即水库表层水体呈现 DO 过饱和状态,水库泄水出现缺氧状态。其中,修文水库由于水体滞留时间很短,水库水体混合良好,这一现象并不明显。

在水库季节性热分层的基础上,水库表层水体光合作用得到增强,这导致水体中 DO 含量增加;同时水库下层水体则以有机质分解过程为主。在水库底层泄水发电的作用下,低 DO 及低温的水体向下游释放。这导致水温和 DO 的季节性不连续。冷季由于水体热分层消失,水体混合良好,因此在河流流向上不存在水质不连续现象。

在淡水体系中,光合作用过程优先利用水体中溶解 CO_2(常用 CO_2 分压表示)。在天然水体的 pH 范围内,溶解 CO_2 在水体碳酸盐平衡体系中所占份额很小。因此,水生光合作用的增强往往导致水体中 pCO_2 迅速下降,甚至低于大气水平(390 ppm),导致溶解 CO_2 成为水生浮游植物生长的限制性因素。受碳酸盐平衡体系的影响,pCO_2 的下降,导致水体中 pH 上升。根据溶解 CO_2 在水体的分配特征,pH>8.3 用来划分溶解 CO_2 限制性标准,即 pH>8.3 表明水体光合作用强烈,溶解 CO_2 含量对浮游植物而言逐渐构成限制性因素。同时对水体中碳酸盐体系而言,碳酸钙饱和指数(Calcium Carbonate Saturation Index, SIc)逐渐增加,并可能产生碳酸钙沉积。在水库下层水体中,由于光照穿透深度有限,有机质的分解过程占据主导地位。在耦合水体热分层的情况下,上下水体缺乏有效交换。这使得下层水体 DO 逐渐缺乏、pCO_2 增加;相应地,水体 pH 下降、SIc 向碳酸钙不饱和方向发展。因此,在水库的底层泄水发电模式将导致低温、低 DO、低 pH 以及低 SIc 的水体向下游释放(图 7-6)。梯级水库-河流体

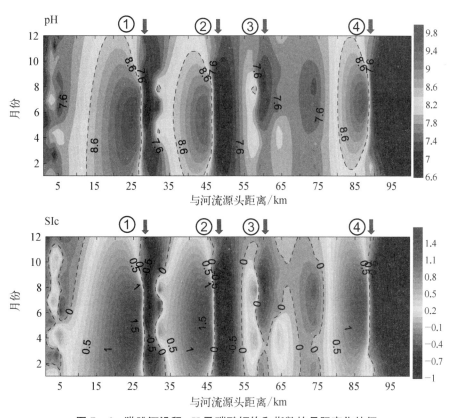

图 7-6　猫跳河沿程 pH 及碳酸钙饱和指数的月际变化特征

注:①②③④分别指示红枫、百花、修文及红岩水库的大坝位置。虚线分布代表 pH=8.3,SIc=0

系的这种水质不连续特征对水气界面 CO_2 交换产生了重要影响。

7.3.2 猫跳河梯级水库热分层与化学(pCO_2)分层

梯级拦截后,河水水质呈现流向上季节性不连续。显然,水库的分层状况以及底层泄水发电是造成这一现象的主要因素。河流拦截蓄水形成人工水库,一个重要的特征是水库可能在水柱剖面上发育水体季节性热分层及化学分层。其中,水温是水体重要的物化参数之一,其直接影响水体中水生生物的成长、繁殖,同时水体温差的出现能引起水库水体对流,结果造成物质迁移流场的改变。水体温度的高低是水体对外界自然气候综合反映的结果,表层水体温度的变化反映出水体对太阳辐射吸收的强弱。太阳辐射强度表现出明显的季节性差异,因此水体温度也表现出季节性的变化。水体中的热传递是一个复杂的热力学和流体力学过程,河流水体经水坝拦截后所形成的水库中热平衡的不均匀化极易引起水库水体水化学组成在空间上的变化。

猫跳河各水库库区垂直剖面上,水温变化具有明显的季节差异。图 7-7 显示,温度梯度从 4 月逐渐发育。红枫、百花、红岩水库在 7 月出现明显的温跃层。从 9 月份开始,温度梯度逐渐消失,表明水体混合良好。修文水库由于过水时间快,没有形成明显的温度分层。由于该地区水库采用底层泄水方式进行发电,水库泄水显然应该具有水库下层水体的物化特征。

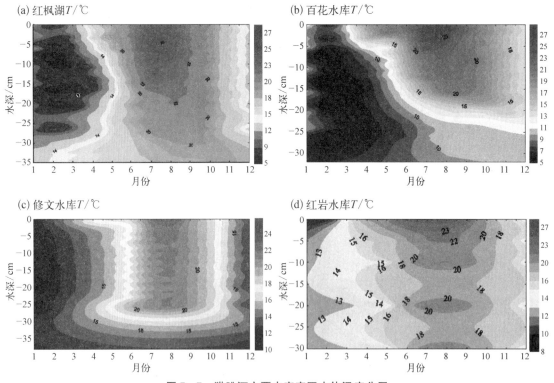

图 7-7 猫跳河主要水库库区水体温度分层

由于水库水温季节性分层的出现,水库水体在垂直方向上的交换呈现季节性受阻,水体水化学分层因此往往伴随热分层事件发生。例如,对水体水质状况最具指示意义的 pH 及 DO 指标就出现相似的分层状况。

在水库水体热分层状况的物理基础上,猫跳河梯级水库群也发育了不同程度的 pCO_2 分层(图 7-8)。从水库库区 pCO_2 月际分布来看(图 7-8),随着水库热分层的出现,水库下层水体发育成具有很高 pCO_2 的水层。与之相反,在水库表层出现 pCO_2 低于大气水平的现象。这些水体可以以下泄水方式,以及秋季水体混合期间向大气大量释放 CO_2。以红枫水库为例,从 3 月份开始,一直到 8 月份水库表层近 5 m 范围内出现低 pCO_2 水团。底层水体则长期维持高水平的 pCO_2。进入冷季后,水库上、下水体逐渐混合,分层现象消失。

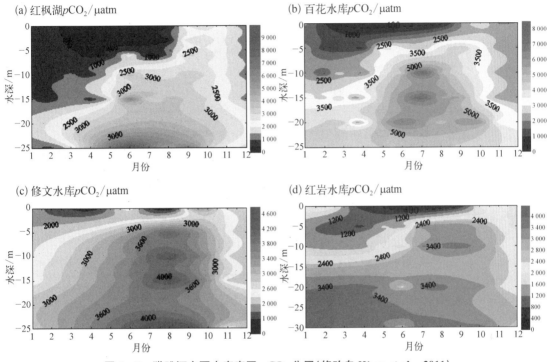

图 7-8　猫跳河主要水库库区 pCO_2 分层(修改自 Wang et al., 2011)

水库的不同调节类型(主要表现为水体滞留时间差异)对 pCO_2 分层现象有重要影响。如修文水库具有日调节特征,水体滞留时间很短,因此难以形成显著的分层现象,总体上保留了河流异养体系的特征。

7.3.3　猫跳河梯级水库-河流体系 CO_2 释放通量(FCO_2)特征

水库表层水体中 pCO_2 与大气 CO_2 存在分压差是水-气界面 CO_2 交换的基础。猫跳河完成全流域开发后,形成 4 座水库、6 级电站的水能开发格局。尽管猫跳河 4 座水库具有相似的地理条件、水库年龄和水文情势,但这些水库水气界面 CO_2 的交换状况呈现显著差异(图 7-9)。这表明,水库的库龄、所处气候带等因素不是造成水库 CO_2 释放通量差异的主要因素。总体而言,这些水库均在冷季具有较高的 CO_2 释放通量。但是在暖季,特别是夏季,研究区水库水气界面 CO_2 扩散通量具有很大差异。例如,红枫、百花、红岩水库水气界面 CO_2 扩散通量在夏季均为负值,表现为吸收大气 CO_2;但是在修文水库,受其短滞留时间的影响,水气界面 CO_2 扩散通量全年均为正值,呈现出天然河流的特征。从年均值来看,红枫水库具有最低的 FCO_2,为 15 mmol·m^{-2}·d^{-1};修文水库则具有最高的 FCO_2,为 47.2 mmol·m^{-2}·d^{-1};百花水库和红岩水库分别为 23 mmol·m^{-2}·d^{-1} 和 24 mmol·m^{-2}·d^{-1}(Wang et al., 2011)。

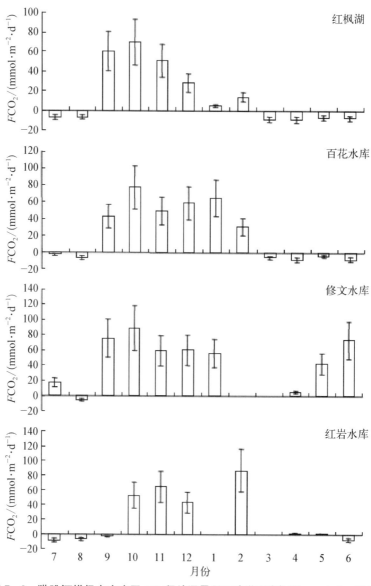

图 7-9　猫跳河梯级水库库区 CO_2 释放通量月际变化(引自 Wang et al., 2011)

　　相比于水库表层水体,水库的下泄水具有相当高的 FCO_2(图 7-10)。通常认为,水库早期淹没的植被分解后释放的 GHG 会在 10 年左右达到稳定状况(文献),因此对于成熟期水库,来自流域输入的外源性有机质,以及水库库区光合过程合成的自生有机质是水库库区 CO_2 产生的主要有机碳源。这些有机碳源在水库中的数量和分解程度是决定水库 GHG 释放量的关键。一方面,水库的沉积作用导致有机质在水库沉积物中堆积,其缓慢分解过程使得水库底层水体出现高 pCO_2 的水团(图 7-8),在缺氧条件下还可能产生高含量 CH_4;另一方面,水电型水库通常采用底层泄水方式进行发电作业和维持下游基流,因此水库泄水具有水库底层水体的水质特征和流速快的特点。在这两种因素共同作用下,水库下泄水具有很高的 FCO_2,并构成水库 CO_2 释放的重要通道。从图 7-10 可以明显看出,相比于水库表层水体,猫跳河梯级水库下泄水全年均保持了相当高的 CO_2 释放通量。显然,水库下泄水的 CO_2 释放问题是值得重视的。

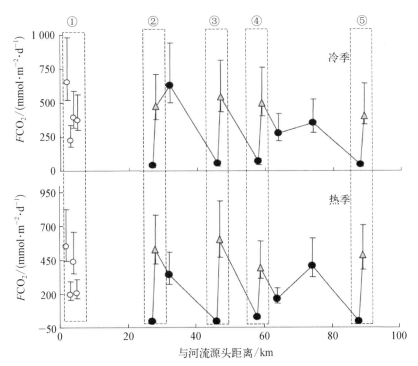

图 7 – 10　猫跳河沿程 FCO_2 变化特征(Wang et al., 2011)

7.3.4　水库 CO₂ 释放的滞留时间模式

目前,世界范围内大量河流已经被广泛拦截筑坝。人工水库成了陆地水文系统中的重要水文景观。水库的修建必然导致河流水体的滞留时间增加。全球尺度上,未受筑坝拦截的河流滞留时间平均为 16～26 d,但受到拦截蓄水的影响,经过流量加权平均计算后,全球河流平均滞留时间已经达到 60 d(Vörösmarty et al.,2000)。在某些强烈调蓄的流域,如黄河,这一值甚至超过 4 年(Ran et al.,2012)。随着滞留时间的增加,水库在水深、水动力、透明度、沉积物搬运、水体层化等方面与天然河流相比发生了显著变化。这一过程不仅改变了天然河流的水文过程,也对以碳为核心的元素生物地球化学循环产生深远影响(Dynesius et al.,1994; Vörösmarty et al.,1997)。河流水库化过程对流域碳循环产生何种影响及其影响途径成了全球碳循环研究的热点课题。其中,水库的 CO₂ 全球排放通量是当前气候变化研究领域以及清洁能源生产领域关注的重点,也是争论较大的科学问题。水库碳排放的全球性估算始于 2000 年(St.Louis et al.,2000)。在过去的十多年中,又陆续进一步修正了前期的估算值(Raymond et al.,2013)。

由于在全球水库水面面积数据、水气交换系数设定、引用文献的代表性等方面存在差异,这些估值表现出较大的变化。因此,在进行大尺度推广运用时,推广依据及其合理性成为制约估算结果可靠性的重要因素(汪福顺等,2017)。Barros 等(2011)率先提出了水库碳排放的库龄模式及纬度模式。由于这 2 种模式没有考虑水库类型差异,其推广估算结果实际上并不精细。事实上,受流域综合水能开发中的定位差异,水库具有不同的调节类型(如从日调节到多年调节等),这主要表现在水体滞留时间的差异上。对于滞留时间较短的水库,如修文水库,其水动力条件、水体浊度、混合状况等方面均接近天然河流,水生生态系统也表现为河流的"异养"特性(Wang et al.,2011)。因此,受到有机质分解作用的影响,水体中通常具有较高的 pCO_2。相反,在具有较长水体滞留时间的水库中,如新安江水库,库区水体通常发育季节性热分层,进一步发育出生物分层及化学分层(Wang et al.,2015)。水生生态系统也更接近天然湖泊的"白养"特征,这导致了水库光合作用的增强,并大量吸收水体中溶解 CO_2,因此显著降低表层水体 pCO_2 水平(汪福顺等,2017)。

由于各个气候带均建设有大量水库,这些水库除滞留时间存在巨大差异外,还受到其他因素的影响,如寒带地区水库存在冰封期、热带地区又具有很大的生物量。这些因素都为建立一种普适性强、具备全球推广性的 CO_2 释放模式带来巨大挑战。因此,本研究认为更为准确的估算全球水库 CO_2 排放量的前提应是建立各种气候带的单独推广模式。在这种思路的指引下,我们根据不同类型水库在滞留时间上的差异性,以及因水库滞留时间变化导致的水库碳循环强度差异特征,总结了温带地区的相关报道,提出了温带地区水库 CO_2 释放的滞留时间模式(图7-11)。研究表明:滞留时间低于 60 d 的水库,库区 CO_2 释放通量明显更高。考虑到采样频次及代表性问题,同时避免气候带跨度过大带来潜在影响,我们进一步统计了处于同一气候带的长江流域部分水库。针对这些水库的研究工作具有相似的研究方法和采样频次。相关分析显示滞留时间模式的相关性进一步提高。这表明,纬度模式具有明显的局限性,未来的工作应聚焦在进一步完善不同气候带的 CO_2 释放滞留时间模式上,为更准确的全球估算服务。

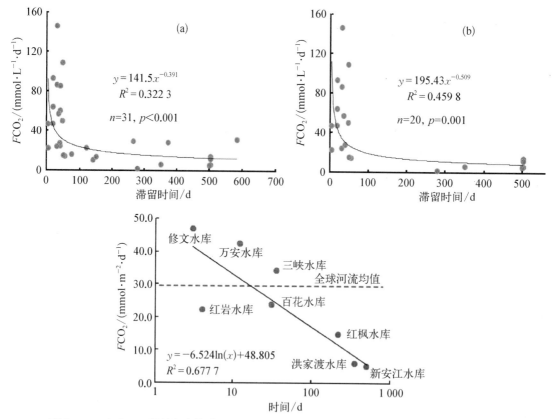

图7-11　水库 CO_2 释放与水体滞留时间的关系(修改自汪福顺等,2017;Wang et al.,2015)

本章系统地研究了乌江上游各梯级水库的溶解二氧化碳分压(pCO_2)的时空分布特征及研究区各表层水体的 CO_2 水气界面扩散通量。研究结果表明,河流经水库作用后水体无机碳体系发生显著变化。总体上,入库水体中溶解 CO_2 分压(pCO_2)低于出库水体。天然水体经水库截留后,水体中 pCO_2 增高,向大气中释放的 CO_2 增加,成为大气 CO_2 的"源"。在垂直剖面上,水体中 pCO_2 随着深度的增加而增大。由于水库为底层泄水,使得出库水体中 pCO_2 增高,CO_2 释放通量显著增大。因此,在研究水库作用过程对大气中温室气体的影响时,水库下泄水的 CO_2 释放问题不容忽视。

参 考 文 献

长江水利委员会.1962-1984.长江水文年鉴.

陈泮勤.2004.地球系统碳循环[M].北京:科学出版社.

方精云,刘国华,徐嵩龄.1996.中国陆地生态系统碳循环及其全球意义[M].北京:中国科学技术出版社.

方精云,朴世龙,赵淑清.2001.CO_2 失汇与北半球中高纬度陆地生态系统的碳汇[J].植物生态学报,25(5): 594-602.

高全洲,沈承德.1998.河流碳通量与陆地侵蚀研究[J].地球科学进展,13(4):369-375.

李晶莹.2003.中国主要流域盆地的风化剥蚀作用与大气 CO_2 的消耗及其影响因子研究[D].青岛:中国海洋大学.

刘丛强.2007.生物地球化学过程与地表物质循环:西南喀斯特流域侵蚀与生源要素循环[M].北京:科学出版社.

刘丛强,汪福顺,王雨春,等.2009.河流筑坝拦截的水环境响应:来自地球化学的视角[J].长江流域资源与环境,(4):384-392.

刘小龙,刘丛强,李思亮,等.2009.猫跳河流域梯级水库夏季 N_2O 的产生与释放机理[J].长江流域资源与环境,18(4):373-378.

吕迎春,刘丛强,王仕禄,等.2008.红枫湖夏季分层期间 pCO_2 分布规律的研究[J].水科学进展,19(1):106-110.

梅航远,汪福顺,姚臣谌,等.2011.万安水库春季二氧化碳分压的分布规律研究[J].环境科学,32(001):58-63.

潘文斌,蔡庆华.2000.宝安湖大型水生植物在碳循环中的作用[J].水生生物学报,24:418-425.

宋长春.2003.三江平原沼泽湿地 CO_2 和 CH_4 通量及影响因子[J].科学通报,44(16):1758-1762.

万国江,白占国,王浩然,等.2000.洱海近代沉积物中碳-氮-硫-磷的地球化学记录[J].地球化学,29(2):189-198.

汪福顺,王宝利.2017.华东地区大型水库 CO_2 释放研究[C].中国矿物岩石地球化学学会第九次全国会员代表大会暨第 16 届学术年会.

王仕禄,万国江,刘丛强,等.2003.云贵高原湖泊 CO_2 的地球化学变化及其大气 CO_2 源汇效应[J].第四纪研究,23:581.

王效科,冯宗伟,欧阳志云.2001.中国森林生态系统的植物碳蓄积和碳密度研究[J].应用生态学报,12(1):13-16.

延晓冬,赵士洞.1995.温带针阔混交林林分碳蓄积动态的模拟模型Ⅰ乔木层的碳储量动态[J].生态学杂志,14(2):6-12.

严国安,刘永定.2001.水生生态系统的碳循环及对大 CO_2 的汇[J].生态学报,21(5):827-833.

于贵瑞.2003.全球变化与陆地生态系统碳循环和碳蓄积[M].北京:气象出版社.

喻元秀,刘丛强,汪福顺,等.2008.洪家渡水库溶解二氧化碳分压的时空分布特征及其扩散通量[J].生态学杂志,27(7):1193-1199.

袁道先,刘再华.2003.碳循环与岩溶地质环境[M].北京:科学出版社.

ABRIL G, ETCHEBER H, BORGES A V, et al. 2000. Excess atmospheric carbon dioxide transported by rivers into the Scheldt Estuary[J]. Comptes Rendus de l'Académie des Sciences-Series IIA-Earth and

Planetary Science，330(11)：761 - 768.

ABRIL G，GUÉRIN F，RICHARD S，et al. 2005. Carbon dioxide and methane emissions and the carbon budget of a 10-year old tropical reservoir (Petit Saut，French Guiana)[J]. Global Biogeochemical Cycles，19(4)：1 - 16.

AUFDENKAMPE A，MAYORGA E，RAYMOND A P，et al. 2001. Riverine coupling of biogeochemical cycles between land，oceans，and atmosphere[J]. Frontiers in Ecology and the Environment，9：53 - 60.

BAKKER D，DEBAAR H，DEJONG E. 1999. Dissolved carbon dioxide in tropical East Atlantic surface waters[J]. Physics and Chemistry of the Earth Part (B)，24(5)：399 - 404.

BARROS N，COLE J J，TRANVIK L J，et al. 2011. Carbon emission from hydroelectric reservoirs linked to reservoir age and latitude[J]. Nature Geoscience，4：593 - 596.

BARTH J，VEIZER J. 1999. Carbon cycle in St. Lawrence aquatic ecosystems at Cornwall (Ontario)，Canada：seasonal and spatial variations[J]. Chemical Geology，159(1 - 4)：107 - 128.

ÅBERG J，BERGSTRÖM A K，ALGESTEN G，et al. 2004. A comparison of the carbon balances of a natural lake (L. Örträsket) and a hydroelectric reservoir (L. Skinnmuddselet) in northern Sweden[J]. Water Research，38(3)：531 - 538.

CAI Z. 1996. Effect of land use on organic carbon storage in soils in Eastern China[J]. Water，Air，and Soil Pollution，91(3 - 4)：383 - 393.

CAMPO J，SANCHOLUZ L. 1998. Biogeochemical impacts of submerging forests through large dams in the Rio Negro，Uruguay[J]. Journal of Environmental Management，54(1)：59 - 66.

CHAMBERLAND A，LEVESQUE S. 1996. Hydroelectricity，an option to reduce greenhouse gas emissions from thermal power plants[J]. Energy Conversion and Management，37(6/8)：885 - 890.

COLE J J，CARACAO N F. 2001. Carbon in catchments：connecting terrestrial carbon losses with aquatic metabolism[J]. Marine and Freshwater Research，52：101 - 110.

CONLEY D J，STÅLNACKE P，PITKÄNEN H，et al. 2000. The transport and retention of dissolved silicate by rivers in Sweden and Finland[J]. Limnology & Oceanography，45(8)：1850 - 1853.

DEEMER B R，HARRISON J A，LI S，et al. 2016. Greenhouse gas emissions from reservoir water surfaces：a new global synthesis[J]. Bioscience，66：949 - 964.

DUAN S，XU F，WANG L J. 2007. Long-term changes in nutrient concentrations of the Changjiang River and principal tributaries[J]. Biogeochemistry，85(2)：215 - 234.

DYNESIUS M，NILSSON C. 1994. Fragmentation and flow regulation of river systems in the Northern Third of the World[J]. Science，266(5186)：753 - 762.

DYRSSEN D W. 2001. The biogeochemical cycling of carbon dioxide in the oceans-perturbations by man[J]. Science of the Total Environment，(277)：1 - 6.

FANG J Y，CHEN A P，PENG C H，et al. 2001. Changes in forest biomass carbon storage in China between 1949 - 1998[J]. Science，292：2320 - 2322.

FEARNSIDE P M. 2001. Environmental impacts of Brazil's Tucuruí Dam：unlearned lessons for hydroelectric development in Amazonia[J]. Environmental Management，27(3)：377 - 396.

FEARNSIDE P M. 2002. Greenhouse gas emissions from a hydroelectric reservoir (Brazil's Tucuruí Dam) and the energy policy implications[J]. Water，Air，and Soil Pollution，133：69 - 96.

FEARNSIDE P M. 2004. Greenhouse gas emissions from hydroelectric dams：controversies provide a springboard for rethinking a supposedly 'Clean' energy source[J]. Climatic Change，66：1 - 8.

GALY A，FRANCE-LANORD C. 1999. Weathering processes in the Ganges-Brahmaputra basin and the riverine alkalinity budget[J]. Chemical Geology，159(1 - 4)：31 - 60.

GILES J. 2006. Methane quashes green credentials of hydropower[J]. Nature，444(30)：524 - 525.

GOLDENFUM J A. 2009. UNESCO/IHA Greenhouse gas（GHG）research project：the UNESCO/IHA measurement specification guidance for evaluating the GHG status of man-made freshwater reservoirs. unesdoc.unesco.org

GUÉRIN F，ABRIL G，RICHARD S，2006. Methane and carbon dioxide emissions from tropical reservoirs：significance of downstream rivers[J]. Geophysical Research Letters，33(21)：493 - 495.

HART D D，JOHNSON T E，BUSHAW-NEWTON K L，et al. 2002. Dam removal：challenges and opportunities for ecological research and river restoration[J]. Bioscience，52(8)：669 - 682.

HERTWICH E G. 2013. Addressing biogenic greenhouse gas emissions from hydropower in LCA[J]. Environmental Science & Technology，47(17)：9604 - 9611.

HÉLIE J F，HILLAIRE-MARCEL C，RONDEAU B. 2002. Seasonal changes in the sources and fluxes of dissolved inorganic carbon through the St. Lawrence River-isotopic and chemical constraint[J]. Chemical Geology，186(22)：117 - 138.

HUMBORG C，ITTEKKOT V，COCIASU A，et al. 1997. Effect of Danube River dam on Black Sea biogeochemistry and ecosystem structure[J]. Nature，386(6623)：385 - 388.

HUMBORG C，PASTUSZAK M，AIGARS J，et al. 2006. Decreased silica land-sea fluxes through damming in the Baltic Sea catchment-significance of particle trapping and hydrological alterations[J]. Biogeochemistry，77(2)：265 - 281.

HUTTUNEN J T，ALM J，LIIKANEN A，et al. 2003. Fluxes of methane, carbon dioxide and nitrous oxide in boreal lakes and potential anthropogenic effects on the aquatic greenhouse gas emissions[J]. Chemosphere，52(3)：609 - 621.

JARVIE H P，NEAL C，LEACH D V，et al. 1997. Major ion concentrations and the inorganic carbon chemistry of the Humber rivers[J]. Science of the Total Environment，194 - 195：285 - 302.

JIANG C，WANG Y，ZHENG X，et al. 2006. Methane and nitrous oxide emissions from three paddy rice based cultivation systems in southwest China[J]. Advances in Atmospheric Sciences，23(3)：415 - 424.

JOSSETTE G，LEPORCQ B，SANCHEZ N，et al. 1999. Biogeochemical mass-balances（C，N，P，Si）in three large reservoirs of the Seine Basin（France）[J]. Biogeochemistry，47：119 - 146.

KELLY C A，RUDD J W M，ST.LOUIS V L，et al. 1994. Turning attention to reservoir surfaces, a neglected area in greenhouse studies[J]. Transactions American Geophysical Union，75(29)：332 - 332.

KOSZELNIK P，TOMASZEK J A. 2007. Dissolved silica retention and its Impact on eutrophication in a complex of mountain reservoirs[J]. Water, Air, and Soil Pollution，189(1 - 4)：189 - 198.

LEDEC G，QUINTERO J D. 2003. Good dams and bad dams：environmental criteria for site selection of hydroelectric projects[R]. Latin America and Caribbean Region Sustainable Development Working Paper.

LIMA I，RAMOS F M，BAMBACE L，et al. 2008. Methane emissions from large dams as renewable energy resources：a developing nation perspective[J]. Mitigation & Adaptation Strategies for Global Change，13(2)：193 - 206.

LI M，XU K，WATANABE M，et al. 2007. Long-term variations in dissolved silicate, nitrogen, and phosphorus flux from the Yangtze River into the East China Sea and impacts on estuarine ecosystem[J]. Estuarine Coastal and Shelf Science，71：3 - 12.

MAYORGA E，AUFDENKAMPE A K，MASIELLO C A，et al. 2005. Young organic matter as a source of carbon dioxide outgassing from Amazonian Rivers[J]. Nature，436(7050)：538 - 541.

MCCULLY P. 2004. Tropical hydropower is a significant source of greenhouse gas emissions[R]. International Rivers Network reports.

MEYBECK M. 1982. Carbon, nitrogen, and phosphorus transport by world rivers[J]. American Journal of Science，282(4)：401 - 450.

MILLIMAN J D. 1997. Blessed dams or damned dams? [J]. Nature, 386(6623): 325 – 327.

NEAL C, NEAL M, REYNOLDS B, et al. 2005. Silicon concentrations in UK surface waters[J]. Journal of Hydrology, 304(1 – 4): 75 – 93.

RAMOS F M, BAMBACE L A M, LIMA I B T, et al. 2009. Methane stocks in tropical hydropower reservoirs as a potential energy source[J]. Climatic Change, 93(1 – 13).

RAN L, LU X X. 2012. Delineation of reservoirs using remote sensing and their storage estimate: an example of the Yellow River basin, China[J]. Hydrological Processes, 26(8): 1215 – 1229.

RAYMOND P A, HARTMANN J, LAUERWALD R, et al. 2013. Global carbon dioxide emissions from inland waters[J]. Nature, 503(7476): 355 – 359.

RAYMOND P, CARACO N, COLE J. 1997. Carbon dioxide concentration and atmospheric flux in the Hudson River[J]. Estuaries, 20(2): 381 – 390.

RAYNAUD D, JOUZEL J, BARNOLA J M, et al. 1993. The ice record of greenhouse gases[J]. Science, 259: 926 – 934.

REDFIELD A C. 1960. The biological control of chemical factors in the environment[J]. Science Progress, 11: 150 – 170.

RICHEY J E, MELACK J M, AUFDENKAMPE A K, et al. 2002. Outgassing from Amazonian rivers and wetlands as a large tropical source of atmospheric CO_2[J]. Nature, 416(6881): 617 – 620.

ROSA L P, DOSSANTOS M A, MATVIENKO B, et al. 2004. Greenhouse gas emissions from hydroelectric reservoirs in tropical regions[J]. Climatic Change, 66: 9 – 21.

SAITO L, JOHNSON B, BARTHOLOW J, et al. 2001. Assessing ecosystem effects of reservoir operations using food web-energy transfer and water quality models[J]. Ecosystems, 4: 105 – 125.

SANTOS M A D, ROSA L P, SIKAR B, et al. 2006. Gross greenhouse gas fluxes from hydropower reservoir compared to thermo-power plants[J]. Energy Policy, 34(4): 481 – 488.

SEMILETOV I P, PIPKO I I, PIVOVAROV N Y, et al. 1996. Atmospheric carbon emission from North Asian Lakes: A factor of global significance[J]. Atmospheric Environment, 30(10 – 11): 1657 – 1671.

SOUMIS N, DUCHEMIN E, CANUEL R, et al. 2004. Greenhouse gas emissions from reservoirs of the western United States[J]. Global Biogeochemical Cycles, 18(3).

STEINHURST W, KNIGHT P, SCHULTZ M. 2012. Hydropower greenhouse gas emissions[J]. synapse energy economics. (www.synapse-energy.com)

ST.LOUIS V L, KELLY C A, DUCHEMIN ÉRIC, et al. 2000. Reservoir surfaces as sources of greenhouse gases to the atmosphere: A global estimate[J]. Bioscience, 50(9): 766 – 775.

STOKSTAD E. 2006. Environmental restoration. Big dams ready for teardown[J]. Science, 314(5799): 584.

TELMER K, VEIZER J. 1999. Carbon fluxes, $p\mathrm{CO_2}$ and substrate weathering in a large northern river basin, Canada: Carbon isotope perspectives[J]. Chemical Geology, 159: 61 – 86.

TREMBLAY A, LAMBERT M, GAGNON L. 2004. Do hydroelectric reservoirs emit greenhouse gases? [J]. Environmental Management, 33: S509 – S517.

UNESCO/IHA. 2009. The UNESCO/IHA measurement specification guidance for evaluating the GHG status of man-made freshwater reservoirs. unesdoc.unesco.org

VÖRÖSMARTY C J, SAHAGIAN D. 2000. Anthropogenic Disturbance of the terrestrial water cycle[J]. BioScience, (9): 753 – 765.

VÖRÖSMARTY C J, SHARMA K P, FEKETE BM, et al. 1997. The storage and aging of continental runoff in large reservoir systems of the world[J]. Ambio, 26: 210 – 219.

WANG F S, CAO M, WANG B L, et al. 2015. Seasonal variation of CO_2 diffusion flux from a large subtropical reservoir in East China[J]. Atmospheric Environment, 103: 129 – 137.

WANG F S, WANG B L, LIU C Q, et al. 2011. Carbon dioxide emission from surface water in cascade reservoirs-river system on the Maotiao River, southwest of China[J]. Atmospheric Environment, 45 (23): 3827 - 3834.

WANG F S, WANG Y C, ZHANG J, et al. 2007. Human impact on the historical change of CO_2 degassing flux in River Changjiang[J]. Geochemical Transactions, 8(7): 1 - 10.

WANG F S, YU Y X, LIU C Q, et al. 2010. Dissolved silicate retention and transport in cascade reservoirs in Karst area, Southwest China[J]. Science of the Total Environment, 408(7): 1667 - 1675.

WORLD BANK. HYDROPOWER. 2009. Frequently asked questions on World Bank support to hydropower.

YAO G R, GAO Q Z, WANG Z G, et al. 2007. Dynamics of CO_2 partial pressure and CO_2 outgassing in the lower reaches of the Xijiang River, a subtropical monsoon river in China[J]. Science of the Total Environment, 376(1 - 3): 255 - 266.

YU Y Y, LIU C Q, WANG F S, et al. 2008. Dissolved inorganic carbon and its isotopic differentiation in cascade reservoirs in the Wujiang drainage basin[J]. Chinese Science Bulletin, 53(21): 3371 - 3378.

（本章作者：汪福顺、喻元秀）

第8章
流域风化信息的水库效应

　　我国是一个能源消费大国,能源对外依赖程度很高。此外,我国以煤炭为主要能源,煤炭产生的大量二氧化碳、废渣等加剧环境污染。能源紧缺和燃煤污染的状态严重威胁到我国的能源安全,进一步影响国家经济发展。同时,我国是世界上水资源总量最丰富的国家之一,水能资源仅次于煤炭资源,具备开发水电的天然优势。从我国的国情和发展来看,作为一种清洁的可再生能源,水电开发对解决我国的能源问题有着现实意义。

　　20世纪中叶以后,包括中国在内的全球水电开发规模不断扩大。大量的水库建设带来日益严重的土地淹没和移民问题的同时,也对生态环境产生了重要的潜在影响。因此,全面认识水电开发—河流生态系统—人类福利三者的动态相互作用,有利于解决伴随而来的生态、环境、经济和社会问题,也有利于水电开发的可持续发展。在过去的数十年中,水电开发产生的泥沙淤积、鱼类迁徙、水库地震、栖息地消失等一系列环境问题得到了大量的关注。近20年来,随着显性的环境问题日益明晰,科学家们开始关注水库建设带来的隐性环境问题。例如,水坝拦截对河流生源要素生物地球化学作用及对相关水生生态环境的影响越来越受到重视,并逐渐成为河流地球化学研究中的一个重要领域。

　　传统意义上,天然河流可以用"河流连续性概念"来描述。"河流连续性概念"是指包括了从河流源头至沿海海岸带的连接,其中包括三角洲或泻湖系统。这个概念包括了河流的水质和产生于河流的物种逐渐的天然改变。然而,随着社会经济的持续发展,特别是为了满足水发电、灌溉、防洪等需求,对河流进行的梯级水能水资源开发活动,极大地破坏了河流的连续性特征。大坝拦截成了对天然河流水环境影响最显著、最广泛、最严重的人为事件之一,河流的自然性质和作用过程因此受到流域内不断加强的人文活动的强烈冲击(Meybeck et al.,1982; Ittekkot et al.,1988)。

　　河流作为连接大陆和海洋物质循环的桥梁,是碳、氮、磷、硅等生源要素以及其他元素生物地球化学循环的重要途径(Correll et al.,2000; Conley,2000)。河流生源要素输送对海洋及流域本身的水生生态系统都具有极为重要的意义(Meybeck M et al.,1982; Schlesinger et al.,1981)。如淡水输送量很大的亚马孙河、长江为维持河口地区及边缘海生态系统的正常功能提供了重要的生源要素来源。然而,河流的多层次梯级拦蓄已经成为世界河流普遍面临的问题,这一方面显著改变了陆海之间的物质输送过程和通量特征;另一方面也为传统的河流地球化学研究带来了新的挑战。

　　Petts(1984)提出水库对生态系统的影响大体可分为三级:第一级是非生物要素,如水质、水文、泥沙等的影响;第二级指受第一级要素引发的初级生物和地形变化;第三级则为由第一级和第二级综合作用引发的较高级和高级生物要素的变化。针对分属不同阶段的影响,许多学者开展了大量的研究工作。朱文孝(1994)、赵业安(1994)、窦贻俭(1996)、杨意明(1999)也相应进行了研究,发现水库运行会导致下游河道季节流量变化、径流年内分配更趋均化,个别河段出现断流等现象。

　　单个水电站对所在河段和周围区域生态环境的影响是局部的,而梯级水电开发所带来的影响是流域性的(刘兰芬等,2007;王丽萍等,2011)。目前,对于单一水电工程的环境影响研究较多且定量程度较高(贺恭,2007;张静波等,1996),但关于河流梯级开发对流域环境累积影响方面的定量研究较少(苏维词,2002;陈庆伟等,2003;王波等,2007)。郑江涛等(2012)研究发现怒江中下游水电开发导致库区水温分层现象明显,下泄水水温较天然河道水温发生变化,下泄水水温较低,深水水库较下层水体不能发生复氧作用,溶解氧含量较低。当前,水库对河流水温的影响研究包括两个方面:一是水库的水温影响;二是水库水温的环境影响(张士杰等,2011)。人类活动中筑坝对河流水温的影响被广泛报道,水库调节程度越大,下泄水水温影响越显著,尤其日最高水温的降低和春季水温升温延迟会干扰到鱼类的产卵过程(Prats et al.,2010;Preece et al.,2002;郭文献等,2009)。

　　近 20 年来,由于人类活动的影响,长江水沙过程已经发生明显变化,最显著的是输沙量明显减少(郭生练等,2004;张信宝等,2002)。清水下泄直接影响输沙量减少,水库下游河段被长时间冲刷,河床下降,沿岸地下水位也会下降,使沿岸湿地生境受到影响,也可能对两岸堤防安全构成威胁;其次是水库淤积将影响水库的使用寿命,库尾淤积将影响库区航运和码头安全;第三是河口地区岸线将受海潮的侵蚀。如尼罗河三角洲由于阿斯旺水库的修建,使河口需要的泥沙减少,再加上地中海环流的影响,将河口沉积的泥沙冲走,导致海岸线不断后退和侵蚀。

　　赵业安(1994)、Kondolf(1997)、Graf(1999)、陈进(2005)等从大坝蓄水和其引发泥沙沉积在河势、河床、河口和整个河道的影响开展研究,研究表明:梯级水库的建设和运行打断了河流泥沙传输的连续性,且由于上游水库调节径流拦截泥沙,将导致下游河道冲刷、加剧侵蚀。除了水文学方面,如 Hart 对南非 Mgeni 河上的梯级水库的浮游生物展开了长期的研究。国外学术上巴西对梯级水库的研究进行得比较细致全面,涵盖了梯级水库的理化特性(Jorcin et al.,2005)、浮游植物群落(Silva et al.,2005)、微生物群落(Abe et al.,2003)以及底栖动物群落(Callisto et al.,2005)。

　　最近 20 年来,科学家们开始把水坝拦截对河流生物地球化学作用过程的影响及其相关环境生态问题作为研究重点(刘丛强,2007)。美国地质调查局开展对 Rio Grande 河、Colorado 河及 Columbia 河等人为影响严重的流域进行了监测,着重强调了“水库过程”的重要性(Kelly,2001)。由水坝引起的河流水文、泥砂淤积、地貌、诱发地震,以及鱼类回游等问题最早引起人们的关注(World Commission on Dams,2000;Bergkamp et al.,2000)。Dynesius 和 Nilsson(1994)研究报道了筑坝对欧洲和北美洲河流生态系统造成的影响(Dynesius et al.,1994)。Jossette 等(1999)对法国 Seine 河上不同支流的三个水库进行了三年的监测,对水库是河流系统中营养物质和有机质的“源”“汇”关系进行了讨论,并建立了悬浮物、有机碳、无机氮、磷、生物硅的出入库平衡,进而估算其滞留和输出的量,研究发现,水库对氮、磷、硅的滞留比例分别为 40%、60% 和 50%。筑坝拦截导致的“水库效应”普遍出现在世界不同地区的不同规模的河流上,如波罗的海沿岸北欧的中小河流(Dynesius et al.,1994)、多瑙河(Humborg et al.,1997;Dynesius et al.,1994)、科罗拉多河(Balistieril et al.,1992)、尼罗河(Wahby et al.,1980)等。

　　水库除上述的环境影响外,也可能导致河流水化学发生变化。如天然河流被拦截形成片段化的“蓄水河流”后,河流水化学性质发生变化,对河水中碳具有显著的拦截作用(李干蓉等,

2009)。除此之外,一些传统意义上具有"保守"地球化学行为的元素也可能在水库蓄水过程产生变化。这种变化可能对传统的流域化学风化速率计算带来影响。传统的计算方法没有考虑流域内水坝的影响(Moquet et al.,2011;Wu et al.,2008;Brink et al.,2007)。在计算流域风化速率过程中,忽视河流上的人为干扰,会影响计算结果的准确性。因此本文以猫跳河和乌江上游的梯级水库为研究区域,了解流域筑坝拦截对河流水化学的影响,探究梯级水库对化学风化速率计算产生的影响及其作用过程。

8.1　样品采集与分析

8.1.1　区域概况

猫跳河流域是乌江南岸的一条支流,从安顺流经平坝清镇、贵阳、修文等地,最后汇入乌江,全长 181 km。河流总落差为 549.6 m,平均比降 3.06‰,流域属亚热带温和湿润气候,雨量丰沛,年均气温 13.8 ℃,年均降雨量为 1 300 mm。源头河流有三条,为后六河、羊昌河、麦翁河,沿途有修文河汇入,修文河一般在冬季、春季会发生断流。流域开发了 7 个梯级电站,分别是红枫、百花、李官、修文、窄巷口、红林、红岩。猫跳河在小空间尺度内集中了多座不同蓄水历史的水库,提供了理想的水库演化历史序列,是我国梯级水库系统的典型代表。

本次研究在全流域 8 个水库设立采样点(图 8-1):红枫湖水库(HF)、百花湖水库(BH)、修文水库(XW)、红岩水库(HY)、洪家渡水库(HJD)、东风水库(DF)、索风营水库(SFY)和乌江渡水库(WJD),主要参数见表 8.1。由于窄巷口和红林水库目前采取的发电方式为引水发

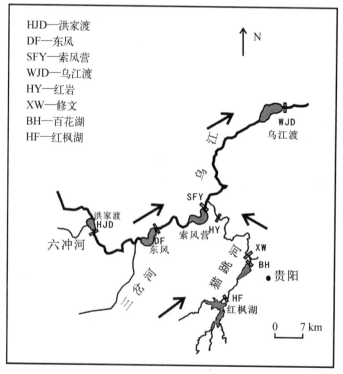

图 8-1　采样点分布示意图

电,窄巷口库区水浅,故而只采集表层水,红林水库为引水发电,没有坝前水样可供采集。因此只针对猫跳河上一级水库红枫湖,二级水库百花湖,三级修文水库,六级红岩水库以及乌江上游洪家渡水库、东风水库、索风营水库和乌江渡水库设为剖面采样点,并在库区以及下泄水中采样。于 2007 年 7 月至 2008 年 6 月每月采样一次,共 12 次。

表 8.1 水库的主要参数

水　库	流域面积 /km²	平均流量 /(m³·s⁻¹)	年平均降水量/mm	总库容 /10⁸ m³	修建年份	坝高 /m	滞留时间/d
HF	1 551	30.2	1 584.95	6.01	1960	54	230.3
BH	1 832	38	1 362.4	1.82	1974	50	55.4
XW	2 084	41.2	1 230.7	0.114	1961	49	3.2
HY	2 752	49.2	1 108	0.304	1971	60	7.2
HJD	9 900	155	1 191.4	49.47	2000	182	568.5
DF	18 161	343	1 118.3	8.64	1984	162	54.35
SFY	21 862	395	1 061.2	2.012	2001	113	4.9
WJD	27 790	483	1 124.7	23	1970	165	82.5

深层水水样采集使用自行研制的采水器采集(原理同 NISKIN),采样前需用采样点水样对采样器洗涤至少三次,采集水样后,水样现场经 0.45 μm 的醋酸纤维滤膜过滤后保存于高致密聚乙烯材料制成的 15 mL 离心管中储存,用于测定水体中的阴阳离子。阴离子采用 Dionex 公司 ICS - 90 型离子色谱仪进行分析,检测限为 0.01 mg·L⁻¹。阳离子采用美国 Vista MPX 型电感耦合等离子体—发射光谱(ICP - OES)分析仪进行分析,检测限为 0.01 mg·L⁻¹。水样中营养盐的分析主要采用 Unico 2000 可见紫外分光光度计进行分析,总溶解磷用 $K_2S_2O_8$ 消解钼锑抗分光光度法,总溶解氮用 $K_2S_2O_8$ 氧化紫外分光光度法,溶解硅用硅钼蓝分光光度法。同时利用 YSI 参数仪测定 pH、温度(℃)、溶解氧(DO);现场滴定水样中的 HCO_3^-。表 8.2 中所示数据为 12 次采样后测量值的平均值,TZ^+ 为总阳离子当量,TZ^- 为总阴离子当量。

8.1.2 计算方法

8.2.2.1 化学风化速率的计算方法(Han et al.,2004)

(1)假设所有由大气沉降输入的主要元素均进入河水中

$$FX_{cycl} = FX_{atm} \tag{8.1}$$

式中,FX_{cycl} 为水体中由大气沉降输入的各元素的通量;FX_{atm} 为雨水中各元素的通量。

$$FX_{atm} = X_{atm} \cdot P \cdot a \tag{8.2}$$

$$FX_{cycl} = X_{cycl} \cdot R \cdot a \tag{8.3}$$

式中,X_{cycl} 为水体中由大气沉降输入的各元素的浓度($\mu mol \cdot L^{-1}$);X_{atm} 为雨水中各元素的浓度($\mu mol \cdot L^{-1}$);P 为流域年平均降水量(mm);R 为年径流模数;a 为控制流域面积(m^2)。

表 8.2 各采样点水样的水化学数据

编号	采样点	pH	DO/%	TDS/(mg·L⁻¹)	K^+/(mmol·L⁻¹)	Ca^{2+}/(mmol·L⁻¹)	Na^+/(mmol·L⁻¹)	Mg^{2+}/(mmol·L⁻¹)	Cl^-/(mmol·L⁻¹)	SO_4^{2-}/(mmol·L⁻¹)	NO_3^-/(mmol·L⁻¹)	HCO_3^-/(mmol·L⁻¹)	SiO_2/(mg·L⁻¹)	TZ^+/(meq·L⁻¹)	TZ^-/(meq·L⁻¹)	NICB
HF-1	红枫表层	8.46	93.68	279.95	0.068	1.198	0.222	0.666	0.174	0.901	0.087	1.806	0.438	4.018	3.870	0.037
HF-2	红枫下泄	7.42	46.59	308.20	0.067	1.365	0.224	0.573	0.163	0.943	0.082	2.142	1.091	4.169	4.273	−0.025
BH-1	百花表层	8.37	98.90	337.14	0.081	1.410	0.382	0.600	0.201	1.120	0.068	2.221	1.097	4.483	4.731	−0.055
BH-2	百花下泄	7.34	47.62	380.51	0.076	1.494	0.318	0.588	0.178	1.103	0.095	2.922	1.180	4.559	5.401	−0.185
XW-1	修文表层	7.96	74.86	364.15	0.080	1.574	0.346	0.551	0.169	1.109	0.132	2.562	1.464	4.676	5.080	−0.086
XW-2	修文下泄	7.46	46.58	363.83	0.093	1.467	0.483	0.589	0.221	1.171	0.125	2.431	1.359	4.687	5.119	−0.092
HY-1	红岩表层	8.32	126.72	330.45	0.081	1.326	0.372	0.649	0.192	0.991	0.113	2.315	1.325	4.403	4.601	−0.045
HY-2	红岩下泄	7.66	53.54	342.33	0.073	1.370	0.343	0.582	0.176	0.956	0.110	2.589	1.684	4.321	4.787	−0.108
HJD-1	洪家渡表层	8.12	85.38	280.17	0.035	1.359	0.150	0.363	0.072	0.681	0.242	2.120	2.463	3.629	3.797	−0.046
HJD-2	洪家渡下泄	7.56	64.77	302.97	0.038	1.509	0.147	0.360	0.073	0.702	0.253	2.351	4.018	3.924	4.081	−0.040
DF-1	东风表层	8.27	99.84	316.88	0.037	1.485	0.259	0.386	0.091	0.936	0.204	2.214	3.251	4.039	4.381	−0.085
DF-2	东风下泄	7.73	64.18	306.93	0.039	1.505	0.194	0.378	0.082	0.816	0.230	2.233	3.864	4.000	4.176	−0.044
SFY-1	索风营表层	8.00	95.95	314.93	0.042	1.514	0.209	0.418	0.090	0.858	0.211	2.284	3.506	4.113	4.300	−0.046
SFY-2	索风营下泄	7.78	73.79	311.56	0.043	1.508	0.213	0.407	0.088	0.846	0.216	2.248	3.562	4.087	4.244	−0.038
WJD-1	乌江渡表层	8.34	116.08	333.55	0.048	1.563	0.220	0.483	0.120	0.937	0.179	2.412	1.719	4.361	4.586	−0.052
WJD-2	乌江渡下泄	7.57	87.20	327.99	0.045	1.583	0.208	0.454	0.099	0.905	0.200	2.368	3.457	4.326	4.477	−0.035

注: NICB=(TZ^+−TZ^-)/TZ^+

$$X_{\mathrm{cycl}} = X_{\mathrm{atm}} \times P/R \quad (X = \mathrm{Cl}^-, \mathrm{SO}_4^{2-}, \mathrm{HCO}_3^-, \mathrm{Na}^+, \mathrm{Ca}^{2+}, \mathrm{Mg}^{2+} \text{ 和 } \mathrm{K}^+)$$

水体中各元素剩余的浓度：

$$X_1 = X_{\mathrm{riv}} - X_{\mathrm{cycl}} \quad (X = \mathrm{Cl}^-, \mathrm{SO}_4^{2-}, \mathrm{HCO}_3^-, \mathrm{Na}^+, \mathrm{Ca}^{2+}, \mathrm{Mg}^{2+} \text{ 和 } \mathrm{K}^+)$$

$$\mathrm{Si}_1 = \mathrm{Si}_{\mathrm{riv}} \tag{8.4}$$

蒸发岩（evaporite）风化：

$$\mathrm{Cl}^-_{\mathrm{evap}} = \mathrm{Cl}^-_1$$

$$\mathrm{SO}_4^{2-}{}_{\mathrm{evap}} = \mathrm{SO}_4^{2-}{}_1$$

$$\mathrm{Na}^+_{\mathrm{evap}} = \mathrm{Cl}^-_{\mathrm{evap}}$$

$$\mathrm{Ca}^{2+}_{\mathrm{evap}} = \mathrm{SO}_4^{2-}{}_{\mathrm{evap}}$$

除去蒸发岩风化，水体中各元素的剩余浓度为：

$$\mathrm{Na}^+_2 = \mathrm{Na}^+_1 - \mathrm{Na}^+_{\mathrm{evap}}$$

$$\mathrm{Ca}^{2+}_2 = \mathrm{Ca}^{2+}_1 - \mathrm{Ca}^{2+}_{\mathrm{evap}}$$

$$\mathrm{HCO}_3^-{}_2 = \mathrm{HCO}_3^-{}_1;$$

$$\mathrm{Si}_2 = \mathrm{Si}_1 \tag{8.5}$$

（2）硅酸岩（silicate）风化

$$\mathrm{Na}^+_{\mathrm{sil}} = \mathrm{Na}^+_1 - \mathrm{Na}^+_{\mathrm{evap}}$$

$$\mathrm{Ca}^{2+}_{\mathrm{sil}} = \mathrm{Na}^+_{\mathrm{sil}} \times (\mathrm{Ca}^{2+}/\mathrm{Na}^+)_{\mathrm{sil}}$$

$$\mathrm{Mg}^{2+}_{\mathrm{sil}} = \mathrm{Na}^+_{\mathrm{sil}} \times (\mathrm{Mg}^{2+}/\mathrm{Na}^+)_{\mathrm{sil}};$$

$$\mathrm{Si}_{\mathrm{sil}} = \mathrm{Si}_2$$

$$CWC_{\mathrm{sil}} = \mathrm{Na}^+_{\mathrm{sil}} + \mathrm{Ca}^{2+}_{\mathrm{sil}} + \mathrm{Mg}^{2+}_{\mathrm{sil}} + \mathrm{SiO}_2 \tag{8.6}$$

（3）碳酸岩（carbonate rocks）风化

$$\mathrm{Ca}^{2+}_{\mathrm{carb}} = \mathrm{Ca}^{2+}_2 - \mathrm{Ca}^{2+}_{\mathrm{sil}};$$

$$\mathrm{Mg}^{2+}_{\mathrm{carb}} = \mathrm{Mg}^{2+}_2 - \mathrm{Mg}^{2+}_{\mathrm{sil}};$$

$$\mathrm{HCO}_3^-{}_{\mathrm{calcite/dolomite}} = \mathrm{Ca}^{2+}_{\mathrm{carb}} + \mathrm{Mg}^{2+}_{\mathrm{carb}};$$

$$CWC_{\mathrm{carb}} = \mathrm{Ca}^{2+}_{\mathrm{carb}} + \mathrm{Mg}^{2+}_{\mathrm{carb}} + \mathrm{HCO}_3^-{}_{\mathrm{calcite/dolomite}} \tag{8.7}$$

式中，CWC（Chemical Weathering Concentration）为风化浓度（$\mathrm{mg} \cdot \mathrm{L}^{-1}$），$X_{\mathrm{riv}}$ 为河流中各元素的浓度（$\mu\mathrm{mol} \cdot \mathrm{L}^{-1}$）。

8.2.2.2　SIc 计算方法

SIc 即碳酸钙饱和指数，由公式（8.8）计算得出。当 SIc＞0 时，水体中 Ca^{2+} 以 CaCO_3 形态呈过饱和状态，在适宜条件下，可沉淀出固体 CaCO_3，说明水体中 Ca^{2+} 具有沉积性；当 SIc＜0 时，表示水体中 CO_3^{2-} 含量小于饱和平衡时应有的 CO_3^{2-} 浓度，说明水体处于 CaCO_3 未饱和状态，CaCO_3 呈溶解状态，对石灰岩等具有侵蚀性；当 SIc＝0 时，表示水体中 CaCO_3 呈饱和状态，具有稳定性。

$$\mathrm{SIc} = \lg((\mathrm{Ca}^{2+})(\mathrm{CO}_3^{2-})/K_{\mathrm{C}}) \tag{8.8}$$

8.2 梯级筑坝河流水化学组成变化及其对化学风化速率计算的影响

8.2.1 研究区水体主离子组成特征

乌江流域水体中 pH 平均值为 7.9（7.34～8.37），反映了流域的碳酸盐岩背景。TDS（Total Dissolved Solids）的含量在 279.9～380.5 mg·L^{-1} 之间。其中，百花湖水库由于受到工业废水的污染 TDS 偏高，为 380 mg·L^{-1}。

总阳离子当量（TZ$^+$＝K$^+$＋Na$^+$＋Ca^{2+}＋Mg^{2+}）在水样中的含量在 3.63～4.69 meq·L^{-1}，平均值为 4.23 meq·L^{-1}，远高于世界河流平均值（TZ$^+$＝1.25 meq·L^{-1}）（Han et al.，2004）。由于该流域的地质地貌以碳酸盐为主，化学风化相对较强，因此 TZ$^+$ 值也高于长江水体中的平均值 2.8 meq·L^{-1}（Han et al.，2004）。

阴阳离子三角图如图 8-2 所示，各采样点阴离子中 HCO$_3^-$ 含量最高（1.8～2.9 mmol·L^{-1}），其次是 SO$_4^{2-}$，平均值为 0.93 mmol·L^{-1}，Cl$^-$ 和 NO$_3^-$ 的浓度范围分别为：0.07～0.22 mmol·L^{-1} 和 0.06～0.25 mmol·L^{-1}。水体中 SO$_4^{2-}$ 和 HCO$_3^-$ 占总阴离子的 90％以上；Ca^{2+} 和 Mg^{2+} 占总阳离子的 80％以上。

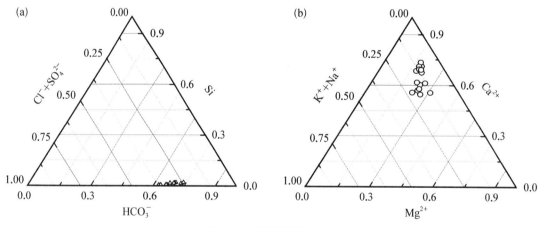

图 8-2　阴阳离子三角图

由图 8-2 可得，该流域的阳离子主要落在 Ca^{2+}-Mg^{2+} 线偏于 Ca^{2+} 端，阴离子主要落在 HCO$_3^-$ 一侧，SO$_4^{2-}$ 所占比例很高（可能受周围矿山废水排入影响），基本不含 Si，说明该流域的水化学组成上主要是受碳酸盐溶解的控制，受蒸发岩和硅酸岩影响较小。

阴阳离子线性相关性如图 8-3 所示，相关系数为 0.93，表明水体中阴阳离子守恒。

8.2.2 化学风化速率变化

传统水化学研究中，计算化学风化速率时只考虑控制流域面积以上的化学风化特征。对河流本身发生的人为干扰考虑较少。实际上，坝前、坝后控制流域面积几乎不变。但由于坝前、坝后水化学数据存在差异，根据公式可以发现，坝前和坝后的化学风化速率之间偏差较大（见表 8.3）。

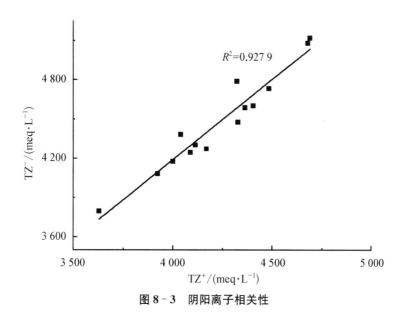

图 8-3　阴阳离子相关性

表 8.3　各水库坝前坝后各风化速率值(Chemical Weathering Rate, CWR)

样点编号	CWR_{sil} /(t·km^{-2}·a^{-1})	CWR_{carb} /(t·km^{-2}·a^{-1})	CWR_{evap} /(t·km^{-2}·a^{-1})
HF-1	3.10	52.73	74.40
HF-2	3.82	55.29	77.59
BH-1	7.70	47.26	100.32
BH-2	6.53	54.69	98.26
XW-1	7.44	53.59	94.14
XW-2	9.91	42.14	100.54
HY-1	6.75	45.65	76.54
HY-2	6.47	47.35	73.57
HJD-1	3.46	47.90	43.49
HJD-2	4.22	54.27	44.94
DF-1	6.95	48.17	74.44
DF-2	5.97	57.94	64.50
SFY-1	5.73	55.17	65.16
SFY-2	5.95	54.83	64.22
WJD-1	4.23	55.09	68.90
WJD-2	5.32	56.36	66.07

　　由表 8.3 可知,由下泄水的水化学数据计算出的化学风化速率比由坝前表层水计算出的数值偏大,变化率[变化率=(坝后风化速率−坝前风化速率)/坝前风化速率]在 −4.23%~9.04%之间,滞留时间不同的水库之间变化率大小不同。如图 8-4 所示,修文水库、索风营水库和红岩水库,坝前、坝后的风化速率相差不大,但在百花湖、红枫湖和洪家渡水库中,滞留时间越长的水库,其变化率越大。基于这些数据,变化率和滞留时间的线性关系如图 8-4 所示。

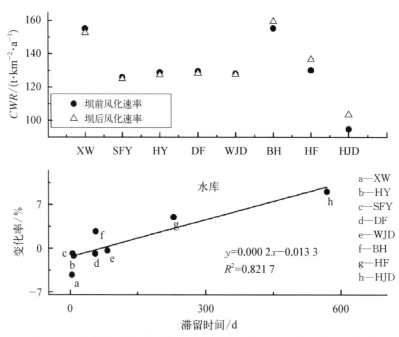

图 8-4　坝前、坝后化学风化速率差异及其变化率和滞留时间的线性关系

由表 8.2 可知滞留时间较长的水库中,与坝前表层水体相比,下泄水中 DSi、Ca^{2+} 浓度较高。如在红枫湖下泄水中的 DSi 浓度是表层水中 DSi 浓度 2 倍多,钙离子浓度变化率也高达 10%～20%[变化率=(下泄水中浓度-坝前表层水中浓度)/坝前表层水中浓度]。相比较而言,K^+ 和 Cl^-,SO_4^{2-} 的变化很小。因此以坝前和坝后下泄水数据为基础,计算得出的化学风化速率存在差异的主要影响因子为 Ca^{2+} 和 DSi。乌江上游和猫跳河流域,属于碳酸盐地区,水体中 DSi 浓度相对较低。综上分析得出,影响化学风化速率计算的主要因子为 Ca^{2+} 浓度在坝前和坝后下泄水中的变化。

8.3　化学风化速率差异的机制分析

8.3.1　水库的湖沼反应对水库水化学组成的影响

坝前、坝后的水温如图 8-5 所示。在乌江渡水库、红枫湖水库和乌江渡水库,坝前、坝后的水温差异明显。这是因为较长的滞留时间,在暖季里很容易导致水库产生热分层现象,由于利用水力发电,水库采用底部泄水,导致下泄水水温低于表层水水温。在冷季不易形成热分层现象,库区水流混合均匀,故坝前、坝后水温差别不大。

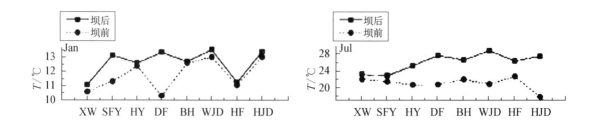

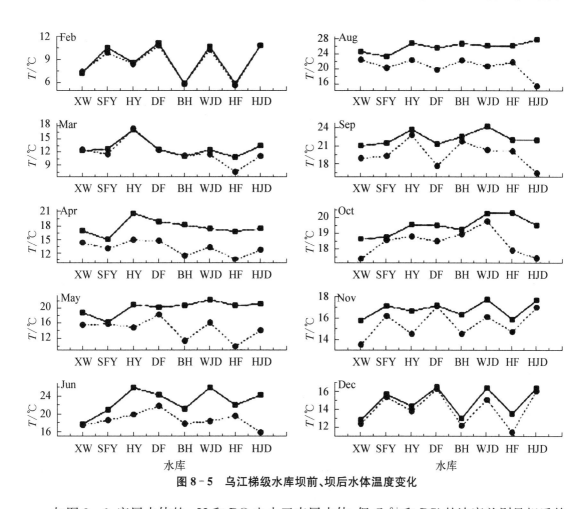

图 8-5　乌江梯级水库坝前、坝后水体温度变化

如图 8-6，底层水体的 pH 和 DO 也小于表层水体，但 Ca^{2+} 和 DSi 的浓度差别呈相反趋

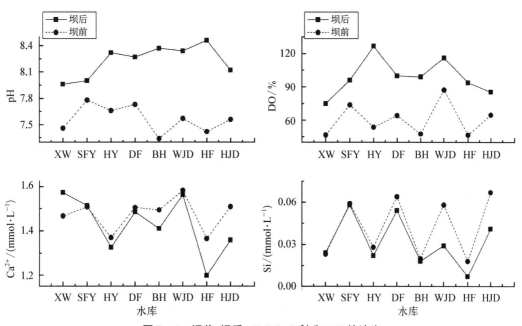

图 8-6　坝前、坝后 pH、DO、Ca^{2+} 和 DSi 的浓度

势,即底部水体浓度高于表层水体浓度。pH、DO、Ca²⁺和DSi在坝前和坝后的差别,对下游流域的影响是值得引起注意的。很明显地看出,河流水体经过大坝拦截后去水化学组分发生了变化。

坝前表层水中的溶解氧饱和度高于坝后下泄水,表层水中溶解氧最高达到126%,下泄水中的溶解氧饱和度平均值为60%。坝前表层水的pH也明显高于坝后下泄水,表层水的pH均高于8,下泄水的均值为7.5。由图8-7明显得出,DO和pH随着水库深度的增加而降低,特别是百花湖水库,底层水的DO含量近乎缺氧状态。大坝蓄水对库区水体产生明显的影响。

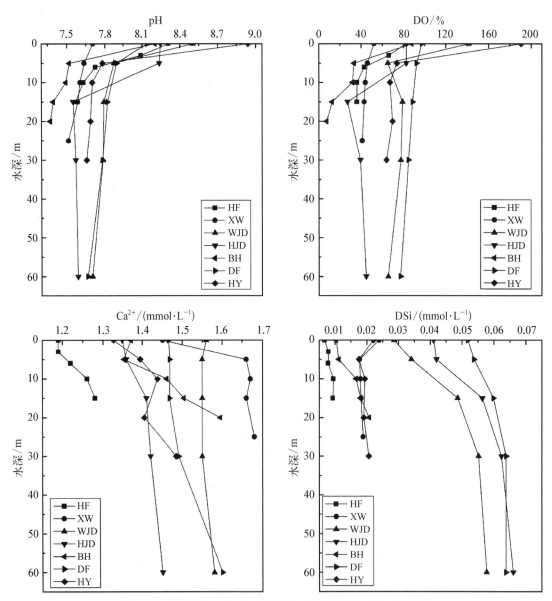

图8-7 乌江流域水库Ca离子浓度,DSi,DO和pH的剖面变化

坝前表层水体中Ca²⁺、DSi浓度明显低于坝后下泄水体中的浓度。坝前坝后的Ca²⁺、DSi浓度除东风和索风营水库相差不大,红枫湖和洪家渡坝前表层水和坝后下泄水的Ca²⁺、DSi浓度相差较大。这可能有两个原因:① 在表层水体中,由于光合作用的增加,水体中溶解硅

大量被藻类吸收;二氧化碳被藻类吸收利用使表层水体的 pH 升高,导致 Ca 沉积(即 SIc>0),因此水库表层水体中 DSi、Ca^{2+} 浓度比较小。② 表层水体中 Ca 呈沉积状态,水体中的 DSi 被硅藻吸收后,随硅藻的死亡沉积到水体底部;长时间滞留水库中,水体在热季易于形成热分层现象,上下部的水体交换作用很微弱,因此水库底层的 Ca^{2+} 和 DSi 存在明显的滞留现象。如图 8-7 所示,在滞留时间较长的乌江渡、洪家渡和红枫湖水库中随着水深的增加,Ca^{2+}、DSi 浓度明显增加;滞留时间较短的修文水库在剖面上则没有明显的增减规律。因此大坝拦截导致坝前、坝后的水化学组分存在明显差异,进而影响化学风化速率的计算。

8.3.2　梯级水库对河水碳酸平衡体系的影响

SIc 即碳酸钙饱和指数,当 SIc>0 时,水体中 Ca^{2+} 以 $CaCO_3$ 形态呈过饱和状态,在适宜条件下,可沉淀出固体 $CaCO_3$,说明水体中 Ca^{2+} 具有沉积性。当 SIc<0 时,表示水体中$[CO_3^{2-}]$含量小于饱和平衡时应有的$[CO_3^{2-}]$浓度,说明水体处于 $CaCO_3$ 未饱和状态,$CaCO_3$ 呈溶解状态,对石灰岩等具有侵蚀性。当 SIc=0 时,表示水体中 $CaCO_3$ 呈饱和状态,具有稳定性。

图 8-8 中 40 km 处为红枫湖水库大坝,在水库坝前 SIc>0,最高达到 1.84,表明在坝前水体中 Ca^{2+} 呈沉积状态,而坝后下泄水的 SIc<0,水体中的 Ca^{2+} 呈溶解状态。百花、修文、红林水库均是坝前表层水 SIc>0,坝后下泄水 SIc<0。由于水库为底部泄水,坝后下泄水 SIc<0即水库底部 SIc<0。表明水库表层水体中 Ca 处于沉积状态,水库底部 Ca 处于溶解状态。水库表层和底部水体中 Ca^{2+} 状态差异是由于河流筑坝水库形成后,水库表层藻类植物的增加,藻类的光合作用加强,表层水体中的 CO_2 被藻类利用,使水体 pH 升高、SIc 升高,导致表层水体中 Ca^{2+} 沉积。水库下层,以有机质的分解为主,细菌的呼吸作用释放 CO_2 使得水体 pH 降低、SIc 降低,沉积状态的 Ca 重新被释放。滞留时间较长的水库上下层水体不能够充分交换,水库表层和水库下层的 Ca 浓度存在较大差异。图 8-8 表明梯级水库的拦截效应比较明显。流域上游至龙头水库大坝前,水体 SIc 指数逐渐升高,坝后 SIc 指数明显降低。梯级水库的拦截打断了整个流域水体 Ca^{2+} 浓度的连续性。由此引起上述化学风化速率计算的偏差。因此流域化学风化速率的计算应考虑到大坝所造成的影响。

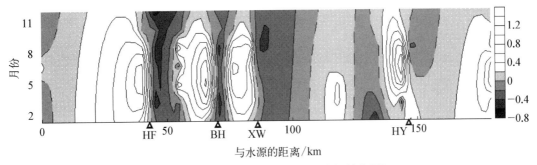

图 8-8　SIc 沿程变化(三角处为大坝的位置)

通过对乌江流域梯级水库水化学参数的调查,发现因为梯级水库的开发,河流水体的水化学参数不再是一个连续的变化,表现在水库剖面和水库下泄水与表层水的差异。由于水库的作用,DO、pH 和水温,下泄水明显低于表层水,而 Ca 和 Si 的浓度水库底层高于表层水,表现为对 Ca 和 Si 的拦截作用和滞留效应。在滞留时间较长的水库,这种效应更加明显。

利用坝前和坝后的水化学参数计算得出的化学风化速率,我们发现滞留时间长的水库其得出的化学风化速率的差值(变化率)较大。由于水库的作用使水体水化学组成发生了不均一且差别较大的变化。因此,利用常规的化学风化速率计算方法来计算拥有大型水库或梯级水库的流域化学风化速率时,不能忽略水库对化学风化速率计算的影响。

参 考 文 献

陈进,黄薇.2005.梯级水库对长江水沙过程影响初探[J].长江流域资源与环境,14(6):786-791.

陈庆伟,陈凯麒,梁鹏.2003.流域开发对水环境累积影响的初步研究[J].中国水利水电科学研究院学报,1(4):300-305.

窦贻俭,杨戊.1996.曹娥江流域水利工程对生态环境影响的研究[J].水科学进展.7(3):260-267.

郭生练,徐高洪,张新田,等.2004."长治"工程对三峡入库泥沙特性变化影响研究[J].人民长江,35(11):1-3,6-62.

郭文献,夏自强,王远坤,等.2009.三峡水库生态调度目标研究[J].水科学进展,20(4):554-559.

韩贵琳,刘丛强.2000.贵州乌江水系的水文地球化学研究[J],中国岩溶,(1):35-43.

贺恭.2007.关于推进怒江流域水能资源开发的思考[J].水力发电,33(5):1-3.

李干蓉,刘丛强,陈椿,等.2009.猫跳河流域梯级水库夏-秋季节溶解无机碳DIC含量及其同位素组成的分布特征[J].环境科学,30(10):2891-2897.

刘丛强.2007.生物地球化学过程与地表物质循环:西南喀斯特流域侵蚀与生源要素循环[M].北京:科学出版社.

刘兰芬,陈凯麒,张士杰,等.2007.河流水电梯级开发水温累积影响研究[J].中国水利水电科学研究院学报,5(3):173-180.

苏维词.2002.乌江流域梯级开发的不良环境效应[J].长江流域资源与环境,11(04):388-392.

王波,黄薇,杨丽虎.2007.梯级水电开发对水生环境累积影响的方法研究[J].中国农村水利水电,1(4):127-130.

王丽萍,郑江涛,周晓蔚,等.2011.水电梯级开发对生态承载力影响的研究[J].水力发电学报,30(1):12-16,23.

杨意明,陈清林,吕军,等.1999.松山引水工程坝下脱水段的工程影响评价与处理[J].水力发电,(5):34-35.

张静波,张洪泉.1996.流域梯级开发的综合环境效应[J].水资源保护,3(3):30-31,35.

张士杰,刘昌明,王红瑞,等.2011.水库水温研究现状及发展趋势[J].北京师范大学学报:自然科学版,47(3):316-320.

张信宝,文安邦.2002.长江上游干流和支流河流泥沙近期变化及其原因[J].水利学报,33(4):56-59.

赵业安,潘贤娣,李勇.1994.黄河水沙变化与下游河道发展趋势[J].人民黄河,(2):31-34,41,62.

郑江涛,王丽萍,周婷,等.2012.怒江梯级水电开发对水温的影响及对策研究[J].水利水电,38(08):1-3,21.

朱文孝.1994.猫跳河流域开发与环境质量变异[J].长江流域资源与环境,3(4):371-377.

ABE D S, MATSUMURA-TUNDISI T, ROCHA O, et al. 2003. Denitrification and bacterial community structure in the cascade of six reservoirs on a tropical river in Brazil[J]. Hydrobiologia, 504(1-3):67-76.

BALISTRIERI L S, MURRAY J W, PAUL B. 1992. The biogeochemical cycling of trace metals in the water column of Lake Sammamish, Washington: Response to seasonally anoxic conditions[J]. Limnology and Oceanography, 37(3):529-548.

BERGKAMP G, MCCARTNEY M, DUGAN P, et al. 2000. Dams, ecosystem functions and environmental restoration[R]. Thematic reviews Ⅱ.1, World Commission of Dams, Cape Town. (www.dams.org)

BRINK J, HUMBORG C, SAHLBERG J, et al. 2007. Weathering rates and origin of inorganic carbon as influenced by river regulation in the boreal sub-arctic region of Sweden[J]. Hydrology & Earth System Sciences Discussions, 4(2): 555 – 588.

CALLISTO M, GOULART M, BARBOSA F A R, et al. 2005. Biodiversity assessment of benthic macroinvertebrates along a reservoir cascade in the lower São Francisco river (northeastern Brazil)[J]. Brazilian Journal of Biology, 65(2): 229 – 240.

CONLEY D J. 1999. Biogeochemical nutrient cycles and nutrient management strategies[J]. Hydrobiologia, 410(410): 87 – 96.

CORRELL D L, JORDON T E, WELLER D E. 2000. Dissolved silicate dynamics of the Rhode River watershed and estuary[J]. Estuaries, 23(2): 188 – 198.

DYNESIUS, M, NILSSON C. 1994. Fragmentation and flow regulation of river systems in the Northern third of the world[J]. Science, 266(5186): 753 – 762.

GRAF W L. 1999. Dam nation: A geographic census of American dams and their large-scale hydrologic impacts[J]. Water Resources Research, 35(4): 1305 – 1311.

HAN G, LIU C Q. 2004. Water geochemistry controlled by carbonate dissolution: a study of the river waters draining karst-dominated terrain, Guizhou province, China[J]. Chemical Geology, 204(1 – 2): 1 – 21.

HUMBORG C, CONLEY D J, RAHM L, et al. 2000. Silicon retention in river basins: Far-reaching effects on biogeochemistry and aquatic food webs in coastal marine environments[J]. Ambio, 29(1): 45 – 50.

ITTEKKOT V. 1988. Global trends in the nature of organic matter in river suspensions[J]. Nature, 332 (6163): 436 – 438.

JOHNSON B L, HICKS H E, ROSA C. 1999. Key environmental human health issues in the Great Lakes and St. Lawrence River basins[J]. Environmental Research, 80(2): S2 – S12.

JORCIN A, NOGUEIRA M G. 2005. Temporal and spatial patterns based on sediment and sediment-water interface characteristics along a cascade of reservoirs (Paranapanema River, south-east Brazil)[J]. Lakes & Reservoirs Research & Management, 10(1): 1 – 12.

JOSSETTE G, LEPORCQ B, SANCHEZ N, et al. 1999. Biogeochemical mass-balances (C, N, P, Si) in three large reservoirs of the Seine Basin (France)[J]. Biogeochemistry, 47(2): 119 – 146.

KELLY V J. 2001. Influence of reservoirs on solute transport: a regional-scale approach[J]. Hydrological Processes, 15: 1227 – 1249

KONDOLF G M. 1997. Hungry water: Effect of dams and gravel mining on river channels[J]. Environmental Management, 21(4): 533 – 551.

MEYBECK M. 1982. Carbon, nitrogen, and phosphorus transport by world rivers[J]. American Journal of Science, 282(4): 401 – 450.

MOQUET J S, CRAVE A, VIERS J, et al. 2011. Chemical weathering and atmospheric/soil CO_2 uptake in the Andean and Foreland Amazon basins[J]. Chemical Geology, 287: 1 – 26.

NILSSON C, BERGGREN K. 2000. Alterations of riparian ecosystems caused by river regulation[J]. Bioscience, 59(9): 785 – 792.

PETTS G E. 1984. Impounded Rivers: Perspectives for Ecological Management[M]. Chicago: United States.

PRATS J, VAL R, ARMENGOL J, et al. 2010. Temporal variability in the thermal regime of the lower Ebro River (Spain) and alteration due to anthropogenic factors[J]. Journal of Hydrology, 387(1 – 2): 105 – 118.

PREECE R M, JONES H A. 2002. The effect of keepit dam on the temperature regime of the Namoi River, Australia[J]. River Research and Applications, 18: 397 – 414.

SCHLESINGER W H, MELACK J M. 1981. Transport of organic carbon in the world's rivers[J]. Tellus, 33 (2): 172 – 187.

SILVA C A D, TRAIN S, RODRIGUES L C. 2005. Phytoplankton assemblages in a Brazilian subtropical cascading reservoir system[J]. Hydrobiologia, 537(1-3): 99-109.

WAHBY S D, BISHARA N F. 1980. The effect of the River Nile on Mediterranean water before and after the construction of the High Dam at Aswan[M]. Chicago: United Nations, New York.

WU W H, XU S J, YANG J D, et al. 2008. Silicate weathering and CO_2 consumption deduced from the seven Chinese rivers originating in the Qinghai-Tibet Plateau[J]. Chemical Geology, 249(3-4): 307-320.

（本章作者：汪福顺、高洋、李小影）

第9章
梯级水电开发对河流碳循环的影响

碳是生命的核心元素,所有其他重要元素的生物循环过程都与碳密切相关。水体内生物活动与水库水环境变化之间的反馈、水体生态系统与营养元素载荷的相互作用关系以及响应过程是研究湖泊水环境变化的基础(Harris,1999)。其中,水体内部的元素循环、能量流动、CO_2动力学与营养状况的关系等都是控制环境变化的关键过程,碳作为这一切活动的核心元素,对它的研究对认识水环境变化、水生态过程、元素循环以及它们的相互作用具有重要的指示意义(刘丛强,2007)。

自20世纪80年代以来,陆源物质通过河流向海洋输送及其对海洋环境的影响和对气候演变的响应已逐渐成为国际上全球变化科学的重点研究领域。生源要素C、N、P、Si等向海洋的输送中河流一直扮演着至关重要的角色。其中,碳循环问题一直是陆海相互作用中的关键课题。从河口研究河流向海洋碳输送规律一直是经典的研究方法,然而由于大规模的水电开发,使得河流水库化,这种传统的研究思路目前正遇到了一个不容忽视的挑战,基于传统河流地球化学特征获得的认识需要进行一定的修正。

水电梯级开发所形成的"水库效应"叠加了水库过程和河流过程,本文以长江上游一级支流乌江流域为研究对象,开展河流-水库系统内的碳循环为主线的过程研究,更深入地探讨河流-水库系统内的碳循环机制;结合相关水文、水化学数据,定量研究"梯级水库效应"对河流碳循环的影响,阐述水库作为"碳源或者汇"的能力,为梯级水电开发对流域水环境的影响评价提供科学依据。

9.1 样品采集与分析测试

9.1.1 样品采集

我们于2006年4月、7月、10月和2007年1月对乌江干流中、上游已建成的6座水库的入库河流、入库河流汇合后500 m、水库坝前及出库水体进行采样,入库河流和出库水体只采集表层水样,库区水体分别按表层,水深5 m、10 m、20 m、40 m、60 m、80 m进行分层采样,其中水深5 m采样只在水库水深较浅的普定水库进行,水深80 m水样视各水库采样时水深情况决定是否采集。采样点位见图9-1。

对水温、pH、HCO_3^-浓度进行现场测试,并在实验室分析了各水样的阴离子(Cl^-、NO_3^-、SO_4^{2-})、阳离子(K^+、Na^+、Ca^{2+}、Mg^{2+})、DSi、溶解无机碳同位素组成($\delta^{13}C_{DIC}$)、溶解有机碳(DOC)、颗粒有机碳(POC)及同位素组成($\delta^{13}C_{POC}$)等地球化学参数,并通过计算法获取样品中溶解CO_2的浓度。

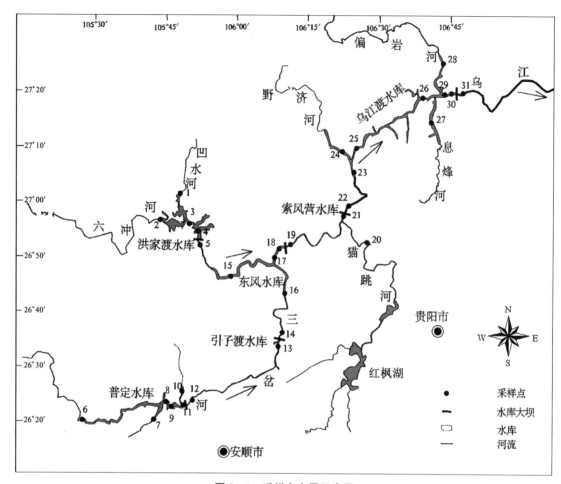

图 9 - 1 采样点布置示意图

9.1.2 样品分析

本次研究所有样品分析除现场测定部分外,均在中国科学院地球化学研究所环境地球国家重点实验室完成。为了数据的对比方便,研究中样品分析均采用标准方法。

9.2.2.1 现场分析

采用电极法现场测试水温、pH;用 HCl 滴定法分析水样中的 HCO_3^-。

9.2.2.2 实验室分析

(1)阴阳离子分析

离子色谱分析是最简单的测定所有带一价或二价电荷的实验方法。可以联机检测各种不同溶液中的阴、阳离子浓度,部分有机分子浓度,矿物包裹体中的阴、阳离子以用部分过渡金属离子浓度的微量甚至痕量分析,检测限为 $0.01\ mg \cdot L^{-1}$。本研究中的所有水样中 SO_4^{2-}、Cl^-、NO_3^- 的浓度分析,均采用美国 Dionex 公司 ICS - 90 型离子色谱仪完成。

本研究所有水样的阳离子均采用美国 Varian 公司 Vista MPX 型电感耦合等离子体——光发射光谱仪 ICP - OES 分析测试完成,检测限为 $0.01\ mg \cdot L^{-1}$。

(2)DOC 含量测定

湿法氧化总有机碳分析,采用加热的过硫酸盐技术对浓度范围 $2 \times 10^{-9} \sim 3 \times 10^{-2}$ 的样品进行分析。将定量的样品加入 TIC(Total Inorganic Carbon)反应管中,然后自动加入预先设置体积的酸,将样品酸化至 pH<2,样品中的碳酸根和碳酸氢根分解为 CO_2,生成的 CO_2 由一个非分散红外检测器定量检测并且分别以质量和浓度单位报告出来,以得到 TIC 结果。通过注入过硫酸钠氧化为 CO_2,由 NDIR 进行定量并且分别以碳的质量和碳的浓度单位报告出来,从而得至 NPOC(Non-purgable Organic Carbon)数值。而 TC(Total Carbon)则通过将未经吹扫的样品直接注入反应管中并且测量生成的 CO_2 而得到。TOC(Total Organic Carbon)也可以通过将 TC 的测量值减去 TIC 的测量值而得到。

将已进行预处理低温避光保存在棕色磨口玻璃瓶中的地表水体样品,直接装入检测器,采用 Aurora 1030W TOC 分析仪分析测试完成。

(3) 水样溶解无机碳(DIC)同位素分析

按照 Atekwana 等的方法(Atekawana et al., 1998),在实验室测定 $\delta^{13}C_{DIC}$ 具体步骤为:在玻璃瓶中注入 1 mL 85% 浓磷酸,并放入小磁棒,塞上塞子,在本实验室陶发祥研究员建立的高真空线上抽真空至 10^{-2} mbar 以下,取下放置备用。将带回的水样注入已抽好真空且放有浓磷酸和小磁棒的玻璃瓶中,注入水样过程尽快完成,同时要确认玻璃瓶真空度完好。将玻璃瓶套到高真空线上并水浴 50 ℃ 加热,水浴烧杯放在恒温磁力搅拌器上,并开启磁力搅拌器使水中的溶解无机碳完全转化为 CO_2 气体,在高真空线装置上萃取,通过酒精液氮和液氮冷阱逐级分离,纯化并收集纯的 CO_2 气体,转移 CO_2 气体到集气管,再用 MAT-252 质谱仪测定 $\delta^{13}C_{DIC}$ 值。测定的 $\delta^{13}C_{DIC}$ 值用千分比单位(‰),以 δ 符号来表示,并与国际标准 PDB 相对应,其计算式为:

$$\delta^{13}C_{DIC}(‰) = [(R_{样品} - R_{PDB})/R_{PDB}] \times 1\,000 \tag{9.1}$$

$\delta^{13}C_{DIC}$ 的分析误差为 0.1‰。

(4) 颗粒有机碳(POC)含量分析

将已去除无机碳的滤膜,冷冻干燥后,放入烘箱中常温加热至室温同时去除滤膜上吸附的水汽后,恒温称重。由过滤前后两次滤膜重量的差值,计算得到地表水体中颗粒有机物(Particulate Organic Matter, POM)的含量。

称取 2 mg 左右的颗粒有机物,采用 PE2400 II 型元素分析仪,进行 POM 中 C 的含量的测定。元素分析仪主要是在燃烧温度 975 ℃、还原温度 500 ℃ 条件下,测定待测样品中的 TOC。该仪器对碳的分析范围为 0.001~3.60 mg,分析误差均小于 5%,用 POM 与碳的百分含量相乘比上过滤水的体积即得水样中颗粒有机碳(POC)的含量。

(5) 颗粒有机碳(POC)碳的稳定同位素分析

采用高温(850 ℃)燃烧法进行分析测定。

采用石英管(外径 9 mm,长 28 cm,一端熔封)和丝状氧化铜均在 850 ℃ 灼烧 2 h,先加 1 g 氧化铜,再将滤膜置入熔封管中,再加 1~2 g 氧化铜。在高真空线上当真空达到 0.1 Pa 时熔封。反应后(850 ℃,5 h),在高真空线上破碎,释放出反应生成的 CO_2 和水,用液氮冷阱(−196 ℃)固化 CO_2 和水,再换成酒精液氮冷阱(−80 ℃),此时,固态 CO_2 直接升华成气态 CO_2,而水则继续被固化在冷阱中,在真空线的另一端用液氮冷阱将 CO_2 固化在样品收集管中。如果要测量 CO_2 的量,则将升华的 CO_2 用液氮冷阱固化在压力转换器的冷阱中,达到室温时,测量压力并记录当时的温度,再用液氮冷阱将 CO_2 气体固化在样品收集管中。在双路进样同位素比值质谱仪(MAT-252)上测定 CO_2 气体的同位素比值,测量结果以传统的"δ"定义,相对于国际标准(PDB)表示,并采用国际纤维素(24.9‰)作校验,总分析精度及准确度均为±0.1‰(1σ)。

$$\delta^{13}C_{POC}(‰)=[(R_{样品}-R_{PDB})/R_{PDB}]\times1\,000 \qquad (9.2)$$

9.2　梯级拦截对河流溶解无机碳(DIC)及其同位素组成的影响

水体中溶解无机碳(DIC)含量及其碳同位素组成($\delta^{13}C_{DIC}$)的变化能够反映碳的地球化学行为和生物地球化学特征(Amiotte-Suchet et al. 1999；Atekawana et al.，1998；Aucour et al. 1999；Breugel et al. 2005；Das et al. 2005；Hélie et al. 2002；Herczeg 1987；Myrbo et al.，2006；Takahashi et al. 2000；Wachniew，2006；Wang et al.，2000；Yang et al. 1996；李思亮等，2004；刘丛强，2007)。因此，水体中溶解无机碳(DIC)含量及其碳同位素组成($\delta^{13}C_{DIC}$)对于响应河流多次拦截后梯级水库的各个阶段演化过程、特征等生物地球化学信息具有重要指示意义。

水体中溶解无机碳的同位素组成主要受三个重要过程影响(Amiotte-Suchet et al.，1999；Barth et al.，1999；Herczeg，1987；Myrbo et al.，2006；Przemyslaw et al.，1997；刘丛强，2007)。① 入库水体的DIC碳同位素组成；② 水-气界面CO_2交换程度(即水体滞留时间，如Yang等1996在加拿大的研究表明，水体在湖泊中停留长，大气交换对同位素影响较大)；③ 光合作用与呼吸作用。其中，入库水体DIC的碳同位素组成主要来源于输入水库中的河水和地下水。其DIC的来源主要是土壤有机质分解释放的CO_2和流域岩石化学风化带入。研究表明：乌江流域土壤有机质形成的$\delta^{13}C_{DIC}$值冬季为-19‰，夏季为-16‰，流域碳酸盐岩风化形成的DIC其$\delta^{13}C_{DIC}$值约为0～2.0‰(Hélie et al.，2002；刘丛强，2007)。针对水-气界面的CO_2交换而言，大气CO_2溶于水中形成的HCO_3^-其$\delta^{13}C$约为0～2.5‰(Breugel et al.，2005；Hélie et al.，2002；Myrbo et al.，2006；Yang et al.，1996；刘再华等，2005)；光合作用与呼吸作用是一对相反的过程。淡水中水生光合作用主要利用溶解CO_2，合成有机碳时存在大约为20‰～23‰的同位素分馏(Hélie et al.，2002；Myrbo et al.，2006)，从而使得剩余水体内的DIC的碳同位素组成具有偏正趋势(Barth et al.，1999；Breugel et al.，2005；Hélie et al.，2002；Herczeg，1987；Myrbo et al.，2006；Yang et al.，1996；刘丛强，2007)；而呼吸作用则使有机质分解，由此产生的DIC也称呼吸作用DIC(Breugel et al.，2005)，该过程不存在较大的同位素分馏，但有机质分解释放大量的^{12}C，可以使水体中$\delta^{13}C_{DIC}$值偏负(Barth et al.，1999；Breugel et al.，2005；Hélie et al.，2002；Herczeg，1987；Myrbo et al.，2006；刘丛强，2007)，同时也增加水体DIC浓度。

水体中的溶解无机碳主要包括HCO_3^-、CO_3^{2-}和溶解CO_2等。研究区属碳酸盐岩地区，水体pH在7.10～8.95之间，平均值为8.06。在此碳酸平衡体系下，溶解无机碳以HCO_3^-为主，占总溶解无机碳的90%以上。因此，一般以HCO_3^-浓度表征水中溶解无机碳(Das et al.，2005；姚冠荣等；高全洲等，1998)。

9.2.1　对溶解无机碳(DIC)的影响

研究区各表层水体DIC浓度季节变化为春季＞夏季＞秋季＞冬季。除引子渡水库和索风营水库外，各出库水体中DIC浓度均高于入库水体和库区表层水体(图9-2)，这种现象在

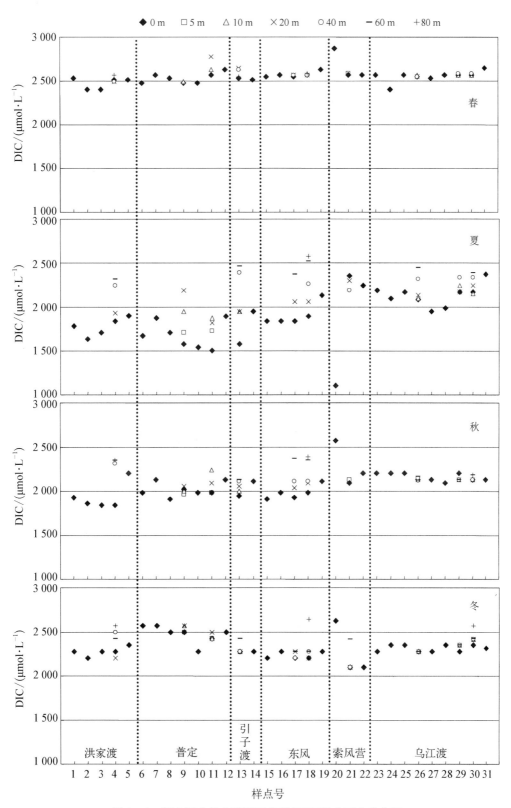

图 9-2 研究区水体中溶解无机碳(DIC)浓度时空分布图

夏季最为明显。就全年平均而言,除引子渡水库和索风营水库外,其余水库出库水体中 DIC 浓度均高于入库水体和库区坝前表层水体(表9.1)。说明入库水体中 DIC 含量经水库作用过程后,由于水体呼吸作用增强,使得土壤流失的有机质和水库自生藻类的不断降解产生的 DIC 加入水体中,水体中 DIC 含量增加。引子渡水库和索风营水库出现异常的原因是由于其入库水体主要由上游水库出库水体直接补给,而这两个水库库容均较小,水动力作用较强,水库作用过程使得 DIC 浓度的变化不足以抵消上游高浓度来水 DIC 的影响。

表 9.1　研究区各水库表层水体 DIC 浓度年均值

水 体 性 质	洪家渡	普定	引子渡	东风	索风营	乌江渡	各水库平均
入库水体/($\mu mol \cdot L^{-1}$)	2 077	2 178	2 288	2 265	2 291	2 270	2 228
库区表层水体/($\mu mol \cdot L^{-1}$)	2 117	2 122	2 085	2 163	2 279	2 306	2 179
出库水体/($\mu mol \cdot L^{-1}$)	2 243	2 288	2 214	2 288	2 279	2 365	2 280
出库水体与入库水体差值百分比/%	7.99	5.05	−3.23	1.02	−0.52	4.19	2.30
出库水体与坝前水体差值百分比/%	5.95	7.82	6.19	5.78	0.00	2.56	4.63

注:差值百分比为正时,表示表底层水体中的值比表层水体中的高;为负时,则相反。

从表9.1和图9-2还可以看出,由于上游水库泄水直接补给下游水库,而经水库作用后的水体中 DIC 浓度则高于上游水库,从而使得位于下游的水库表层水体中浓度含量高于上游水库,这种现象在夏季最为明显。

在水库库区垂直剖面上,春季和冬季 DIC 含量随水深的增加变化很小,而夏、秋季 DIC 含量垂直变化明显,DIC 含量随水深的增加而增加,表层和底层含量差异较大,春季、夏季、秋季、冬季各水库坝前剖面中底层水体中 DIC 平均含量表层分别高 2.52%、28.62%、13.9%、10.9%(图9-2)。研究区各水库坝前剖面表层和底层 DIC 年平均浓度见表9.2。这主要是由于表层水体中光合作用增强改变无机碳平衡体系,引起碳酸盐过饱和沉淀使得水体 DIC 浓度降低,而随着水深的增加,水体呼吸作用增强,水体中有机质分解,使得 DIC 随水深的增加而增加。在水库底部,沉积物有机质分解后向上层扩散的过程也使得底层水体 DIC 浓度增加。在夏季,水柱上部光合作用最强,而底部有机质也由于温度较高分解速度加快,从而使得表层水体和底层水体中 DIC 浓度差异达到最大。

表 9.2　研究区各水库坝前剖面表层和底层 DIC 浓度年均值

水 体 性 质	洪家渡	普定	引子渡	东风	索风营	乌江渡
表层水体/($\mu mol \cdot L^{-1}$)	2 117	2 122	2 085	2 163	2 362	2 170
底层水体/($\mu mol \cdot L^{-1}$)	2 453	2 307	2 393	2 549	2 383	2 417
底层水体与表层水体差值百分比/%	13.67	8.02	12.87	15.14	0.87	10.22

注:差值百分比为正时,表示表底层水体中的值比表层水体中的高;为负时,则相反。

就研究区各梯级水库而言,在夏季,从上游至下游,各水库上层水体中 DIC 含量表现为逐渐增高的趋势(图9-2),这主要是由于上游水库泄水是下游水库的入库水,上游水库泄水中 DIC 含量在夏季明显高于入库水体和库区坝前表层水体。

9.2.2　溶解无机碳同位素组成($\delta^{13}C_{DIC}$)对梯级水库作用过程的响应

研究区各表层水体 $\delta^{13}C_{DIC}$ 值夏季偏正,冬季偏负。这主要可能因为一方面丰水期水量增大,对水体具有稀释作用,使得其 DIC 含量较低;同时,流域碳酸盐岩分解,使得水体中 $\delta^{13}C_{DIC}$ 值偏正。另一方面,由于夏季光和作用较强,使得表层水体光合作用增强,表层水体 DIC 含量降低,$\delta^{13}C_{DIC}$ 偏正。此外,随着枯水季节水体水温分层现象逐渐消失,上下层水体混合,在水库底部形成的吸呼作用 DIC 扩散致表层,使得枯水期表层水体 DIC 含量增高,而 $\delta^{13}C_{DIC}$ 偏负。在研究区水库中,水生光合作用过程中的碳源主要是利用水中的溶解 CO_2,这个过程中,形成的有机质优先利用轻同位素,DIC 将产生约 20‰~23‰ 的分馏(Hélie et al.,2002;Myrbo et al.,2006),使得剩余水体内 DIC 的同位素偏正,同时 DIC 浓度降低。因此,夏季 $\delta^{13}C_{DIC}$ 相对偏正,而冬季 $\delta^{13}C_{DIC}$ 相对偏负。

与 DIC 含量相反,各出库水体中 $\delta^{13}C_{DIC}$ 值均低于入库水体,这种差异在夏季最为明显(图 9-3)。表 9.3 列出了各水库入库水体、库区表层水体及出库水体 $\delta^{13}C_{DIC}$ 年均值,由此看出,各水库出库水体中 $\delta^{13}C_{DIC}$ 年均值均低于入库水体和库区坝前表层水体,各水库出库水体中 $\delta^{13}C_{DIC}$ 平均值比入库水体和库区表层水体低 12.99% 和 16.26%。说明经水库作用过程后,水体中 $\delta^{13}C_{DIC}$ 值明显偏负。

表 9.3　研究区各水库表层水体 $\delta^{13}C_{DIC}$ 浓度年均值

水 体 性 质	洪家渡	普定	引子渡	东风	索风营	乌江渡	各水库平均
入库水体/‰	−6.1	−6.9	−8.4	−8.5	−7.8	−8.5	−7.7
坝前水体/‰	−6.6	−6.8	−7.4	−7.4	−8.2	−8.5	−7.5
出库水体/‰	−8.6	−8.4	−8.8	−8.7	−8.7	−9.0	−8.7
出库水体与入库水体差值百分比/%	−40.98	−21.74	−4.76	−2.35	−11.54	−5.88	−12.99
出库水体与坝前水体差值百分比/%	−30.30	−23.53	−18.92	−17.57	−6.10	−5.88	−16.26

注:差值百分比为正时,表示表底层水体中的值比表层水体中的偏正;为负时,则相反。

从图 9-3 还可以看出,由于上游水库泄水直接补给下游水库,而经水库作用后的水体中 $\delta^{13}C_{DIC}$ 值则比上游水库偏负。总体上,下游水库中 $\delta^{13}C_{DIC}$ 值低于上游水库,这种现象在夏、秋季最为明显。

在库区水体垂直剖面上,$\delta^{13}C_{DIC}$ 基本上是随着水深的增加而逐渐偏负,这在夏季最为明显,冬季相对均一(图 9-3)。春季、夏季、秋季、冬季研究区水库坝前底层水体中 $\delta^{13}C_{DIC}$ 平均值分别比表层水体中偏负 11.07%、51.35%、26.79%、7.48%。各水库底层水体中的 $\delta^{13}C_{DIC}$ 年平均值也比表层水体中偏负,且从上游水库到下游水库,底层水体与表层水体 $\delta^{13}C_{DIC}$ 年平均值之间的差值呈逐渐缩小的趋势(表 9.4)。这主要是由于夏季水生光合作用旺盛,受光透深度、水体热分层等因素的影响,上层水体是水库初级生产力的主要产生区域。上层水体光合作用一定程度上降低水体的 DIC 浓度,同时也可能使剩余 DIC 的 $\delta^{13}C_{DIC}$ 增加;新形成的有机质颗粒在水柱沉降过程以及在沉积物表层中都可能发生降解,有机质分解释放大量的 $^{12}CO_2$ 进入水体,使得具偏负 $\delta^{13}C_{DIC}$ 的 DIC 在水体下层聚集,并增加下层水体的 DIC 浓度(图 9-2、图 9-3)。

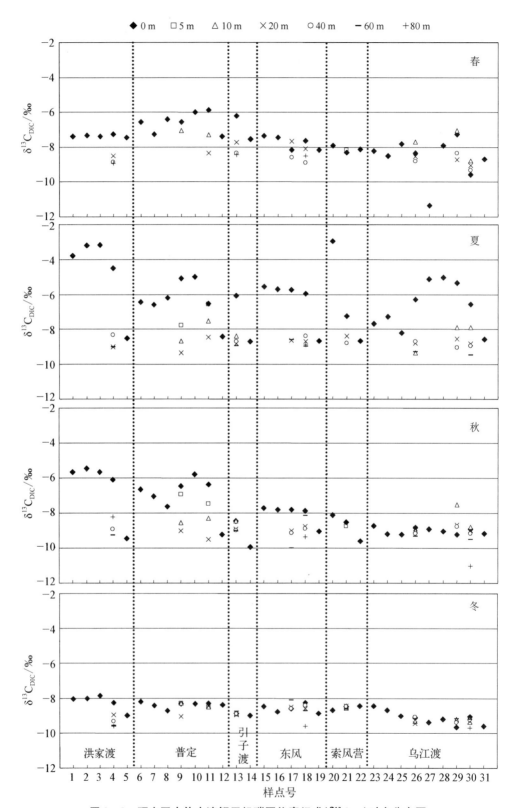

图 9 - 3 研究区水体中溶解无机碳同位素组成($\delta^{13}C_{DIC}$)时空分布图

表 9.4 研究区各水库坝前剖面表层和底层 $\delta^{13}C_{DIC}$ 年均值

水 体 性 质	洪家渡	普定	引子渡	东风	乌江渡	各水库平均
表层水体/($\mu mol \cdot L^{-1}$)	−6.6	−6.8	−7.4	−7.4	−8.7	−7.4
底层水体/($\mu mol \cdot L^{-1}$)	−8.9	−8.9	−8.8	−9.1	−10.1	−9.2
底层水体与表层水体差值百分比/%	−25.84	−23.60	−15.91	−18.68	−13.86	−19.43

注：差值百分比为正时，表示表底层水体中的值比表层水体中的偏正；为负时，则相反。

由于水库水体垂直剖面上水温分层结构可以维持在整个夏季，有效限制了水库上、下水团的混合，上、下层水体交换不畅，这使得整个水柱剖面上 DIC 及其碳同位素组成发生显著分异。秋、冬季节，随着水体热分层的消失，上下层水体逐渐混合，下层具偏负 $\delta^{13}C_{DIC}$ 值的 DIC 与上层水体交换，使上、下层 DIC 含量及其碳同位素组成差异减小，在水柱剖面上逐渐分布均匀。

本次研究结果与在湖泊研究中观察到的现象相似，如贵州红枫湖、加拿大 Meech Lake、日本的琵琶湖等（Herczeg，1987；Miyajima et al.，1997；Wang et al.，2000；刘丛强，2007）。均表现为上层水体 $\delta^{13}C_{DIC}$ 值夏季偏正，冬季偏负，与之相对应的 DIC 含量夏季偏低，而冬季偏高。这表明河流受水坝拦截后，水化学特征发生显著改变，逐渐向湖沼型方向演化（Straskraba et al.，1993）。

9.3 对溶解有机碳（DOC）的影响

9.3.1 DOC 是河流、水库中有机碳的主要组成部分

尽管 DOC 在水库碳循环过程中占有重要的地位，但由于水库 DOC 的来源、转化过程等复杂，目前的认识还很有限，很难在水库中建立 DOC 的质量平衡关系（Dillon et al.，1997）。DOC 的来源主要有内源和外源两种，内源来源于水生浮游生物，外源主要是土壤有机质的降解产物，其次是人类生产、生活的排放物。

研究区各表层水体的 DOC 浓度季节变化不一致，但平均而言秋季最低，冬季最高，春季和夏季相近，入库水体春、夏、秋、冬各季节的平均浓度分别为 133 $\mu mol \cdot L^{-1}$、140 $\mu mol \cdot L^{-1}$、91 $\mu mol \cdot L^{-1}$、170 $\mu mol \cdot L^{-1}$，年平均值为 128 $\mu mol \cdot L^{-1}$。水库库区表层水体春、夏、秋、冬各季节的平均浓度分别为 119 $\mu mol \cdot L^{-1}$、166 $\mu mol \cdot L^{-1}$、82 $\mu mol \cdot L^{-1}$、185 $\mu mol \cdot L^{-1}$，年平均值为 138 $\mu mol \cdot L^{-1}$。出库水体春、夏、秋、冬各季节的平均浓度分别为 92 $\mu mol \cdot L^{-1}$、101 $\mu mol \cdot L^{-1}$、78 $\mu mol \cdot L^{-1}$、149 $\mu mol \cdot L^{-1}$，年平均值为 106 $\mu mol \cdot L^{-1}$（图 9-4），其值与长江干流中的浓度（1997 年均值为 105 $\mu mol \cdot L^{-1}$，2003 年均值为 108 $\mu mol \cdot L^{-1}$）基本相同（Wu et al.，2007）。

9.3.2 水库作用对 DOC 有明显的拦截作用

除引子渡水库外，各水库出库水体 DOC 年均浓度均低于入库水体（图 9-4 和表 9.5），春季、夏季、秋季、冬季水库出库水体中 DOC 平均含量比入库水体中分别低 38.62%、29.49%、14.91%、11.91%，比全年平均低 23.09%。

虽然上游水库泄水直接补给下游水库，但由于各水库营养状况不同，由各水库内部水生生

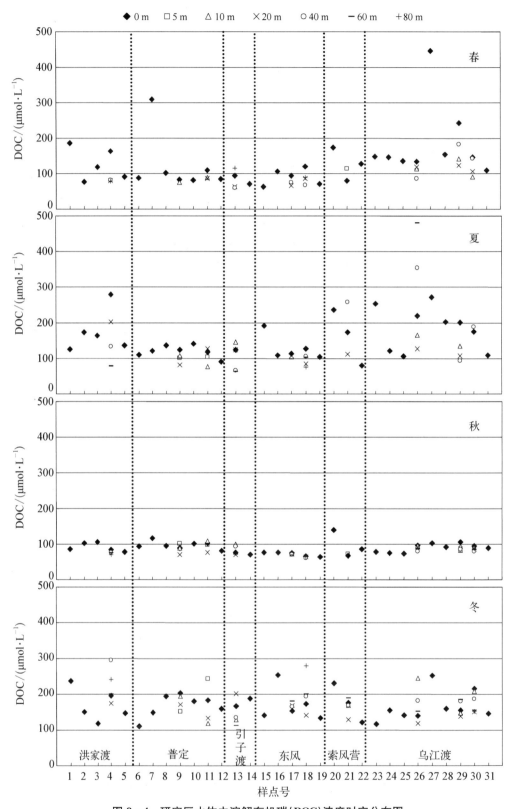

图 9-4 研究区水体中溶解有机碳(DOC)浓度时空分布图

表 9.5　研究区各水库表层水体 DOC 浓度年均值

水 体 性 质	洪家渡	普定	引子渡	东风	索风营	乌江渡	各水库平均
入库水体/($\mu mol \cdot L^{-1}$)	142	133	104	109	144	139	128
坝前水体/($\mu mol \cdot L^{-1}$)	180	129	115	122	124	158	138
出库水体/($\mu mol \cdot L^{-1}$)	113	104	110	93	104	113	106
出库水体与入库水体差值百分比/%	−20.16	−21.92	5.49	−14.70	−28.00	−18.23	−17.35
出库水体与坝前水体差值百分比/%	−37.17	−19.01	−4.70	−23.90	−16.44	−28.34	−23.09

注：差值百分比为正时，表示表底层水体中的值比表层水体中的高；为负时，则相反。

物产生的 DOC 含量也不尽相同，DOC 在下游水库中的含量并没有明显低于上游水库，如位于研究区最下游的乌江渡水库，由于其富营养程度高，水库自生 DOC 含量增加，其 DOC 浓度在夏季就远高于除北源龙头水库洪家渡水库以外的其他上游各水库（图 9 - 4），从而掩盖了水库对 DOC 的拦截效应。

在库区水体垂直剖面上，各水库坝前夏季和冬季 DOC 含量较高，而春季和秋季较低。春季和夏季总体上各水库坝前剖面水体中 DOC 含量由表层到底层先随水深的增加而降低，但东风水库、引子渡水库、洪家渡水库底层的 DOC 含量却有所增高。产生这一现象的原因可能是由于底部沉积物孔隙水中 DOC 向上覆水体扩散。在秋季和冬季，各水库坝前垂直剖面 DOC 随水深的增加没有明显的变化规律。就全年平均而言，除东风水库外，其余各水库坝前底层水体中 DOC 浓度均低于表层水体（表 9.6），东风水库出现与别的水库不同的情况是由于其冬季底层水体采样时受扰动，沉积物孔隙水中 DOC 向上覆水体扩散而使得其底层水体中 DOC 浓度增加（图 9 - 4）。

表 9.6　研究区各水库坝前剖面表层和底层 DOC 浓度年均值

水 体 性 质	洪家渡	普定	引子渡	东风	乌江渡	各水库平均
表层水体/($\mu mol \cdot L^{-1}$)	181	129	115	122	148	139
底层水体/($\mu mol \cdot L^{-1}$)	117	108	91	127	119	112
底层水体与表层水体差值百分比/%	−54.70	−19.44	−26.37	3.94	−24.37	−23.67

注：差值百分比为正时，表示表底层水体中的值比表层水体中的高；为负时，则相反。

9.4　对颗粒有机碳及其同位素组成的影响

POC 是指水体中不能通过一定孔径（多用 0.7 μm）玻璃纤维微孔滤膜的那部分颗粒物中所含的有机碳。水库中的 POC 主要有两种来源：① 从流域输入的 POC，它主要是土壤风化侵蚀产物，其中，植物的枯枝落叶、人类生产生活产生的废弃物也占有很大份额；② 水库光合作用形成的藻类等浮游植物、少量的浮游动物及它们的残体。颗粒有机碳在河流有机碳中占重要地位，颗粒有机碳大约占世界河流总有机碳通量的一半，而且是形成沿海沉积物的陆源成分。河流的 POC 的输出率与全球所有海洋沉积物中有机碳的积累率相似。

有机碳同位素的分馏主要受光合作用机制、碳的来源、水生生物新陈代谢及溶解有机碳再矿化过程中的同化作用等因素的影响。空气中的 CO_2 的 $\delta^{13}C$ 与由此合成的有机化合物的 $\delta^{13}C_{POC}$ 值之间有很大的差异，即光合作用合成的有机化合物，富集了轻的 ^{12}C。其中 C_3 植物遵循卡尔文循环，$\delta^{13}C_{POC}$ 值大致在 $-32‰\sim-22‰$ 之间，平均值为 $-25‰$，而 C_4 植物则通过 Hatch-Slank 途径，其 $\delta^{13}C_{POC}$ 值介于 $-19‰\sim-6‰$ 之间，平均值为 $-12‰$。CAM 植物介于 $-23‰\sim-10‰$ 之间（刘丛强，2007）。

9.4.1　对颗粒有机碳（POC）的影响

研究区各表层水体 POC 含量在夏季最高，冬季最低（图 9-5）。主要是由于夏季是该流域的丰水期，降水将流域土壤内 POC 带入河流，进而输入水库中；另外，由于光合作用增强，水库内部浮游生物量增多，也使得 POC 含量增高，这一点在乌江渡水库最为明显，因为乌江渡水库是研究区水库中营养程度最高的水库（Wang et al.，2008）。在夏季，各水库库区表层水体中 POC 平均值比入库水体中 POC 平均值高 27.57%，而乌江渡水库坝前表层水体中 POC 浓度却是入库水体 POC 浓度平均值的 4.01 倍，这说明研究区各水库中 POC 均有一部分来源于水库内部，而处于重度富营养化的乌江渡水库中 POC 则绝大部分来源于水库内部。

在春季、夏季、秋季、冬季各季出库水体中 POC 的平均浓度比入库水体分别低 23.57%、66.63%、53.97%、17.21%。说明水库作用对 POC 有明显的拦截作用，这一作用在夏季和秋季表现最为明显。对单个水库而言，除引子渡水库在春季和夏季、索风营水库在春季时出库水体中 POC 浓度高于入库水体外，其余各水库均与上述趋势一致（表 9.7 和图 9-5），这主要是由于引子渡水库水坝下游两岸均植被覆盖少，两岸颗粒物质在雨水冲刷下直接入河，而索风营水库当时正在施工所致。另外，虽上游水库泄水直接补给下游水库，但由于各水库营养状况不同，POC 在下游水库中的含量并没有低于上游水库中，掩盖了梯级水库对 POC 的水库拦截效应。

表 9.7　研究区各水库表层水体 POC 浓度年均值

水 体 性 质	洪家渡	普定	引子渡	东风	索风营	乌江渡	各水库平均
入库水体/($\mu mol \cdot L^{-1}$)	169	290	121	125	454	160	220
坝前水体/($\mu mol \cdot L^{-1}$)	185	250	167	123	183	514	237
出库水体/($\mu mol \cdot L^{-1}$)	129	121	147	90	121	118	121
出库水体与入库水体差值百分比/%	-23.91	-58.33	21.33	-27.98	-73.30	-26.61	-45.06
出库水体与坝前水体差值百分比/%	-30.35	-51.70	-12.28	-27.18	-33.83	-77.14	-49.07

注：差值百分比为正时，表示表底层水体中的值比表层水体中的高；为负时，则相反。

从整体上看，库区水体中 POC 的浓度从表层到底层是逐渐递减的，在夏季最为显著。由于 POC 主要由表层水体光合作用产生，在向下沉降过程中不断分解，POC 浓度逐渐降低。然而，由于底部沉积物的再悬浮作用，使得部分水库中 POC 先随水深的增加而降低，接近底部时，POC 浓度又逐渐升高，这一现象在水深较浅的普定水库较为明显，但底层 POC 的浓度总体上是低于表层的，春季、夏季、秋季、冬季研究区水库底层水体中 POC 的浓度分别比表层低 22.34%、79.64%、14.5%、25.22%。就全年平均而言，各水库也都具有此规律（图 9-5 和表 9.8）。

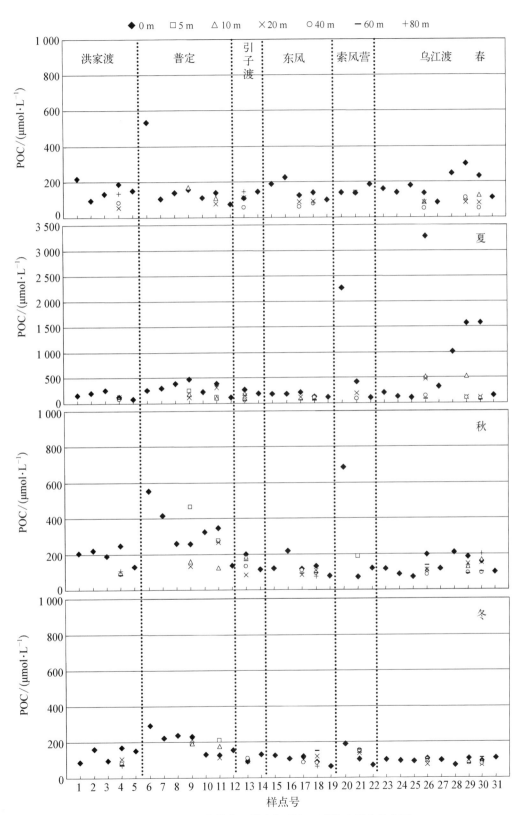

图 9-5　研究区水体中颗粒有机碳(POC)浓度时空分布图

表 9.8　研究区各水库坝前剖面表层和底层 POC 浓度年均值

水 体 性 质	洪家渡	普定	引子渡	东风	乌江渡	各水库平均
表层水体/($\mu mol \cdot L^{-1}$)	185	250	167	123	421	229
底层水体/($\mu mol \cdot L^{-1}$)	102	222	112	70	115	124
底层水体与表层水体差值百分比/%	−81.77	−12.74	−48.78	−76.07	−264.68	−84.49

注：差值百分比为正时,表示表底层水体中的值比表层水体中的高;为负时,则相反。

9.4.2　颗粒有机碳同位素组成($\delta^{13}C_{POC}$)对梯级水库作用过程的响应

整体而言,各水库表层水体 $\delta^{13}C_{POC}$ 值在夏季偏正、冬季偏负(图 9-6),反映了水体受流域内植被覆盖变化的影响,研究区夏季玉米等 C_4 植物增加,由流域带入河流及水库水体中的颗粒有机物质中 C_4 植物碎屑比例增加,从而使 $\delta^{13}C_{POC}$ 值偏正。除秋季出库水体中 $\delta^{13}C_{POC}$ 平均值比入库水体偏正 5.4‰外,其余各季出库水体中 $\delta^{13}C_{POC}$ 平均值均比入库水体偏负,在春季、夏季、冬季分别偏负 4.8‰、4.8‰、2.1‰。就各单个水库而言,其出库水体中 $\delta^{13}C_{POC}$ 年平均值与入库水体中的差值变化趋势各不相同:洪家渡水库、普定水库和东风水库出库水体中 $\delta^{13}C_{POC}$ 年平均值比入库水体中的偏正,而引子渡水库、索风营水库和乌江渡水库则相反(表 9.9)。

表 9.9　研究区各水库表层水体 $\delta^{13}C_{POC}$ 浓度年均值

水 体 性 质	洪家渡	普定	引子渡	东风	索风营	乌江渡	各水库平均
入库水体/‰	−29.8	−28.3	−28.1	−28.9	−26.7	−28.7	−28.4
坝前水体/‰	−29.1	−28.6	−30.0	−29.1	−29.7	−25.9	−28.7
出库水体/‰	−29.6	−28.1	−29.8	−28.2	−29.3	−28.9	−29.0
出库水体与入库水体差值百分比/%	0.71	0.65	−5.87	2.74	−9.61	−0.37	−1.84
出库水体与坝前水体差值百分比/%	−1.52	1.58	0.67	3.26	1.26	−11.39	−0.82

注：差值百分比为正时,表示表底层水体中的 $\delta^{13}C_{POC}$ 值比表层水体中的偏正;为负时,则相反。

库区水体垂直剖面上,在春季,水深 20 m 以上除普定水库中 $\delta^{13}C_{POC}$ 值随水深的增加而增加外,其余各水库中 $\delta^{13}C_{POC}$ 值随水深的增加而降低;在水深 20～60 m 之间,各水库 $\delta^{13}C_{POC}$ 值随水深的增加而小幅增加。夏季,洪家渡水库中 $\delta^{13}C_{POC}$ 值随水深的增加而增加,普定水库和东风水库中 $\delta^{13}C_{POC}$ 值在水柱垂直剖面上几乎没有变化;引子渡水库中 $\delta^{13}C_{POC}$ 值在水深 10 m 处小幅偏负,水深 10～20 m 处随水深的增加而增加,而在水深 20 m 以下则基本相同;乌江渡水库从表层至水深 10 m 处,$\delta^{13}C_{POC}$ 值急剧偏负,而在水深 10 m 以下则几乎没有变化。秋季和冬季除乌江渡水库底层 $\delta^{13}C_{POC}$ 值明显偏负外,其余水库中 $\delta^{13}C_{POC}$ 值在剖面上变化不大(图 9-6)。

水库水体中 POC 来源复杂,不仅受土壤有机质和流域陆生植物种类的影响,而且受水体营养化程度、水生浮游生物种类和数量的影响。因此,$\delta^{13}C_{POC}$ 的变化规律性较差,用于示踪水库作用过程难度较大。

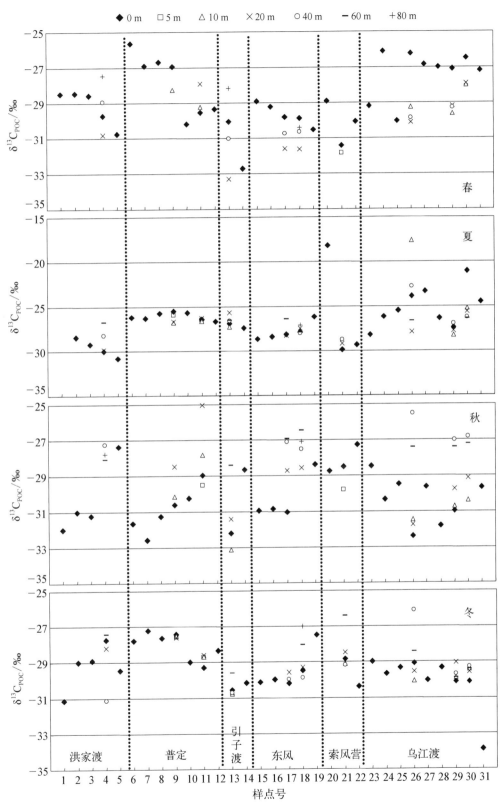

图 9 - 6 研究区水体中颗粒有机碳同位素组成($\delta^{13}C_{POC}$)时空分布图

9.5 水库内部碳循环的关键过程

9.5.1 水库内部碳循环过程有其自身的特殊性

河流筑坝拦截后,水动力强度降低,河流"急流生态环境"逐渐向湖泊的"静水环境"方向演变,水库水深大幅增加,研究区水库库区坝前水深除普定水库外均在 80 m 以上,从而,水环境发生类似天然湖泊的"湖沼反应"。但水库在水文过程中(人为调蓄)、水体滞留时间、来水方式、泄水方式等方面与自然湖源有较大的差异,因此,水库内的"湖沼反应"又具有自身的特殊性,因而,水库内部碳循环过程也具有与湖泊相似之处,也有其自身的特殊性。

9.5.2 水库内部水温的季节性差异使各形态碳及其同位素产生分异

研究区水库内部水温存在明显的季节性差异,夏季表层水水温高,随着深度的增加水温降低,上层温度较高的水密度较小,从而阻碍了水库水体在垂直方向上的混合(图 9-7)。

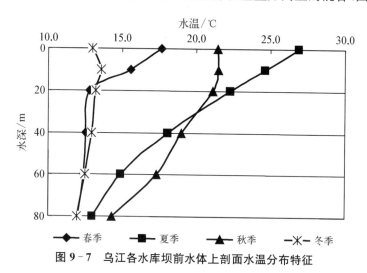

图 9-7 乌江各水库坝前水体上剖面水温分布特征

同时,各形态碳及其同位素组成也相应地产生了分异。受光透水深度、水体热分层等因素的影响,上层水体是库区初级生产力的主要产生区域。夏季上层水体水生光合作用旺盛。淡水中水生光合作用主要利用溶解 CO_2,合成有机碳时存在大约为 20‰～23‰ 的同位素分馏(Hélie et al.,2002;Myrbo et al.,2006),从而使剩余水体内的 DIC 的碳同位素组成具有偏正趋势(Barth et al.,1999;Breugel et al.,2005;Hélie et al.,2002;Herczeg,1987;Myrbo et al.,2006;Yang et al.,1996;刘丛强,2007)。因此,研究区水库上层水体光合作用一定程度上降低水体的 DIC 浓度,同时也使剩余 DIC 的 $\delta^{13}C_{DIC}$ 增加,同时,使得上层水体中有机碳增加;新形成的有机质颗粒在水柱沉降过程以及在沉积物表层中都可能发生降解,虽然有机质在分解过程中不存在同位素分馏,但有机质分解释放大量的 $^{12}CO_2$ 进入水体,使得具偏负 $\delta^{13}C_{DIC}$ 的 DIC 在水体下层聚集,并增加下层水体的 DIC 浓度,从而减少下层水体的 POC 和 DOC 浓度。此外,由于研究区水库均为下层泄水,水库泄水时的水流会带动水库底部水体流动,从而引起水库底部沉积物再悬浮,使得沉积物孔隙水中高浓度的 DIC、DOC 向上扩散。据吴丰昌等的研究,水库(湖泊)底部沉积物向水体内扩散的碱度占库区碱度来源的 1/3,由于颗粒物的再悬浮作用,使得水库底部 DIC、POC、DOC 含量也相应升高。因此,在水库水体垂直剖面上,DIC 浓度随着水深的增大而增大,DOC 和 POC 浓度先随水深的增加而降低,到底部后又有所增加;$\delta^{13}C_{DIC}$ 值随着水深的增加而偏负,$\delta^{13}C_{POC}$ 在水柱剖面上变化不明显,而在底部一般相对偏负。

库区水体垂直剖面上的水温分层结构可以在整个夏季维持,有效限制了水库上、下水团的混合,上、下层水体交换不畅,同时夏季为浮游植物主要的生长季节,这使得各形态碳及其同位素组成在整个水柱剖面上发生显著分异。

到冬季,随着水体热分层的消失,上下层水体逐渐混合,各形态碳及其同位素组成在水柱剖面上逐渐趋于一致。

水库作用过程使得出库水体中 DIC 浓度增大,DOC 和 POC 浓度降低。在流域尺度上,研究区梯级水库成为河流 DIC 的“源”,DOC、POC 的“汇”。在水体垂直剖面上,DIC 浓度随水深的增加而增大,而 DOC、POC 浓度则随着水深的增加而降低,但由于底部沉积物的再悬浮作用,使得部分剖面中底部水体中 DOC、POC 浓度增大。

由于上游水库泄水直接补给下游水库,使得梯级水库叠加了多个作用过程,从上游至下游,各水库上层水体中 DIC 含量表现为逐渐增高的趋势,这种趋势在夏季最为明显。由于各水库营养状况不同,水库内部自生的 DOC 和 POC 产生量不同,虽然各水库出库水体中 DOC 和 POC 浓度均低于库区表层水体,但下游水库中 DOC 和 POC 浓度并没有明显低于上游水库,掩盖了梯级水库对 DOC 和 POC 的拦截效应。

溶解无机碳同位素组成($\delta^{13}C_{DIC}$)对水库过程有良好的响应,水库出库水体中 $\delta^{13}C_{DIC}$ 值比入库水体和库区表层水体均偏负,在库区坝前垂直剖面上,$\delta^{13}C_{DIC}$ 值随着水深的增加而偏负,$\delta^{13}C_{POC}$ 值变化规律性较差。根据研究结果,可用 $\delta^{13}C_{DIC}$ 值对水库作用过程对水环境的影响进行示踪。

参 考 文 献

高全洲,沈承德.1998.河流碳通量与陆地侵蚀研究[J].地球科学进展,13:370-375.

李思亮,刘丛强,陶发祥,等.2004.碳同位素和水化学在示踪贵阳地下水碳的生物地球化学循环及污染中的应用[J].地球化学,33:165-170.

刘丛强.2007.生物地球化学过程与地表物质循环:西南喀斯特流域侵蚀与生源要素循环[M].北京:科学出版社.

刘再华,YOSHIMURA K,INOKURA Y,等.2005.四川黄龙沟天然水中的深源 CO_2 与大规模的钙华沉积[J].地球与环境,33:1-10.

姚冠荣,高全洲,黄夏坤,等.西江下游溶解无机碳含量变化及其稳定同位素示踪[J/ON].中国科技论文在线,(http://www.paper.edu.cn).

AMIOTTE-SUCHET P,AUBERT D,PROBST J L,et al. 1999. $\delta^{13}C$ pattern of dissolved inorganic carbon in a small granitic catchment:the Strengbach case study (Vosges mountains,France)[J]. Chemical Geology,159:129-145.

ATEKAWANA E A,KRISHNAMURTHY R V. 1998. Seasonal variations of dissolved inorganic carbon and $\delta^{13}C$ of surface water:Application of a modified gas evolution technique[J]. Journal of Hydrology,205:265-278.

AUCOUR A M,SHEPPARD S M F,GUYOMAR O,et al. 1999. Use of ^{13}C to trace origin and cycling of inorganic carbon in the Rhone river system[J]. Chemical Geology,159:87-105.

BARTH J A C,VEIZER J. 1999. Carbon cycle in St. Lawrence aquatic ecosystems at Cornwall (Ontario),Canada:Seasonal and spatial variations[J]. Chemical Geology,159:107-128.

BREUGEL Y V, SCHOUTEN S, PAETZEL M, et al. 2005. The impact of recycling of organic carbon on the stable carbon isotopic composition of dissolved inorganic carbon in a stratified marine system (Kyllaren fjord, Norway) [J]. Organic Geochemistry, 36: 1163 - 1173.

DAS A, KRISHNASWAMI S, BHATTACHARYA S K. 2005. Carbon isotope ratio of dissolved inorganic carbon (DIC) in rivers draining the Deccan Traps, India: Sources of DIC and their magnitudes[J]. Earth and Planetary Science Letters, 236: 419 - 429.

DILLON P J, MOLOT L A. 1997. Dissolved organic and inorganic carbon mass balances in central Ontario lakes[J]. Biogeochemistry, 36: 29 - 42.

HARRIS G P. 1999. Comparison of the biogeochemistry of lake and estuaries: ecosystem processes, functional groups, hysteresis effects and interactions between macro- and microbiology[J]. Marine and Freshwater Research, 50: 791 - 811.

HERCZEG A L. 1987. A stable carbon isotope study of dissolved inorganic carbon cycling in a softwater lake [J]. Biogeochemistry, 4: 231 - 263.

HÉLIE J F, HILLAIRE M C, RONDEAU B. 2002. Seasonal changes in the sources and fluxes of dissolved inorganic carbon through the St.Lawrence River-isotopic and chemical constraint[J]. Chemical Geology, 186: 117 - 138.

MIYAJIMA T, YAMADA Y, WADA E. 1997. Distribution of greenhouse gases, nitrite, and ^{13}C of dissolved inorganic carbon in Lake Biwa: Implications for hypolimnetic metabolism[J]. Biogeochemistry, 36: 205 - 221.

MYRBO A, SHAPLEY M D. 2006. Seasonal water-column dynamics of dissolved inorganic carbon stable isotopic compositions ($\delta^{13}C_{DIC}$) in small hardwater lakes in Minnesota and Montana[J]. Geochimica et Cosmochimica Acta, 70: 2699 - 2714.

PRZEMYSLAW, WACHNIEW, ROZANSKI K. 1997. Carbon budget of a mid-latitude, groundwater-controlled lake: Isotopic evidence for the importance of dissolved inorganic carbon recycling [J]. Geochimica et Cosmochimica Acta, 61: 2453 - 2465.

STRASKRABA M, TUNDISI G, DUNCAN A. 1993. Comparative reservoir limnology and water quality management[M]. Berlin: Springer-Science+Business Media, 50: 112 - 114.

TAKAHASHI Y, MATSUMOTO E, WATANABE Y W. 2000. The distribution of δ^{13}C in total dissolved inorganic carbon in the central North Pacific Ocean along 175°E and implications foranthropogenic CO_2 penetration[J]. Marine Chemistry, 69: 237 - 251.

WACHNIEW P. 2006. Isotopic composition of dissolved inorganic carbon in a large polluted river: The Vistula, Poland[J]. Chemical Geology, 233: 293 - 308.

WANG B, LIU C Q, WANG F, YU Y. 2008. The distributions of autumn picoplankton in relation to environmental factors in the reservoirs along the Wujiang River in Guizhou Province, SW China[J]. Hydrobiologia, 598: 35 - 45.

WANG X, VEIZER J. 2000. Respiration-photosynthesis balance of terrestrial aquatic ecosystems, Ottawa area, Canada[J]. Geochimica et Cosmochimica Acta, 64: 3775 - 3786.

WU Y, ZHANG J, LIU S M. 2007. Sources and distribution of carbon within the Yangtze River system[J]. Estuarine, Coastal and Shelf Science, 71: 13 - 25.

YANG C, TELMER K, VEIZER J. 1996. Chemical dynamics of the "St.Lawrence" riverine system: δD_{H2O}, $\delta^{18}O_{H2O}$, $\delta^{13}C_{DIC}$, $\delta^{34}S_{sulfate}$, and dissolved $^{87}Sr/^{86}Sr$[J]. Geochimica et Cosmochimica Acta, 60: 851 - 866.

（本章作者：喻元秀）

第 10 章

乌江流域梯级水库-河流体系中的氮循环过程

随着对能源结构改善的需求,水电作为可持续利用的能源越来越受到人们的重视,同时水坝拦截对河流生源要素生物地球化学循环的影响及由其引起的水环境问题也受到越来越多的关注(Fearnside,2002;Friedl et al.,2004;刘丛强,2007)。水坝修筑后,水库成为流域景观格局的重要组成部分。当前对河流"水库效应"的研究主要集中在由水坝拦截引起的河流水文情势改变、泥砂淤积、地貌侵蚀和鱼类洄游、水坝建设对生源要素的拦截等方面。氮是生命所必需的元素,它在从陆地生态系统到水生生态系统的物质和能量流动中起着关键作用(Carpenter et al.,1998);氮也是河流-水库系统重要的营养元素,随着人工固氮技术的发展,全球各生态系统活性氮加剧累积,已经引起了一系列的环境问题,尤其是对于水生系统而言,如湖泊/水库的富营养化现象、地下水污染、过量温室气体 N_2O 的排放对臭氧层的破坏等。

在对我国西南地区诸多河流大规模梯级开发的背景下,对梯级开发河流-水库体系氮的时空分布格局、迁移转化特征以及生物地球化学循环过程开展系统研究,具有重要的环境意义和现实需求。一方面,西南喀斯特生态脆弱区环境问题的产生和影响较其他地区更为深远,而且不易恢复,尤其是对梯级开发河流-水库体系而言,氮累积和污染成因不明,有可能导致高氮河流的形成,进而影响河流生态环境和人类健康。另一方面,在典型的梯级开发河流开展针对性研究,可以为我国西南河流总体研究提供研究示范和数据基础,对未来系统评价河流-水库体系氮负荷水平以及治理和控制氮累积提供重要科学依据。

10.1 河流-水库体系中氮的生物地球化学过程

地球上最大的氮储库是大气,近地表环境中约 99% 的氮以 N_2 形式存在于大气和溶解于海水中。氮可以以气态、液态和固态存在,其价态可由 +5 价变化到 -3 价,存在的无机形态一般包括 NO_3^-、NO_2^-、NO_2、NO、N_2O、N_2、NH_4^+、NH_3 等,有机形态主要有氨基酸、蛋白质、核酸、脂肪酸等。

水体中主要的氮形态为有机氮和无机氮。河流-水库体系中无机氮主要以硝酸盐氮($NO_3^- - N$)、氨态氮($NH_4^+ - N$)、亚硝态氮($NO_2^- - N$)、溶解的氮气(N_2)等形态为主,其中前两者可被植物直接吸收。按照其物理性质,有机氮可分为颗粒态有机氮(Particulate Organic Nitrogen,PON)和溶解态有机氮(Dissolved Organic Nitrogen,DON)。这两种有机氮组分在水生系统中相互联系、转化,并与无机物质一起控制着水生系统内部的物质循环和能量流动。

10.1.1 河流-水库体系中氮的来源和转化

在生态系统中,氮主要存在于各种形态的有机物中,有机物随着生命体的产生、生长、繁荣和消亡过程在有机态和无机态之间转化。水库水体中水生生物的生长、繁殖吸收水体中的 $NO_3^- - N$ 和 $NH_4^+ - N$，当水生生物死亡后，在微生物的驱动下通过分解作用转化为无机形态重新回到生物地球化学循环过程中(李思亮等，2002)。氮元素是生命体的组成元素，是构成蛋白质的重要基础，因此对于水库而言，氮也是限制初级生产力的重要营养元素。受人类活动的影响，外源氮的输入增加，可使得水库富营养化程度加深，进而引起一系列环境问题，如增加氮的流入量可以增加 N_2O 的产量，N_2O 能产生温室效应，并破坏平流厌氧层；氮的增加会导致浮游植物数量的增多、有害藻类的繁殖、鱼类的死亡，进而引起内部物种组成的变化等。

水库内部氮的生物地球化学循环如图 10-1 所示。氮向水体的输入形式主要包括水生生物的固氮作用和外源氮输入。其中外源氮的输入较为复杂，主要包括入湖径流和大气沉降，但是水库内部的生物地球化学过程对水体氮的影响，也即内源氮的释放，开始受到了越来越多的关注(肖化云，2002；刘丛强，2007)，深层水体有机质颗粒物质的沉降和降解对富营养化湖泊的氮来源的影响不容忽视(肖化云，2002)。而且库区的建立一般都会带动周边城镇的发展，城镇的发展势必带来工农业的进步，所以入库河流一般都会受到不同程度的农业和工业废水的影响。水库内部氮的输出主要包括输出河流、氮在水-气界面以及湖泊沉积物-水界面的地球化学过程。氮在水-气界面释放的主要形式是 N_2O 和 N_2，一般认为 N_2O 在季节性缺氧湖泊中主要由硝化作用主导，并在严重缺氧生境的沉积物-水界面受反硝化作用影响明显(王仕禄，2004)。

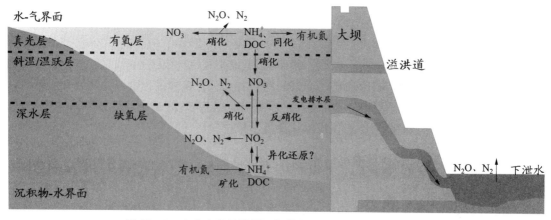

图 10-1　水库内部关键界面氮的生物地球化学循环示意图

人们已经对许多生态系统 N 循环的贡献进行了较详尽的研究，但 N 循环中一些特殊过程的控制因素仍不清楚。一般河流-水库生态系统中比较重要的氮的生物地球化学过程主要有：有机质矿化作用(氨化作用)、硝化作用、反硝化作用和同化作用。有机质矿化和同化作用是两个相反的过程，使得水体水生生物在有机和无机状态之间互相转换。除了硝酸盐的外源输入，硝化作用和反硝化作用可能是影响湖泊硝酸盐生物地球化学循环最重要的两个作用。根据环境氧化还原条件的不同，微生物一般依据以下顺序使用不同的氧化物作为电子受体：O_2、NO_3^-、SO_4^{2-} (Kendall et al.，1998)。以 O_2 作为电子受体的氧化过程为硝化作用，低溶解氧环境会抑制硝化作用的进行。而反硝化作用以 NO_3^- 作为电子受体，因此在溶解氧含量较高的环境中一般不会发生反硝化作用。反硝化作用倾向于含丰富有机碳等电子供体的厌氧水体中(Korom et al.，1992)。人们曾经对地下水(Soares，2000)、土壤(Ostrom et al.，1998)和湖泊沉积物(Teranes et al.，2000)等系统进行了一些反硝化作用的研究。在湖泊中，硝化作用和反硝化作用受湖泊水体的物理、化学和生物等条件制约。

10.1.2　氮及其同位素在河流-水库体系研究中的应用

氮在自然界有两种稳定同位素，^{14}N 丰度约占 99.64%，^{15}N 约为 0.36%，绝对同位素比值（R）为 $^{15}N/^{14}N=(367.65\pm0.81)\times10^{-5}$（Hayes，1982）。

氮稳定同位素比值通常以 $\delta^{15}N$ 表示，其计算公式为：

$$\delta^{15}N(\text{‰})=[(R_{sample}-R_{standard})/R_{standard}]\times1\,000$$

国际上通常采用大气氮为标准，其 $\delta^{15}N=+0\text{‰}$。

由于 N 能以多种氧化态和多种形式出现 [+5 价（NO_3^-）～-3 价（NH_4^+）]，使不同氮形态间的同位素分馏也比较大，可作为研究同位素组成自然变化的一种工具。一般以大气中 N_2 的同位素比值作为标准，即 $\delta^{15}N_{大气}=0\text{‰}$。地表物质的 $\delta^{15}N$ 的变化范围大多在 $-20\text{‰}\sim+30\text{‰}$ 之间。地表环境中主要氮库的氮同位素组成分布的大致范围参见图 10-2。

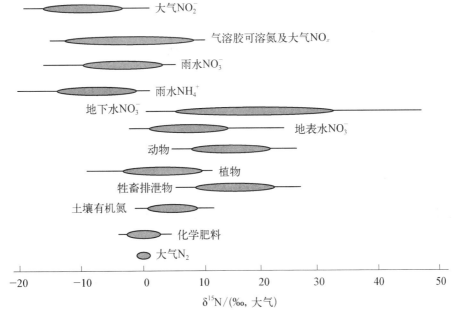

图 10-2　地表环境中不同氮库的氮同位素组成分布的大致范围

（郑永飞等，2000；Kendall et al.，1998；Heaton，1986；李思亮，2005）

硝酸盐是氮的主要形态之一，主要来源于土壤有机氮、农业化肥、动物排泄物、城市污水以及酸雨，由于不同的氮源有着特定的氮同位素信号，因此在适当条件下被用于示踪含氮物质的来源和不同圈层氮的污染途径、迁移与转化的方式等。根据现有的研究成果可知，合成化肥的 $\delta^{15}N$ 值大多在 0‰左右；土壤有机氮的 $\delta^{15}N$ 值在 +2‰～+8‰ 之间；动物由于位于食物链较高级，排泄物生成硝酸盐中 $\delta^{15}N$ 值一般在 +8‰～+20‰ 之间；而城市排污，如果主要来源于生活排泄物，则有较高的氮同位素值，可高于 +10‰，若是工业来源等，可能会低于 +10‰（Xue et al.，2009）。

生物氮循环的物质转化过程中微生物起到重要作用，在这一过程中，氮同位素表现出不同的变化特征。根据同位素分馏程度的差异，可用来表征氮素的迁移和转化等，因此了解氮同位素的分馏机制对探讨氮素循环、地下水氮污染、富营养化等相关的氮的环境问题具有重要意义。一般认为，生物固氮、同化作用、矿化作用（Org N - NH_4^+）、硝化作用（NH_4^+ - NO_2^- - NO_3^-）和反硝化作用（NO_3^- - N_2O - N_2）都能引起氮同位素的分馏。不过通常条件下，微生物的反硝化作用更能引起显著的氮同位素分馏（Heaton，1986；Kendall et al.，1998），使残余的硝酸盐更加富集^{15}N。这种反应过程在季节性缺氧水库最为常见，同时也是水库氮流失的一个重要过程。

大多数研究认为，生物固氮的过程中，生物所固定的氮与大气 N_2 之间不存在显著的分馏，一般认为富集因子为 0，即 $\delta^{15}N_{固氮} = \delta^{15}N_{大气}$（Heaton，1986）。不同种类固氮微生物具有不同的分馏效应，其分馏的强度受多种因素的影响。通过土壤中有机质与铵的 $\delta^{15}N$ 值的比较，发现土壤中有机质的矿化引起的同位素分馏较小，富集因子 ε 在 $\pm1‰$ 之间波动。硝化作用过程中，NH_4^+ 转化为 NO_2^-，再反应生成 NO_3^- 过程中，总的分馏效应大。其分馏效应主要取决于反应较慢的第一阶段的亚硝化反应，且分馏效应较大。第二阶段硝化反应属于快反应，引起的同位素分馏较小。由于同位素动力学效应，在微生物反硝化作用的过程中，^{15}N 相对富集在未反应的 NO_3^- 中。由于微生物引起的氮同位素分馏程度与微生物的物种有关，一般水环境反硝化过程会使反应残余物中富集^{15}N，富集因子在 $-40‰\sim+5‰$ 范围内（Kendall et al.，1998）。

除生物作用引起的氮同位素分馏以外，氨挥发的物理过程引起的氮同位素分馏也是非常重要的。氨挥发分馏主要包括两个阶段：一是氨气与氨水之间的平衡分馏；二是氨气挥发后使残余相富集^{15}N 的动力学分馏，可能会引起较大的同位素分馏。不过，氨挥发过程引起的同位素分馏与 pH、底物浓度和温度等环境条件关系较大。

10.1.3　河流-水库系统 N_2O 的产生及排放

N_2O 既是一种重要的温室气体，也是破坏臭氧层的重要参与者，并影响着全球的碳循环和臭氧层的亏损。N_2O 温室效应的潜在危害是 CO_2 的 320 倍，在大气中的存留时间约为 120年。一般认为，N_2O 主要通过海洋和土壤中的微生物氮转化产生，水生系统被认为是大气 N_2O 重要但不明显的源（IPCC，1996）。Mengis 等（1997）报道，尽管被研究的 15 个 Swiss 湖泊中 N_2O 过饱和，但与农业释放的 N_2O 相比，湖泊只是 N_2O 的中等源。N_2O 可以通过硝化和反硝化作用产生。1997 年联合国在日本京都召开的《气候变化框架公约》缔约国会议将 6 种温室效应气体列为限制排放气体，N_2O 位居第二。据报道，由人类活动而产生的 N_2O 年排放量正以平均每年约 0.25% 的速度增加（Khalil et al.，1992），淡水及海岸生态系统水体的 N_2O 排放量估计为 1.9 Tg N·a^{-1}（Seitzinger et al.，1998），与耕地、草地、动物排泄物等释放的 N_2O 量相比，已可相当。河流-水库体系中 N_2O 的释放量的增加主要来自人为活动的影响，且有进一步加剧的趋势。

水体中 N_2O 的产生主要涉及水体中的氮循环。N_2O 主要通过硝化和反硝化作用产生，在特定条件下，反硝化作用伴随着硝化作用。例如，上层水体中硝化作用产生 NO_3^- 被底层沉积物中细菌利用进行反硝化作用，这种硝化-反硝化耦合作用的 N_2O 生产率最高。硝化作用是在有氧环境中微生物将 NH_4^+ 转化为 NO_3^-，其中间过程放出 N_2O。而在无氧环境中，发生反硝化作用，反硝化细菌把 NO_3^- 转化为 N_2，中间产物为 N_2O。通常情况下，急剧变化的 O_2 梯度使得需氧的硝化反应和厌氧的反硝化反应紧接着发生导致 N_2O 的产生（Seitzinger et al.，1998）。水库中硝化和反硝化作用的反应简式如下，其中前三个是硝化作用，最后是反硝化过程示意：

$$NH_4^+ + O_2 \rightarrow NH_2OH + H^+$$
$$NH_2OH + H_2O \rightarrow NO_2^- + H^+ \rightarrow N_2O + H_2O$$
$$NO_2^- + H_2O + O_2 \rightarrow NO_3^-$$
$$NO_3^- \rightarrow NO_2^- \rightarrow NO \rightarrow N_2O \rightarrow N_2$$

影响 N_2O 产生的因素主要有：NO_3^- 的利用程度可以反映出硝化速率的高低，DO、水温、DOC 和沉积物中有机物的含量也会影响反硝化速率(Inwood et al.，2005)。浅水湖泊底部沉积物中 O_2 消耗少，进行反硝化作用释放出 N_2O，而水深较深的湖底沉积物中 O_2 消耗大，硝化作用和 N_2O 的产生可能受到 O_2 含量的限制。在大型植物繁盛的浅水湖泊和存在对反硝化有利的条件，如有机碳、缺氧和有氧条件交替出现，水生附着生物丰富，因而反硝化作用更迅速。浅的湖泊底部沉积物中 O_2 消耗少，反硝化作用释放出 N_2O，而深的湖底沉积物中 O_2 消耗大，硝化作用和 N_2O 的产生可能受 O_2 的限制(Liikanen et al.，2002)。在湖水沉积物中，NO_3^- 抑制反硝化作用，因此与硝化作用相关(Knowles et al.，1981)。通常，N_2O 的产生需要急剧变化的 O_2 梯度，以便需氧的硝化反应和厌氧的反硝化反应紧接着发生(Seitzinger，1990)。

10.2 研究区域及研究方法

10.2.1 研究区域

为全面系统地了解河流被水坝拦截后氮的生物地球化学过程及其时空变化情况，分别对乌江中、上游干流洪家渡水库、东风湖水库、索风营水库、乌江渡水库以及支流猫跳河流域红枫湖水库、百花湖水库、修文水库、红岩水库进行按月连续监测和样品采集工作。采样点主要是各水库的入库河流断面、水库坝前水体和出库河流断面，其中入库和出库河流只采集表层水样，水库坝前水体分别按表层 0.5 m、3 m、5 m、6 m、10 m、15 m、30 m、60 m 水深进行分层采样，其中水深 3 m 和 6 m 样品只在较浅水库采集，采样点分布见图 10 - 3。

10.2.2 研究方法

利用美国金泉公司出品的 YSI - 6600 原位水质参数仪进行现场参数采集，原位测定了水样的温度(T)、酸度(pH)、溶解氧(DO)、电导率(Electrical Conductivity，EC)、总溶解固体量(TDS)以及叶绿素(Chl a)等参数。使用美国 Varian 公司生产的 Vista MPX 型电感耦合等离子体原子发射光谱仪测定水体阳离子浓度，采用美国 Dionex 公司生产的 ICS - 90 离子色谱仪测定阴离子含量，测定极限为 0.01 mg·L^{-1}，测试项目包括 NO_3^-、Cl^-、SO_4^{2-}、F^- 等。营养盐的测定参照《水和废水监测分析方法》(第四版)，测定项目包括 TN、NH_4^+、NO_2^- 等。

水样硝氮 $\delta^{15}N$ 测定：水样中的 NO_3^- 采用离子交换法进行富集。根据样品中的 NO_3^- 含量，取适量经过过滤并加盐酸酸化后的水样，用阴离子树脂(Dowex 1 - X8)收集水样中的 NO_3^-(李思亮，2005)。采用重力过柱方式(Xiao et al.，2002)，用干净的硅胶管将水样引进交换柱中，使交换柱树脂面始终低于样品液面 10 cm 即可。过完水样后的树脂加少量无氮水以防树脂干燥，密封保存。用 2 mol·L^{-1} HCl 溶液和少量无氮水依次洗脱，洗脱分 3 次进行，每次 10~15 mL HCl 溶液，后一次洗脱在前一次洗脱后柱中无溶液流出时开始进行，收集好所有洗脱液妥善放置。向浓缩液中加入 Ag_2O 去除浓缩液中的 Cl^-，利用磁力搅拌器和搅拌子搅拌混合，并不断加入 Ag_2O 调节溶液的 pH 至 6 左右，静止一段时间后用滤膜过滤保留含

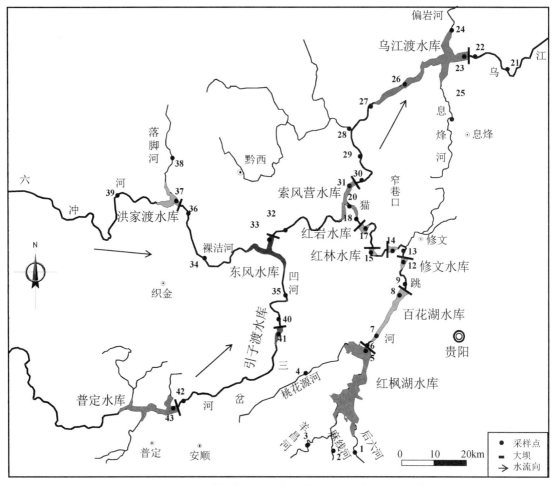

图 10-3 乌江流域梯级水库及其支流猫跳河梯级水库群采样点位图

$AgNO_3$ 的清液。将清液置于棕色瓶中，冷冻干燥固体，用连续流质谱进行测定硝氮同位素组成 $\delta^{15}N$。

N_2O 浓度的测定：水样中 N_2O 浓度测定采用顶空气相色谱平衡法(吕迎春，2007)。气相色谱的工作条件是配有电子捕获检测器(Electron Capture Detector，ECD)的 HP6890 气相色谱仪，并使用 Ar-CH$_4$(95%∶5%)作为载气，测定时的流速为 20 mL·min^{-1}，80～100 目的 Porapak-Q 柱分离，柱温 50 ℃，检测器温度 320 ℃。

10.3 乌江流域河流-水库体系 TN 和 DIN 的变化特征

天然水体中氮主要分为无机氮和有机氮，并分别以溶解态和颗粒态的形式存在，颗粒态氮由动植物、残余物以及吸附在矿物颗粒上的氨氮组成。通常，颗粒态氮出现在悬浮物和沉积物中，部分颗粒态氮能通过快速矿化而被生物利用。溶解有机氮(Dissolved Organic Nitrogen，DON)通常存在于一些复杂化合物中，如氨基酸、尿素和腐殖酸等。无机氮的存在形式有氧化态的硝酸盐(NO_3^-)和亚硝酸盐(NO_2^-)、还原态的铵盐(NH_4^+)和分子态氨(NH_3)和氮气

（N_2），其中前三种是天然水体中最主要的无机氮，合称"三氮"，它们之和也称为溶解无机氮（DIN）。

10.3.1　溶解无机氮（DIN）的形态特征

乌江流域各河流水库的氮形态主要是以 NO_3^- 为主（图 10-4），其中乌江干流 3 个水库库区水体中 NO_3-N 占 DIN 的 78%～97%，NH_4^+-N 占比 5%，NO_2^--N 占比不到 1%。图 10-4 所

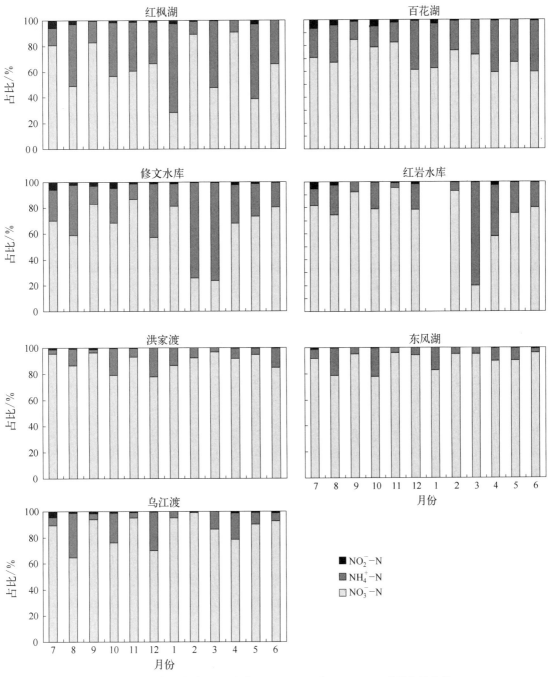

图 10-4　乌江各水库"三氮"（NO_3^--N、NH_4^+-N、NO_2^--N）形态月变化

示,3 个水库在个别月份 NH_4^+-N 比重会有明显的增加,洪家渡出现在 2007 年 10、12 月,东风湖为 2007 年 8、10 月和 2008 年 1 月,而乌江渡的 NH_4^+-N 比重均较其他两个水库要高,最高比重出现在 2007 年 8 月和 12 月,达到 36%。此外,乌江渡水库春、夏季水体的 NO_2^--N 比重明显较高。

猫跳河流域各水库"三氮"的赋存形态差异较大,NO_3^--N 占比重约为 53%~79%,NH_4^+-N 在不同水库中所占比重差异较大,除百花湖在 18%~30% 之间,其他 3 个水库变化差异较大,在 12%~83% 之间均有出现。NO_2^--N 在 2007 年 7、8 月份明显升高。猫跳河流域属于典型的喀斯特小流域,一方面入库河流多,氮的来源复杂,流域周边城镇多、厂矿多;另一方面河流水量小,水库库容不大,水体滞留时间较长,水体自净能力差。需要指出的是 2007 年 2、3 月份,在修文水库进行了一次湖底清淤工程,采集的水样受底泥影响严重;红岩水库 3、4 月份也进行了类似的清淤工程,湖水和修文水库一样抽干后搅浑底泥,直接排放至下泄水,因此造成两个月份氨氮含量异常。

干流水库以 NO_3^--N 为主的 DIN 构成也说明库区氮的赋存形态处于比较稳定的水平,而猫跳河流域各水库影响因素复杂。通过对河流的 DIN 监测发现,河流受厂矿污染明显,NH_4^+ 远高于库区水体,且具有不稳定性,月份之间同一条河的 DIN 差异明显。其中红枫湖的主要支流羊昌河的氨氮一直处于较高水平,最高值为 2.69 mg·L^{-1}。水体中氨态氮的来源主要为微生物作用下生活污水中含氮有机物的分解,某些工业废水,如焦化废水、合成氨化肥厂废水等,以及农田排水。氨态氮的含量及其在溶解无机氮(DIN)中所占的比例反映了该流域人为活动对河流水质的影响程度。通常情况下,氨态氮含量高,其在 DIN 中所占的比例也较高,表明乌江干流氨态氮可能受到工农业废水及生活污水等来源的污染。猫跳河流域高的 NH_4^+-N/DIN 也表明猫跳河流域 NH_4^+-N 含量主要受到人类活动影响。亚硝酸盐是氮循环的中间产物,河流中的亚硝态氮含量通常很低,一般不超过 DIN 的 7%。乌江干流亚硝酸盐的含量较低,丰水期 NO_2^--N/DIN 的比值为 1% 左右,与长江干流相似。猫跳河流域的河流 NO_2^--N/DIN 在 3% 左右,部分受污染河流的这一比值更高。

10.3.2　水坝拦截对河流 TN 和 DIN 沿程变化的影响

水能开发活动将显著影响或改变对流域原有的物理水文过程,改变了河流、湖泊的天然性状及一系列水化学、水生生物学和生态学的作用过程,对水环境产生重大影响。不同河流经过梯级开发后,筑坝蓄水形成的各水库对原河流氮的生物地球化学循环机制的影响可能不同。Humborg 等(2000)研究多瑙河发现:建坝后溶解态氮和硅含量明显下降。Jossette 等(1999)研究塞纳河上游 3 个主要水库后发现,经水库作用,氮通量损失 40%。余立华等(2006)分析研究了长江三峡水库蓄水前后长江口无机氮(DIN)含量的变化,发现与 1999 年相比,2003 年和 2004 年 DIN 浓度增加了 1.3 倍。Si/N 比的平均值分别从 1999 年的 1.66 下降至 2003 年的 1.09,2004 年降至 0.4。张恩仁等(2003)运用模型分析研究了三峡水库对氮磷的截留效应,认为三峡水库可使长江流域向海洋的 N、P 输出通量减少 10% 左右,会加剧目前长江中、下游 N/P 增高的趋势。肖化云(2002)年通过对红枫湖的研究发现,在成湖后,下游河流的氮输出量明显高于上游河流(输入河流)。研究发现,在淡水湖泊中,浮游藻类水华的季节性爆发可能会导致河口水体营养盐限制因子发生季节性变化。

如上所述,有关世界河流的研究结果也证实,河流上筑坝形成的水库会对河流氮的生物地球化学作用产生影响。人们普遍认为,河流筑坝导致水动力条件变弱,水粒作用和悬浮有机质沉降作用,都能使沉积物中保留大量物质;同时,水流速度的减弱有利于浮游生物的生长,这将导致库区下泄水的硝酸盐含量的降低。但对乌江流域干流和支流猫跳河流域的研究却有着不同的结果。

图 10-5 为猫跳河流域沿程氮的季节变化,1 号点(后六河)、2 号点(麻线河)、3 号点(羊昌河)以及 4 号点(桃花源河)是红枫湖的入库河流,其中桃花源河的氮含量明显高于其他 3 条入库河流,该点 TN 的年平均含量为 2.35 mg·L^{-1},NO_3^--N 为 2.03 mg·L^{-1}。桃花源河较高含量的 TN 和 NO_3^--N 可能受上游煤矿以及工厂废水影响明显。而羊昌河是红枫湖入库河流中典型的工业污染河流,其中 TN 和 NH_4^+-N 的最高含量出现在 2008 年 2 月份,含量分别为 5.81 mg·L^{-1} 和 2.69 mg·L^{-1},TN 年平均含量为 2.96 mg·L^{-1},肖化云(2002)对羊昌河氨氮和硝氮含量的监测结果分别为 2.89 mg·L^{-1} 和 3.31 mg·L^{-1},均比 2007~2008 年的各数据略高,而后六河和麻线河含量相比之下明显偏低。

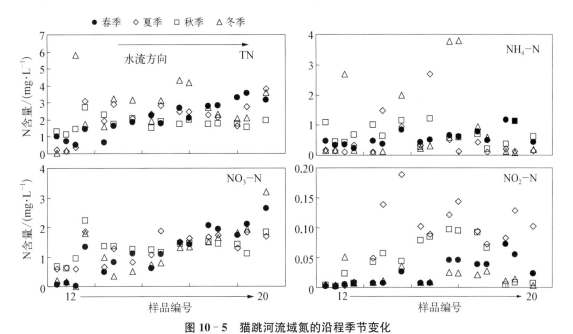

图 10-5 猫跳河流域氮的沿程季节变化

对百花湖水库而言,7 号点花桥样品为红枫湖下泄水顺猫跳河干流流入百花湖的河流点,该点 TN 和 NO_3-N 年最高值均出现在 2008 年 6 月,分别为 3.38 mg·L^{-1} 和 1.65 mg·L^{-1},年平均值分别为 2.21 mg·L^{-1} 和 0.85 mg·L^{-1}。NH_4-N 最高值为 2008 年 1 月份的 3.85 mg·L^{-1},年平均值为 1.42 mg·L^{-1}。夏、秋季的 NO_2-N 明显较高。猫跳河流域从红枫湖下泄水到百花湖段流经清镇市,对该段河流氮的各形态含量监测也显示出了受城镇生活污水污染和工业废水影响的特征。下游修文水库和红岩水库水体主要来源于上一级水库的下泄水,支流对其影响较小。

如图 10-5 所示,四个季节猫跳河流域河流氮的沿程变化趋势表现为从上游到下游逐渐增高,其中 4 月份表现得最为明显。TN、NO_3^--N 年均值分别由红枫湖的 1.80 mg·L^{-1}、0.86 mg·L^{-1} 上升为入乌江前的 3.07 mg·L^{-1} 和 2.46 mg·L^{-1},上升幅度为 70.56% 和 186%,而 NH_4^+-N、NO_2^--N 的均值有所下降,由 0.52 mg·L^{-1} 和 0.023 mg·L^{-1} 分别降为 0.33 mg·L^{-1} 和 0.016 mg·L^{-1},由于 NH_4^+-N 和 NO_2^--N 不稳定,其年内各月变化有起伏,NH_4^+-N 最高值出现在冬季的红枫湖和百花湖,NO_2^--N 较高值出现在夏季各水库。

综上所述,TN、NO_3^--N 在冬、春季节沿程逐渐递增的趋势表现明显,夏季和秋初各水库含量变化复杂,可能是由于在这个季节污染水体的排放以及水量的来源复杂造成各水库受水类型差异,而库区内部氮的转化和流失也是造成流域氮含量多变的一个原因。对于 NH_4^+-N 来说,在较短时间尺度内,其含量变化受工业污染排放影响明显,比如在枯水期 NH_4^+-N 含量明显升高。总体来说,受梯级开发的影响,猫跳河氮在河流和水库中逐渐累积,含量明显升高。

乌江干流溶解无机氮(DIN)的含量较猫跳河偏高,上游洪家渡水库有两条主要的汇入河流,其中落脚河 TN、NO_3^--N 含量分别高达 9.09 mg·L^{-1}、6.60 mg·L^{-1}。而东风湖水库的地理位置处于乌江中、上游两条汇入河三岔河和六冲河的交叉口,其水体为两条河的混合。三岔河作为干流南段,其 TN 含量均值为 3.01 mg·L^{-1},与六冲河相差不大。乌江渡水库其主要水体来源依然是干流输入,24 号、25 号点的偏岩河和息烽河水量不大,TN 浓度分别为3.37 mg·L^{-1} 和 3.44 mg·L^{-1},所以干流水体是其主要影响水体。

乌江干流各水库各氮形态的含量沿程变化与猫跳河流域不太相同。洪家渡库区表层水体的TN、NO_3^--N 分别由 3.83 mg·L^{-1}、3.39 mg·L^{-1} 下降为乌江渡下游河水的 3.06 mg·L^{-1}、2.45 mg·L^{-1},降幅分别为 20.14% 和 27.73%。NH_4-N 和 NO_2-N 顺水流方向也有略微的下降,说明干流各级水库对于河流氮的拦截效果明显。

不管是丰水期还是枯水期,TN、NO_3^--N 在整个流域中浓度变化不大,支流含量大多低于干流。乌江干流河流-水库氮的含量变化可能是由于以下几个方面原因:首先,干流的拦截作用明显减弱了河流向下游水体中氮的输送,尽管洪家渡水库氮含量较高,但是由于水库内部对于氮的消耗以及相关的生物化学过程造成的流失,阻碍了向下游继续释放高含量氮;其次,干流水体较之猫跳河流域,水量大,污染源较少,虽然有开磷磷肥厂、大方发电站、制革厂等上游污染源影响,但是其水量均较小,而且三岔河较清洁水体的稀释也起到了减轻的作用;最后,虽然乌江渡及其下游河岸城镇化、工农业等较发达,人为污染也较大,但是库区水体的富营养化以及地下水的混入都会造成氮的消耗和含量降低。

在枯水期,支流落脚河对于洪家渡的影响要更加明显(图 10-6),如受大方县污水排放影

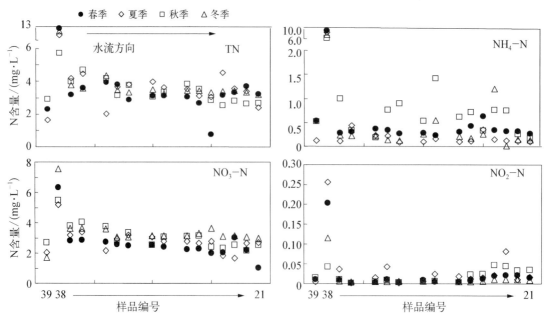

图 10-6　乌江干流中、上游氮的沿程季节变化

响的河段具有较高的 $NH_4^+ - N$ 含量,其下游干流 $NH_4^+ - N$ 含量也相应升高。乌江干流中 $NH_4^+ - N$ 的沿程变化显然要比 $NO_3^- - N$ 的变化更加复杂,总体上看,东风湖水库中的 $NH_4^+ - N$ 浓度显然要低于乌江渡和洪家渡水库,表明河流 $NH_4^+ - N$ 的影响明显。在丰水期,乌江渡水库以上干流中 $NH_4^+ - N$ 浓度较高,且没有支流的明显影响。这可能是由于上游水土流失严重,强烈的雨水冲刷、侵蚀导致面源中大量的 $NH_4^+ - N$ 直接进入乌江干流。

10.4　河库体系氮转化的生物地球化学过程与同位素分馏

10.4.1　猫跳河梯级水库硝氮来源及转化过程

农业化肥、工业废水、城镇污水排放和网箱养鱼等人为活动是水库/湖泊氮负荷增加的主要原因之一。对于猫跳河上游水库氮负荷及来源的相关研究已经开展了很多。肖化云(2002)利用硝氮稳定同位素,对红枫湖这一湖泊的氮的生物地球化学过程进行了较为全面的研究,对该水库的氮来源包括土壤、大气沉降、工业点源污染的排放、农业面源的影响等都有了介绍。黎文(2006)年对红枫湖和百花湖溶解有机氮总量的剖面分布及季节特征进行了探讨。王静(2008)对红枫湖和百花湖有机氮含量和同位素进行测定,并探讨了有机物质的来源。已有研究取得的共识是夏季出现的热力学分层现象是造成氮循环在沉积物-水界面和水-气界面各种作用过程的根本原因。夏季温度分层期营养盐包括氮的各赋存形态,其迁移转化过程完全不同于冬季混合期,对氮的生物地球化学循环有着重要的影响。在分层期,水体温跃层的出现阻碍了水库表层水体和下层水体之间的营养盐交换,以及溶解氧向下层水体的扩散,从而导致了上下层水体的物理化学性质和生物作用不同,成为两个相对独立的水体。

10.4.1.1　各水库热分层特征

在夏季,红枫湖和百花湖均存在两个温度分层现象,即 PDL(primary discontinuity layer)和 SDL(secondary discontinuity layer),如图 10 - 7 所示。出现两个温度分层直接影响着化学物质的分配和变化,各化学参数也在这两个分层区发生了明显不同的变化规律。百花湖底层温度变化较大,是由于主要水源为红枫湖下泄水,没有支流汇入,且百花湖库容相对较大,15 m 以下水体不易与上覆水体发生能量和物质交换。而库容更小的修文和红岩水库则没有发现两个温度分层。pH 在夏季也表现出了明显的剖面特征,表层水体的 pH 一般较高,为 9 左右,并在剖面上的 SDL 附近迅速下降至 7.5 左右。表层水体高 pH 的成因是浮游植物的光合作用,光合作用降低了水体中的 $p CO_2$,导致 pH 升高。

四级水库中 DO 含量均从 2.5 m 深度开始迅速下降,在 8～10 m 水深以下降至最低。其中红枫湖和百花湖在夏季底层的溶氧水平接近 0 mg·L^{-1},从 8 m 左右就已经处于一个近乎绝对缺氧的环境,这一环境也为底部反硝化作用提供了良好的条件。修文水库和红岩水库底部 DO 含量也明显降低,在 PDL 层之下,修文保持在 1.92 mg·L^{-1} 左右,红岩水库较高,为 4.88 mg·L^{-1}。由于溶解氧含量可作为评价水是否受有机物污染的间接指标,从图 10 - 7 可以看出,猫跳河梯级水库有机负荷很高。红枫湖和百花湖两个水库底部严重缺氧的现象可能是由于底部沉积物有机质降解剧烈,消耗了大量 DO,而上层水体由于热力学分层的阻碍,无法扩散到底部(王仕禄等,2004)。

冬季水库表层水体温度随着气温降低,水体密度也随之逐渐变大;而下层水体温度变化较

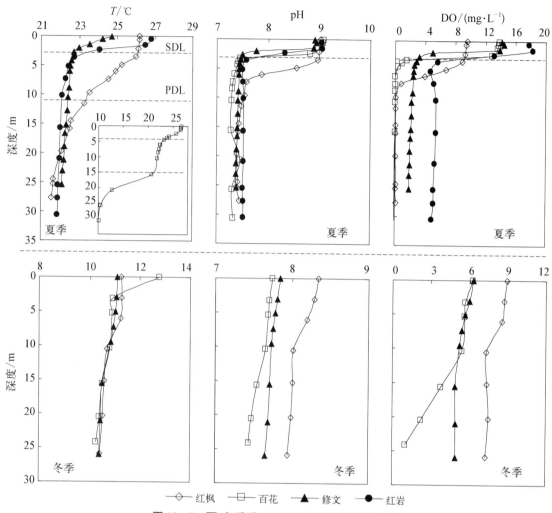

图 10-7　夏、冬季猫跳河各水库剖面各参数变化

上层水体要偏滞后,所以上层水体密度大于下层水体而逐渐下沉,上下层水体发生对流,最终达到混合均匀,上下层水体温度基本相同。在冬季,随着剖面上热力学分层的消失,水体混合作用导致各参数在剖面保持均一。其中百花湖虽然底部 DO 水平有所上升,但是依然保持在较低水平,为 1.04 mg·L⁻¹。

10.4.1.2　各水库 $NO_3^- - N$、$NH_4^+ - N$、$\delta^{15}N - NO_3$ 变化

在红枫湖剖面上,$NO_3^- - N$ 浓度随深度逐渐递增,底部浓度最高为 1.56 mg·L⁻¹,剖面的平均值为 1.13 mg·L⁻¹,$\delta^{15}N - NO_3$ 最大值也出现在底层水体,达到 +7.95‰,两者均是表层较低,其中 $\delta^{15}N - NO_3$ 在 6 m 出现一个极小值,为 +3.23‰。百花湖 PDL 层以上,NO_3^- 含量呈现递增趋势,底部水体中其含量急剧降低,在接近底部的区域,含量下降至 0.56 mg·L⁻¹,而剖面上 $NH_4^+ - N$ 则刚好相反,除底层水体外,上层水体 $NH_4^+ - N$ 表现为略微减少的趋势,而在底部突然增加,达到最高值 2.15 mg·L⁻¹,同时 $\delta^{15}N - NO_3$ 也表现出明显的升高,为整个剖面最高值 +13.82‰。百花湖底部水体 $NO_3^- - N$ 降低,$NH_4^+ - N$ 明显升高,以及 $\delta^{15}N - NO_3$ 的高值(图 10-8),底部严重缺氧,DO 浓度低于 0.01 mg·L⁻¹,表明了夏季其底部水体受控于反硝化作用。

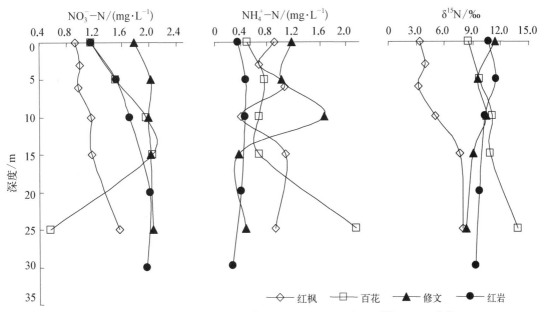

图 10 - 8　夏季猫跳河各水库坝前剖面 $NO_3^- - N$、$NH_4^+ - N$、$\delta^{15}N - NO_3$ 变化

修文水库和红岩水库 $NO_3^- - N$ 在剖面上均表现为随水深略微升高,相对应的 $NH_4^+ - N$ 在深层水有降低的趋势,而这一层位水体的 DO 含量均高于 $2\ mg \cdot L^{-1}$,是有机质矿化和硝化作用发生的适宜条件。有机质矿化和硝化作用优先释放 ^{14}N,而使得水体中 $\delta^{15}N - NO_3$ 值降低(Yoshida,1988)。夏季修文水库和红岩水库剖面 $\delta^{15}N - NO_3$ 随深度有明显的降低。这表现在 PDL 层发生了有机质矿化和硝化作用。

受温度分层的限制,水库底部水体 DO 含量极低,有机质的降解和硝化作用不易发生,硝酸盐含量较低(如百花湖);表层水体藻类的大量繁殖也导致硝酸盐含量明显降低,藻类死亡后沉降使得夏季 $NO_3^- - N$ 最终以有机质的形式保存下来。

10.4.1.3　猫跳河流域硝酸盐来源及水库效应

一般认为,来源于农业施肥农业土壤的 $\delta^{15}N - NO_3$ 值为 $0 \sim +10‰$,来源于工业污染工业废水的 $\delta^{15}N - NO_3$ 值大于 $+10‰$(Heaton,1986)。也有研究表明,人类和牲畜粪便排放污水 $\delta^{15}N - NO_3$ 值大于 $+10‰$(McClelland et al.,1998;Curt et al.,2004;Li et al.,2007;Choi et al.,2007)。

近年来,猫跳河流域各水库,尤其是上游两个水库的富营养化现象频发(张维,1999;秦中等,1996)。龙头水库红枫湖始建于 1960 年,水动力强,其周围农业及工业较发达。输入河流流经农业区和工业区,这些河流接受了大量农业和工业污染的硝酸盐并最终汇入红枫湖中,因此一直被认为是红枫湖硝酸盐的主要外源。

关于红枫湖和百花湖夏季较高的 TN 和 $NO_3^- - N$ 含量,前人已做了相关的研究和解释。张维(1999)认为,夏季农业活动来源的硝酸盐对水库的绝对贡献要大于其他季节,因此,含量的升高被认为是来自农业区污染水体侵入的结果;肖化云(2002)的研究认为,农业活动来源或者说河流氮的输入造成的氮负荷并不是造成水库库区水体氮升高的原因,而斜温层水体中发生的有机质降解和硝化作用产生的氮是不容忽视的一个方面。

红枫湖入湖河流中,后六河、麻线河以及羊昌河的 $NO_3 - N$ 均略低于库区表层的 $0.67\ mg \cdot L^{-1}$,

$NH_4^+ - N$ 含量与表层水体相似,且 $\delta^{15}N - NO_3$ 值均高于库区表层水体的 $+3.36‰$,而桃花源河的 $NO_3^- - N$、$NH_4^+ - N$ 和 $\delta^{15}N - NO_3$ 值含量均明显高于表层水体,其中 $\delta^{15}N - NO_3$ 值为 $+11.89‰$,说明水体受到了工业废水的影响。一方面,虽然桃花源河的流量较小,远小于以上河流(羊昌河和麻线河分别为 $12.67 \text{ m}^3 \cdot \text{s}^{-1}$ 和 $5.41 \text{ m}^3 \cdot \text{s}^{-1}$)(张维,1999),约为 $0.50 \text{ m}^3 \cdot \text{s}^{-1}$,但是氮的浓度约为其他河流的 $3 \sim 5$ 倍。另一方面,桃花源河汇入红枫湖的位置为水库北端,靠近采样位置;再者,在入库附近,还有受贵化排污影响明显的麦包河的混入,麦包河一直以来被认为是红枫湖工业污水的主要输入河流(张维,1999;肖化云,2002)。综合以上因素,在 7 月份,桃花源河对红枫坝前水体的影响程度要较其他河流更明显。

2007 年 7 月,2008 年 5、6 月三个月红枫湖表层水体 $NO_3^- - N$ 含量均低于各输入河流。也就是说,在春末夏初热力学分层已经出现的时候,河流高含量的氮输入并没有引起水库库区水体 $NO_3^- - N$ 的升高,说明由河流输入控制的农业污染和工业污水并不是引起水库氮改变的原因,这与肖化云(2002)的研究结果相似。

研究表明,夏季雨水硝酸盐的 $\delta^{15}N - NO_3$ 值处于 $-3.78‰ \sim +10.70‰$ 范围内,平均值为 $3.50‰ \pm 4.20‰$(肖化云,2002),而我们的研究表明,夏季坝前表层水体 $\delta^{15}N - NO_3$ 值为 $+3.36‰$,下泄水的同位素值为 $+4.62‰$,7 月份采样日期为 2007 年 7 月 11 日,该时间前后均有降雨事件发生,所以对于表层水体及下泄水来说,雨水可能有影响。但是雨水中的 $NO_3^- - N$ 含量很低,很难对库区水体有明显影响。

通过各水库剖面 $\delta^{15}N - NO_3$ 值的对比可以发现(图 10-8),红枫湖底部的 $\delta^{15}N - NO_3$ 值较高,为 $+7.95‰$,而底部的 $NO_3^- - N$ 相比于表层水体也有略微升高。如果单从 $\delta^{15}N - NO_3$ 值来分析,高的同位素值可能是由于厌氧环境下的反硝化作用产生,氮反硝化作用的同时应当伴随着 $NO_3 - N$ 含量的降低,而红枫湖却并没有出现这样的现象。高的 $\delta^{15}N - NO_3$ 值还有可能是高同位素组成的外来水体(如人类和牲畜的粪便等废水)混合造成的。百花湖底部 $\delta^{15}N - NO_3$ 值为 $+13.82‰$,百花湖底层水体 $NO_3^- - N$ 的突然降低,$NH_4^+ - N$ 的升高以及 $\delta^{15}N - NO_3$ 值的升高说明造成同位素高值的原因可能是水库下部水体的反硝化作用。另外,此时湖泊底层水体的 N_2O 含量很高,为 $162.33 \text{ nmol} \cdot \text{L}^{-1}$,也证明了反硝化作用的发生。随着斜温层厌氧环境范围的扩大以及硝酸盐含量的升高,反硝化作用的速率将增大(Teranes et al.,2000)。厌氧条件在夏、秋季的湖泊中特别容易形成,浮游生物死亡后因降解会消耗 DO。如果水库夏季硝酸盐含量增加,不仅会引起夏季水生生物的过量繁殖,而且还可能导致秋季反硝化作用的增加,并因此增加 N_2O 温室气体的排放(刘丛强,2007)。

由于猫跳河流域从红枫湖以下,并不存在较大的支流混入,所以下一级水库的来水主要是靠上一级的下泄水体。百花湖表层水体的 $\delta^{15}N - NO_3$ 值为 $+11.36‰$。一方面,百花湖较高 $\delta^{15}N - NO_3$ 值的下泄水进入修文水库后,在库区表层保持着高同位素的比值。另一方面,百花湖表层水体的 Chl a 含量为 $11.90 \mu g \cdot L^{-1}$,藻类的同化作用由于优先吸收 ^{14}N,从而造成剩余水体中富集重同位素 ^{15}N,导致较高的 $\delta^{15}N - NO_3$ 值(Fogel et al.,1993)。在修文水库的剖面上,下部水体的 $\delta^{15}N - NO_3$ 值明显下降,底层水体的 $\delta^{15}N - NO_3$ 值为 $+8.28‰$,在修文水库下部,DO 含量保持在 $1.92 \text{ mg} \cdot \text{L}^{-1}$ 以上,$NO_3^- - N$ 含量随水深略微升高,而 $NH_4^+ - N$ 在底部迅速降低,所以硝化作用是造成修文水库下部水体低同位素比值的原因。红岩水库与修文水库的情况比较相似。

如图 10-9 所示,$\delta^{15}N - NO_3$ 值顺河流方向不断升高。前两级水库由于底部水体剧烈的厌氧环境以及高 $\delta^{15}N - NO_3$ 值水体的混入导致高的同位素值,这也进一步影响了下两级水库的同位素组成,虽然在水库内部有不同程度的降低,但是依然保持着比入库河流高的值。猫跳河流域的氮同位素组成沿程变化说明了流域的梯级开发会改造水体中的氮同位素组成,库区水体内部的氮的转化过程是重要的影响因素。

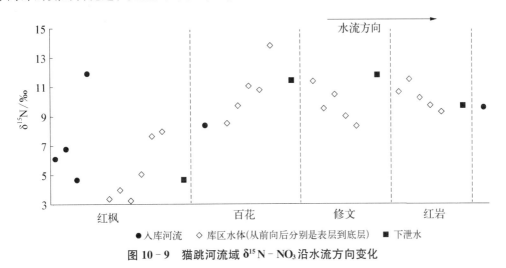

图 10 - 9　猫跳河流域 $\delta^{15}N - NO_3$ 沿水流方向变化

10.4.2　乌江干流水库氮的来源及转化

10.4.2.1　乌江干流水库的季节性分层

夏季乌江干流各水库水体剖面热分层以及 DO、pH 变化如图 10 - 10 所示。洪家渡和东风湖均出现了两个温度突变的界面,而且表层水和底层水的温度差分别为 18.28 ℃、14.67 ℃,索风营和乌江渡水库表底层水温相差分别为 1.91 ℃、8.98 ℃。索风营建于 2005 年,至采样期间并未正常蓄水发电,较强的水动力条件以及频繁地交换水体造成水库夏季混合作用明显。尽管底层水体温度与乌江渡相似,但是乌江渡水库表层水体温度受气温影响明显高于索风营水库,达到 28.62 ℃。鉴于此,我们对于索风营水库的样品采集仅限于表层水和下泄水,没有在剖面进行样品采集工作。

洪家渡水库表层水体 pH 均大于下层水,并在 0~8 m 的范围内明显下降,从 8 m 水深向下基本上保持不变,在 30 m 水深以下较上层水有微弱的升高。乌江渡水库表层水体 pH 为9.31,洪家渡水库与东风湖水体 pH 分别为 8.41 和 8.39。与乌江渡水库表层水较高的 pH 对应的是其高含量的 Chl a,达到 81.40 $\mu g \cdot L^{-1}$。如前所述,乌江渡水库的营养程度要高于洪家渡水库和东风湖,浮游植物的光合作用和城镇污染水体的输入是导致较高 pH 的原因。在 8 m 水深以下,3 个水库水体 pH 相差不多。DO 与 pH 的剖面规律相似,在 0~8 m 水体 DO 含量迅速下降,并在深水保持较为稳定的含量。洪家渡水库水体在 15~32 m 上下出现一个厌氧层,与之对应的是 pH 的减小,这一水层从 2007 年 7 月采样开始一直存在,并持续到 2007 年10 月,在 2008 年 6 月再次出现,该水层的出现具有季节性。冬季分层消失后,各参数剖面变化很小。

10.4.2.2　乌江各水库潜在的氮来源同位素特征

对乌江流域各水库来说,可能的氮污染源包括大气沉降、化学肥料、人兽排泄物、工业废水污染和土壤有机质等。如前所述,贵州夏季雨水硝酸盐的 $\delta^{15}N - NO_3$ 值处于 -3.78‰~+10.70‰范围内,平均值为 3.50‰±4.20‰(肖化云,2002),但是雨水中的氮含量较低,对库

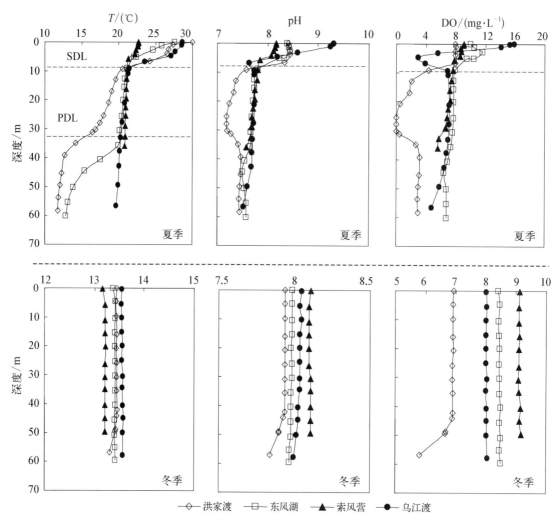

图 10-10 乌江干流水库夏、冬季水体剖面分层图

区水体的影响一般都不大。

　　Wassenaar(1995)测得未受家禽粪便污染的土壤有机氮 $\delta^{15}N$ 值为＋4.4‰,乌江流域与猫跳河流域不同的是全流域农业活动分布广泛,土壤有机氮可能是影响库区氮循环的一个重要因素。研究表明,总的土壤氮 $\delta^{15}N$ 值变化范围较大,但一般土壤有机氮大多在(＋2‰～＋5‰)范围内(Kendall et al.,1998)。受污染的土壤有较高的 $\delta^{15}N$ 值。李思亮(2005)测得的贵州地区耕作土土壤有机氮为＋5.7‰左右。

　　水库内部的生物地球化学过程也会对同位素组成造成分馏。例如,在矿化过程中, ^{14}N 优先被微生物利用,残留物富集 ^{15}N 厌氧环境中的反硝化作用,优先释放 ^{14}N ,剩余水体中的 NO_3^- 富集重同位素,会导致 $\delta^{15}N - NO_3$ 增大,而藻类的光合作用也会造成水体中的 $\delta^{15}N$ 值的升高(Fogel et al.,1993;Wu et al.,1997)。

10.4.2.3　乌江干流氮的来源和转化

　　乌江干流各水库水深均在 60 m 以上,蓄水期水库水深甚至可达到 80 m 或更深(洪家渡水库)。但即使在 60 m 水深的层位,DO 含量依然保持在 2.92 mg·L^{-1} 以上。在整个采样期间并没有发现类似红枫湖和百花湖底部完全缺氧的现象。

洪家渡坝前剖面表层 0～15 m 水体中 NH$_4^+$－N 和 NO$_3^-$－N 随水深有明显的增加,同时 δ^{15}N－NO$_3$ 也有略微升高(图 10－11)。表层水体浮游植物的生长是消耗氮的主要过程,监测结果也表明,洪家渡水库 5～10 m 左右水体中 Chl a 含量为 4.81 μg·L^{-1},高于表层水体的 0.90 μg·L^{-1},该深度水体中藻类较强的光合作用会导致 δ^{15}N－NO$_3$ 升高。造成这种现象的主要原因是藻类生长过程中优先吸收轻同位素,从而导致水体硝酸盐富集重同位素,这一现象普遍出现在 3 个水库。

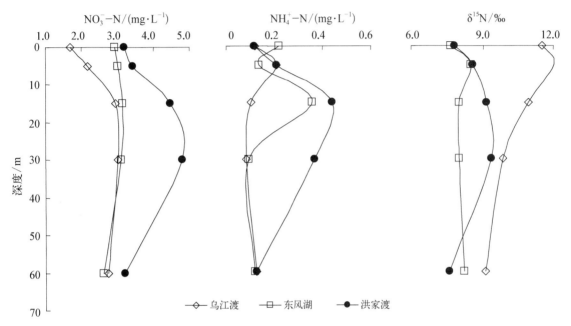

图 10－11　乌江干流水库夏季氮形态和同位素剖面变化

洪家渡水库出现在 15～32 m 层位的缺氧层,其 NH$_4^+$－N,NO$_3^-$－N 以及 δ^{15}N－NO$_3$ 值都变化不大,说明这一水团可能是外来水体的注入,该层位同位素值平均为＋9.25‰,要高于水库其他层位的水体。这一异源厌氧水团可能是来自地下水的混入。东风湖剖面的 NO$_3^-$－N 和 δ^{15}N－NO$_3$ 值变化不大。乌江渡 NH$_4^+$－N 和 NO$_3^-$－N 随水深明显地增加,δ^{15}N－NO$_3$ 值在 10 m 以下明显下降。乌江渡水库网箱养鱼业发达,目前乌江水库有网箱 1 779 个,体积近 20 万 m^3,年产鲜鱼 7 600 多吨,年投入鱼苗约为 1 750 t,年投饵量为 15 704 t。另外,国内湖区人工养殖的饵料利用率一般为 40%～80%,最低剩余饵料散失率为 15%。大量的没有利用的饲料以及鱼类粪便沉积到底层水体,乌江渡水库底部较为充足的 DO 为有机质的降解和硝化作用提供了便利的条件。有机质的降解和硝化作用产生的分馏会降低 δ^{15}N－NO$_3$ 值,使底部同位素值较低。

干流各水库水体剖面氮的分布特征基本相似,斜温层和底层的氮含量要高于表层水体。一方面,表层水体的氮由于浮游植物的光合作用而被大量消耗;浮游植物死亡后沉积到斜温层被矿化转化为 NO$_3$-N(朱俊,2005;肖化云,2002)。采样期间河流 TN,NO$_3^-$－N 含量的分布规律为洪家渡＞东风湖＞乌江渡。汇入洪家渡的主要支流有落脚河和六冲河,虽然落脚河受工业污染后,其氮含量很高,但是该支流的流量较小,不太可能是洪家渡水库高氮含量的主导因素。首先,洪家渡水库氮同位素在夏季表层水体为＋7.81‰,冬季为＋6.79‰,表现为农业污染的同位素组成特征;其次,洪家渡水库运行时间短,水库淹没区原来均为农田区,淹水环境下的有机质的氧化也会释放大量氮;最后,洪家渡水库面积是几个水库中最大的,夏季表层温度可达 30 ℃以上,也是全流域水库表层水温最高的,高温下的蒸发过程耗散了大量水分,也会导致氮的浓度升高。

如上所述,导致氮含量升高的原因有很多,全年 12 个月的监测数据表明,氮的浓度变化并不大,所以氮来源应该是一个持续的过程,而不具有季节性,所以结合同位素的组成可见,土壤有机氮可能是导致高氮含量的主要原因。

洪家渡坝前水体较高的氮含量也进一步影响着下游水库,夏季和冬季洪家渡水库下泄水的 $NO_3^- - N$ 含量分别为 3.39 mg · L^{-1} 和 3.61 mg · L^{-1},$\delta^{15}N - NO_3$ 值分别为$+7.29‰$和$+7.00‰$。由图 10 - 12 可知,洪家渡水库和东风湖以及乌江干流河流的氮同位素组成相似,进入乌江渡库区以后,氮同位素明显升高,尤其是表层水体的氮同位素可达$+12.03‰$。乌江渡水库在夏季富营养化现象明显,高的 $\delta^{15}N - NO_3$ 值源于浮游植物的生长对氮的同化吸收,高的氮同位素值也从另一方面表明了乌江渡坝前上层水体可能受人为排污影响较为严重。

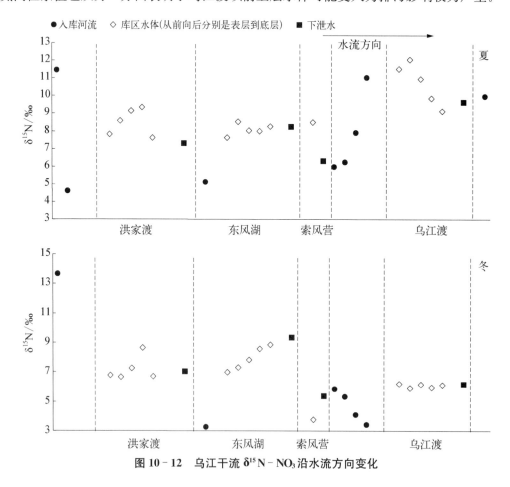

图 10 - 12　乌江干流 $\delta^{15}N - NO_3$ 沿水流方向变化

冬季洪家渡水库和东风湖以及乌江干流河流的氮同位素较夏季变化不大,均小于$+10.00‰$,氮的主要来源应该还是土壤有机质。乌江渡库区水体的氮同位素较夏季有非常明显的下降。夏季分层期间,浮游植物大量繁殖,在秋季死亡后会沉积到底层,冬季水体混合作用携带的充足 DO 可为有机质的降解提供便利的条件。在冬季,乌江渡水库沉积物-水界面通过有机质的矿化会向上覆水体释放大量的氮,有机质矿化时,优先释放轻的同位素^{14}N,所以会

导致较轻的 $\delta^{15}N-NO_3$ 值。

乌江渡水库的支流主要有息烽河、偏岩河和野济河等。由于野济河偏离乌江库区较远,并且氮含量不高(喻元秀,2008),在本研究中没有布点监测。息烽河水由于受到开磷化工厂的污染,水体的氮含量一直非常高,氮的同位素值在夏、冬季分别为+9.99‰和+10.51‰,为明显的工业废水。

10.5　乌江流域河库体系 N_2O 的产生与释放

10.5.1　乌江干流河流-水库水体 N_2O 的变化规律

10.5.1.1　库区表层水体 N_2O 月变化

图 10-13 所示为乌江渡干流 3 个水库表层水体 N_2O 含量的月变化情况。洪家渡和乌江渡水库从 2007 年 10 月到 2008 年 1 月的时间段,表层水体 N_2O 浓度明显高于其他月份,2 个水库的最高值分别出现在 2007 年 11 月和 2008 年 1 月,浓度分别为 44.10 nmol·L^{-1} 和 74.69 nmol·L^{-1},东风湖水库水体全年的 N_2O 变化季节性不明显,在个别月份出现极值,总体上 2008 年 1 月到 4 月份浓度要略高于其他月份,最高值为 59.63 nmol·L^{-1}。各水库表层水体的 N_2O 浓度最低值都出现在夏季,7 月和 6 月 2 个月的 N_2O 浓度都很低,洪家渡水库、东风湖和乌江渡水库分别为 16.43 nmol·L^{-1}、15.05 nmol·L^{-1}、16.49 nmol·L^{-1}。但即使是最低值也高于水体中 N_2O 的平衡浓度(14.28 nmol·L^{-1}),即在采样期间干流水库表层水体中 N_2O 浓度都高于大气中 N_2O 的浓度,都是大气 N_2O 的源。

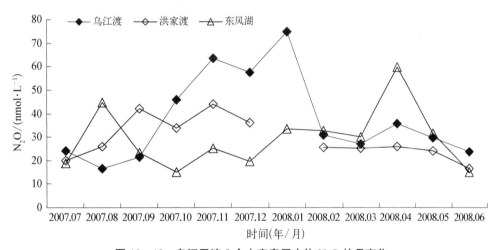

图 10-13　乌江干流 3 个水库表层水体 N_2O 的月变化

总体上说,春、夏季表层水体 N_2O 的浓度要高于秋、冬季节。3 个水库表层水体 N_2O 年平均浓度分别为:洪家渡水库 29.00 nmol·L^{-1}、东风湖 29.11 nmol·L^{-1}、乌江渡水库 37.53 nmol·L^{-1},乌江渡水库表层水体 N_2O 含量要高于其他 2 个水库。图中亦可以看出,除 2007 年 8 月、9 月 2 个月外,乌江渡水库的 N_2O 浓度均要高一些。

10.5.1.2　干流水库库区水柱剖面 N_2O 月变化

在 2007 年 7、8、9 月份,也就是夏季温度分层期间,洪家渡水库水体剖面上 N_2O 浓度变化相似:表层水体浓度较低,底层水体浓度非常高。其中 2007 年 7 月份水下 30 m 处水体 N_2O

浓度为 221.78 nmol・L^{-1},8 月份水下 60 m 处 N_2O 浓度为 185.63 nmol・L^{-1},9 月份 N_2O 浓度略低,为 104.19 nmol・L^{-1}。洪家渡属于深水型的中营养化湖泊,Mengis 等(1997)对瑞士 Lac Leman,Bodensee 和 Zurichsee 等深水贫营养湖泊 N_2O 的含量测定也发现类似的现象,夏季水体剖面的 N_2O 平均值可达 140 nmol・L^{-1}。同时,在这一季节的水体中,洪家渡水库水体剖面上 N_2O 浓度要高于乌江渡和东风湖水库(图 10-14)。这 3 个月整个水体剖面上的 N_2O 平均值分别为:洪家渡 78.00 nmol・L^{-1}、东风湖 28.61 nmol・L^{-1}、乌江渡 28.26 nmol・L^{-1}。乌江渡和东风湖水库在水体剖面上的 N_2O 含量相似,且在剖面上 N_2O 含量也表现出随水深增加的趋势。

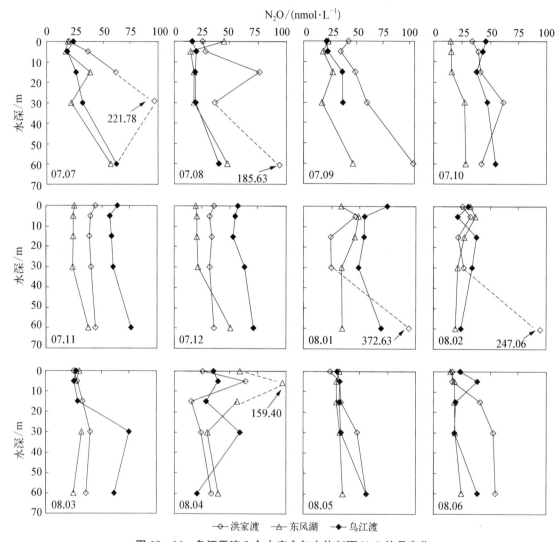

图 10-14　乌江干流 3 个水库全年水体剖面 N_2O 的月变化

在 2007 年 10 月~12 月的这 3 个月(秋季),随着库区水体温度分层的消失,N_2O 在 3 个水库水体的垂直剖面上的变化也趋于平缓,剖面上其含量变化不大。与夏季水体不同的是,乌江渡水库在这一季节具有明显高于其他 2 个水库的 N_2O 浓度。乌江渡水库水体剖面 N_2O 平均浓度为 56.38 nmol・L^{-1},东风湖最低为 24.71 nmol・L^{-1},洪家渡水库为 40.07 nmol・L^{-1},

水体剖面的 N_2O 浓度整体变化趋势为上层水体含量变化稳定,底部水体略高。

在冬季,2008 年 1 月和 2 月,洪家渡水库底部水体再现高的 N_2O 浓度,分别达到 372.63 nmol·L^{-1} 和 247.06 nmol·L^{-1}。3 月份洪家渡水库水体剖面上 N_2O 浓度变化不大,底部为 35.90 nmol·L^{-1},略高于表层水体的 28.16 nmol·L^{-1},3 月份洪家渡水库水体剖面上,N_2O 含量随水深持续小幅度地上升。事实上在 30 m 及以上水体中,洪家渡水库的 N_2O 含量要小于其他 2 个水库。洪家渡水库水体 30 m 以上 3 个月的 N_2O 浓度平均值分别为:1 月 31.49 nmol·L^{-1}、2 月 26.76 nmol·L^{-1}、3 月 31.47 nmol·L^{-1}。东风湖 3 个月分别为:1 月 39.30 nmol·L^{-1}、2 月 27.61 nmol·L^{-1}、3 月 28.53 nmol·L^{-1}。乌江渡水库水体则分别为:1 月 60.23 nmol·L^{-1}、2 月 29.85 nmol·L^{-1}、3 月 43.48 nmol·L^{-1}。可见,除洪家渡水库水体在 30 m 以上小于其他 2 个水库外,1 月份的 N_2O 含量也要高于 2 月和 3 月含量。在水体剖面上的浓度变化以随水深逐渐减小为主。

在春季的 4 月份,洪家渡水库和东风湖 5 m 水深均出现了一个浓度极大值,分别达到 64.51 nmol·L^{-1} 和 159.40 nmol·L^{-1},之后在深度 15~30 m 处逐渐减小,在底层有略微升高的趋势。乌江渡水库 4 月份水体剖面上 30 m 处 N_2O 浓度为 59.47 nmol·L^{-1},明显要高于其他层位的水体,除此之外,N_2O 从表层到底层含量逐渐降低。2008 年 5 月份 3 个水库水体剖面上 N_2O 含量变化不大,且含量也很接近,洪家渡水库和乌江渡水库底层水体中有较高的 N_2O 含量。6 月份东风湖水库水体剖面上 N_2O 变化情况和 5 月份一样,基本保持较小变化范围。在洪家渡水库,N_2O 含量随水深有明显的升高,在乌江渡水库,5 m 深处 N_2O 含量比表层有所升高,随后又迅速降低。

10.5.1.3   下泄水水体 N_2O 月变化

水库蓄水发电时,其运行方式一般是采用底层泄水,从水库坝前水体剖面上 N_2O 的分布来看,底层水体一般具有较高的 N_2O 含量,所以除表层水外,水库底层泄水是另一个 N_2O 向大气释放的重要途径。

对于乌江干流 3 个水库下泄水水体,我们也分别进行了月监测。如图 10 - 15 所示,乌江渡水库在 2007 年 7 月和 2008 年 4 月分别出现了 2 个较高值,分别为 127.96 nmol·L^{-1} 和

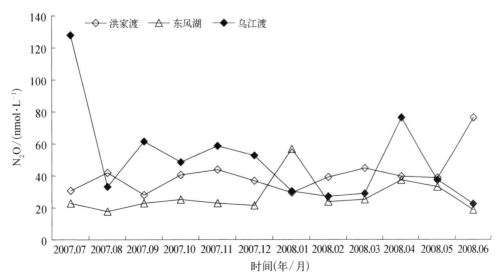

图 10 - 15   乌江干流 3 个水库下泄水水体 N_2O 含量的月变化

76.16 nmol·L^{-1},另外,从 2007 年 9 月到 12 月,下泄水水体中始终保持着较其他月份高的 N_2O 含量,其平均值为 55.27 nmol·L^{-1}。2008 年 1 月到 3 月的 N_2O 含量最低,平均值只有 28.62 nmol·L^{-1}。东风湖在 2008 年 1 月具有一个极大值,N_2O 浓度为 56.56 nmol·L^{-1}。2008 年 3 月到 5 月 N_2O 含量较高,平均值为 31.74 nmol·L^{-1},其他月份的 N_2O 浓度相近,平均值为 21.85 nmol·L^{-1}。在洪家渡水库,2008 年 6 月份有一个 N_2O 浓度较大值出现,为 76.26 nmol·L^{-1},其他月份含量一直保持在 27.95～44.48 nmol·L^{-1} 之间,平均浓度为 37.47 nmol·L^{-1}。

10.5.1.4　河流-梯级水库体系 N_2O 浓度的沿程变化

乌江干流中、上游段沿程 N_2O 浓度的月变化如图 10-16 所示。洪家渡水库有 2 条支流——六冲河和落脚河汇入。六冲河作为乌江干流的主河道,在 2007 年 7 月和 8 月采样期间,水量很大且水势湍急,较强的水动力条件和短的水体滞留时间有利于水体中 N_2O 向大气中扩散,这 2 个月该河流的 N_2O 浓度分别为 14.07 nmol·L^{-1}、10.84 nmol·L^{-1},均接近于水体中的饱和浓度,处于未饱和状态。从 2007 年 9 月到 2008 年 5 月,随着河流水量减小,其 N_2O 浓度也有略微的上升,保持在 18.67～26.59 nmol·L^{-1} 范围之内,并在 2008 年 6 月重新降低到饱和浓度附近。

落脚河与六冲河的河流条件完全不同,落脚河流量小,动力条件弱,采样点位于双龙水文站附近,该河流全段水量基本上变化不大,并且河流受污染较为严重,监测结果也发现其 N_2O 含量一直较高,在饱和浓度以上。2007 年 8 月到 12 月,落脚河 N_2O 浓度在 31.30～50.16 nmol·L^{-1} 之间。在枯水季节,N_2O 浓度一直保持较高水平,从 2008 年 1 月到 5 月,浓度范围为 88.18～370.13 nmol·L^{-1},平均值为 188.29 nmol·L^{-1},2008 年 6 月 N_2O 浓度降低至 27.25 nmol·L^{-1}。落脚河全年 TN 和 $NO_3^- - N$ 的浓度一直很高,较为严重的污染和大量有机质降解和硝化作用是导致高 N_2O 浓度的主要原因。

入东风湖库区的河流有 2 条,一条是来自南段的三岔河入东风湖前的凹河,另一条是洪家渡下泄水流经的六冲河入东风湖前的裸洁河段。夏、秋季凹河和六冲河类似,都具有较强水势,N_2O 浓度较低,从 2007 年 7 月到 12 月含量范围为 14.62～19.80 nmol·L^{-1},平均值为 16.31 nmol·L^{-1}。与落脚河相似,该河段在 2008 年 1 月到 5 月具有较夏、秋季高的 N_2O 含量,变化范围为 19.43～34.44 nmol·L^{-1},平均值 26.72 nmol·L^{-1}。6 月份 N_2O 含量降低为 15.72 nmol·L^{-1}。裸洁河全年的变化规律并不明显,全年浓度变化幅度为 16.90～46.63 nmol·L^{-1},最高值出现在 2008 年 1 月。

在图 10-16 中,乌江渡水库前的 4 个河流点位是按照水流方向排列的。前两个点位位于该段上游,河流流速季节差异大,河水深度变化也较大,因为离索风营下泄水影响明显,水动力条件变化受索风营下泄水的间歇性放水的影响明显,所以这两个点的 N_2O 季节变化不太明显。

河水进入乌江渡库区后,对表层水体中 N_2O 含量贡献不同。从 2007 年 7 月到 9 月,表层水体的 N_2O 含量略低于汇入河流(图 10-16)。含较高浓度 N_2O 的河流被大坝拦截后,水动力条件的变弱形成的"静态环境"和河流的物理化学条件有了很大的区别。一方面,夏季库区的热分层现象导致库区表层水中浮游植物的大量繁殖,浮游植物的生长会消耗水体中的营养盐,尤其是 $NO_3^- - N$,$NH_4^+ - N$,影响着水体表层的 N_2O 的产生;河流较高浓度的 N_2O 进入库区后,被 N_2O 含量较低的库区水体"缓冲稀释"。在 2007 年 10 月至 2008 年 2 月份,河流的 N_2O 含量要明显低于库区表层水体,在这一阶段,河流已经不能影响到水库的

N_2O 含量。因为在枯水期,河流对水库的输入水量大大降低,即使河流监测结果也发现这一时期河流有着较高的 N_2O 含量,但是由于枯水期水库的节水调蓄,各河流已经基本处于静态。另外,库区内部氮的生物地球化学过程主控着 N_2O 的产生,如底层水体的反硝化作

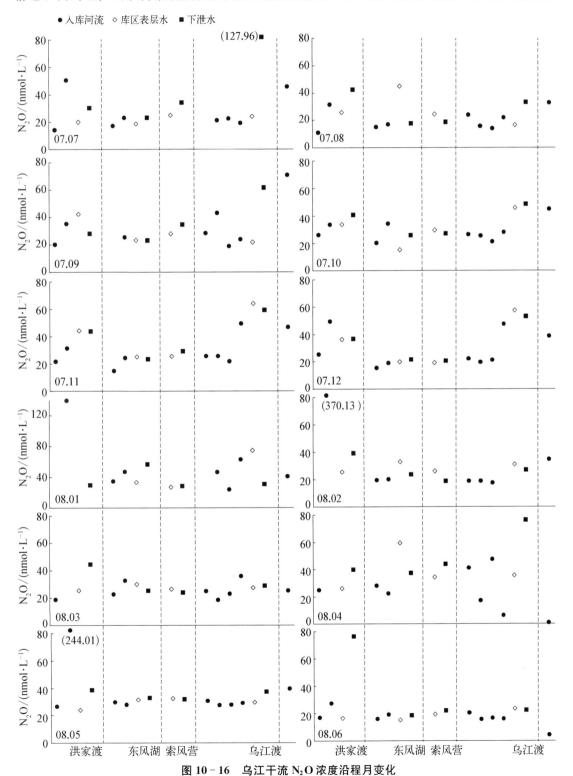

图 10 - 16　乌江干流 N_2O 浓度沿程月变化

用和有机质降解等。

10.5.2 乌江干流河流-水库体系 N_2O 的产生机理

N_2O 是氮转化过程的中间产物。在河流-水库体系中,N_2O 的产生和释放主要受控于硝化作用和反硝化作用。其中硝化作用是在有氧状态下进行,而反硝化作用一般在缺氧状态中进行。影响两种作用的主要因素包括 T、DO、$NO_3^- - N$、$NH_4^+ - N$,可利用碳等(Inwood et al.,2005)。研究发现,充足的有机碳来源、有氧和缺氧环境的交替都有利于反硝化作用的进行(Harris,1999)。另外,深水湖泊由于底层有机质降解对 DO 的消耗大,容易形成缺氧环境,N_2O 的产生主要受到 DO 含量的限制(Mengis et al.,1997;Liikanen et al.,2002)。

表层水体具有深层水体不具有的一些物理化学特征,如水温受气温影响明显,夏季藻类大量繁殖,DO 高于下部水体等。图 10 - 17 所示为一年内,各月表层水体中 N_2O 含量与 T、DO 之间的关系。乌江渡水库水体中 N_2O 浓度和 T,DO 含量呈显著的负相关关系,洪家渡水库的情况也比较相似,而东风湖表层水体中的 DO 含量变化很小,所以与 N_2O 之间的关系并不明显。对于洪家渡和乌江渡而言,随着 T、DO 含量的升高 N_2O 含量降低。温度较高时期,一

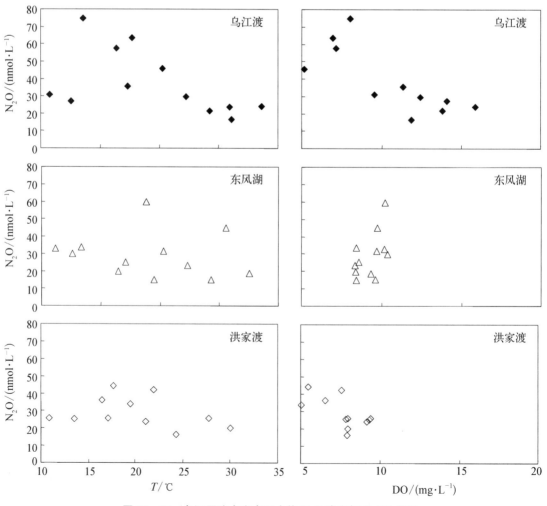

图 10 - 17 乌江干流水库表层水体 N_2O 浓度与 T、DO 关系

般湖泊具有明显的热力学分层特征,表层具有高的 Chl a 含量。藻类的大量繁殖消耗着水体表层中的 $NO_3^- - N$、$NH_4^+ - N$,从而抑制了 N_2O 的产生和释放。在温度较低的冬季,水体混合作用使库区水体上下均一,底部有机质颗粒物上浮至表层得到充足的 DO 而进行降解和硝化作用,释放 N_2O。可见,对于表层水体而言,不管是哪一个季节,硝化作用都是主导 N_2O 产生的过程(吕迎春,2007)。

N_2O 与 $NO_3^- - N$ 之间的线性关系可以作为判断硝化反应发生的一个依据,但前提条件是 $NO_3^- - N$ 主要来源于硝化作用过程,显著的外源 $NO_3^- - N$ 的输入或者其他强烈的氮的转化过程会干扰这一判断。对洪家渡而言,外源河流氮的输入对于库区水体的氮并没有明显的影响,土壤有机质的降解和硝化过程是主要的作用过程。洪家渡水库底部水体(30 m 及以下)异常高的 N_2O 含量可能是多方面作用的结果,除硝化作用外,沉积物-水界面的反硝化过程也可能是造成底部高 N_2O 含量的原因(Mengis et al.,1997)。如图 10 - 18 所示,温跃层以上水体中 N_2O 和 $NO_3^- - N$ 之间的关系表明,洪家渡水库在分层期和水体混合期的 N_2O 和 $NO_3^- - N$ 之间均有显著的正相关关系。这说明在全年范围内,硝化作用都是主导该层位水体中 N_2O 的产生与释放的主要过程,分层期间的斜率要略高于非分层期,代表着硝化反应速率的差异。东风湖水库 N_2O 和 $NO_3^- - N$ 没有表现出明显的相关性。乌江渡水库在秋、冬季 N_2O 与 $NO_3^- - N$ 之间正相关,其中秋季的相关性最明显,相关系数 R^2 达到 0.83。秋、冬季温度分层消失后,表层水体藻类活动减弱,夏季藻华爆发时候的浮游植物死亡后沉降到底层,在秋季水体混合作用下,充足的 DO 为有机质降解和硝化作用提供了环境,所以硝

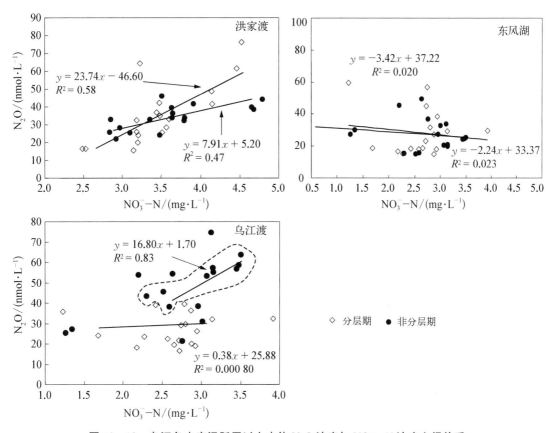

图 10 - 18　乌江各水库温跃层以上水体 N_2O 浓度与 $NO_3^- - N$ 浓度之间关系

化作用主导着 N_2O 的产生。夏季乌江渡水库两者没有出现明显的正相关性也说明了多途径的氮污染源对水体的影响明显。

N_2O 的饱和度(ΔN_2O)与表观耗氧量(Apparent Oxygen Utilisation，AOU)之间的关系可以用以探讨 N_2O 的形成机理。其中

$$\Delta N_2O = [N_2O]_{测量值} - [N_2O]_{饱和值}$$
$$AOU = [O_2]_{饱和值} - [O_2]_{测量值}$$

图 10-19 是乌江渡和洪家渡水库全年库区水体的 AOU 和 ΔN_2O 之间的关系图。从中可以看到除 60 m 水深样品外，2 个水库 AOU 和 ΔN_2O 之间均有较明显的正相关关系，洪家渡水库和乌江渡水库的相关系数分别为 0.62 和 0.35，洪家渡水库 AOU 和 ΔN_2O 之间较明显的正相关也与之前讨论的 N_2O 和 $NO_3^- - N$ 之间的关系呼应，说明全年里库区水体中，硝化作用是 N_2O 产生的主导因素。两者的斜率分别代表着单位溶氧量引起的 N_2O 产出量，洪家渡为 0.11 nmol $\cdot$ L^{-1} ΔN_2O/μmol $\cdot$ L^{-1} AOU，乌江渡为 0.06 nmol $\cdot$ L^{-1} ΔN_2O/μmol $\cdot$ L^{-1} AOU。这一斜率也与世界上其他水库/湖泊-海洋等的研究结果类似(Cohen et al.，1979；Mengis et al.，1997；Yoshinari，1976)。有氧水体中 ΔN_2O 和 AOU 之间的线性关系已经被广泛用于研究 N_2O 的产生机理及在此过程中对 DO 的消耗，目前关于回归方程的斜率范围普遍认为是位于 0.076~0.31 nmol $\cdot$ L^{-1} ΔN_2O/μmol $\cdot$ L^{-1} AOU(Suntharalingam et al.，2000)之间。

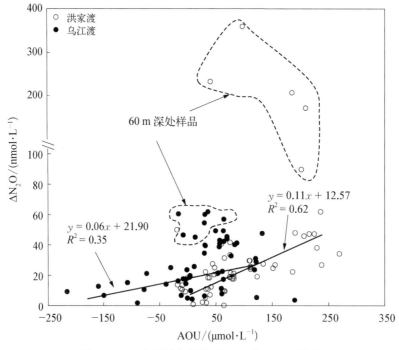

图 10-19 乌江渡和洪家渡 AOU 与 ΔN_2O 关系

另外，在 60 m 水深处与其他水体中并没有表现出一致的变化规律，也说明底部水体 N_2O 的产生原因不仅仅是硝化作用。结合底部较低的 DO 含量、较高的有机质含量判断，沉积物-水界面的反硝化作用最有可能是造成底部水体 N_2O 高含量的过程(王仕禄等，2004)。

10.6　乌江流域河库体系水-气界面的 N₂O 扩散通量

10.6.1　乌江干流和猫跳河各水库 N₂O 扩散通量的计算

乌江干流和支流河流-水库体系水体均表现为大气 N₂O 的释放源,其水-气界面释放通量可以依据 Fick 第一定律进行计算,如下式:

$$F = K \times \Delta c = \frac{d}{z}(c_S - c_{eq}) \tag{10.1}$$

式中,F 为水-气界面气体交换通量,K 为扩散系数,Δc 为气体在水-气界面的浓度差。同时,关于扩散系数的确定有两种不同的方法,一种是基于风速和施密特数(Schmidt number)的计算模型,如下式:

$$K = 0.17\mu \times (Sc/600)^{-2/3},\ \mu \leqslant 3.6$$
$$K = (2.85\mu - 9.65) \times (Sc/600)^{-1/2},\ 3.6 \leqslant \mu \leqslant 13 \tag{10.2}$$

式中,μ 为采样点水面上 10 m 处的风速(m·s⁻¹);Sc 为水的运动黏度与待测气体分子的扩散速率之比。另一种为"停滞膜模型"或是"滞留膜模型"[如式(10.1)],其中 D 为 N₂O 在水中的分子扩散系数;z 为边界层厚度,是一个经验参数,z 的取值与风速成反比关系,风速越大,边界层厚度越小。

第一种扩散系数的确定方法对于风速和施密特数的依赖很大,而且在方程式的确定和系数的选取上都存在着较大的争议。"滞留膜模型"是目前广泛用于计算气体在水-气界面扩散系数的方法(Lemon et al.,1981;Mengis et al.,1997b;王仕禄等,2004;Wang et al.,2009),并且较为适合水库/湖泊水体中 N₂O 的扩散计算,所以本研究采用的计算模型为"滞留膜模型"。

贵州省处于云贵高原,以山区丘陵地形为主,从中国气象局历史观测结果表明,贵州省的平均风力较低,春季风速要大于其他季节。清镇气象台累年观测结果显示,猫跳河流域段全年平均风速为 2.7 m·s⁻¹,春、夏、秋、冬各季的平均风速分别为 3.1 m·s⁻¹、2.9 m·s⁻¹、2.4 m·s⁻¹、2.6 m·s⁻¹,春、夏季主导风向为南东风,秋、冬季为东北风。洪家渡水库位于毕节市黔西县境内,来自中国科学院地理科学与资源研究所人地系统主题数据库的统计资料显示,黔西县年平均风力为 1.8 m·s⁻¹,春、夏、秋、冬各季的平均风速分别为 2 m·s⁻¹、1.8 m·s⁻¹、1.6 m·s⁻¹、1.9 m·s⁻¹,乌江渡水库所在的遵义地区,年平均风力较小,为 1.1 m·s⁻¹。东风湖湖区风力在 2 m·s⁻¹左右。基于以上多年历史平均数据,结合采样时候的野外天气条件记录,估算了各月采样点位的风力,并依据研究者的研究经验参数范围,确定各库区水-气界面的边界层厚度。

河流-水库系统气体在水中的扩散系数 D 与温度有关,取值分别为 1.08×10^{-5} cm²·s⁻¹(5 ℃),1.49×10^{-5} cm²·s⁻¹(15 ℃),1.98×10^{-5} cm²·s⁻¹(25 ℃),2.53×10^{-5} cm²·s⁻¹(35 ℃)。假设大气中 N₂O 浓度为 320 nL·L⁻¹,以此计算的各水库 N₂O 的扩散通量结果如表 10.1 所示。

表 10.1　乌江干流和猫跳河支流梯级水库 N_2O 扩散通量的月变化

单位：$\mu mol \cdot m^{-2} \cdot h^{-1}$

编号	时间（年/月）											
	2007.07	2007.08	2007.09	2007.10	2007.11	2007.12	2008.01	2008.02	2008.03	2008.04	2008.05	2008.06
红枫湖	0.18	1.33	0.88	0.69	1.12	1.12	1.83	0.47	0.53	0.50	0.47	0.04
百花湖	8.56	0.42	1.95	3.37	4.17	2.77	4.38	0.43	0.64	0.58	0.52	1.10
修文	0.87	1.23	1.36	1.78	1.68	1.15	0.78	0.18	−0.06	0.40	0.34	0.39
红岩	0.22	0.07	0.33	1.60	1.03	0.71	—	—	0.68	0.68	0.54	0.10
乌江渡	0.27	0.08	0.26	0.90	1.76	1.16	1.30	0.36	0.46	0.57	0.44	0.44
索风营	0.37	0.36	0.49	0.37	0.24	0.14	0.47	0.43	0.65	1.07	0.65	0.24
东风湖	0.09	0.62	0.18	0.01	0.15	0.08	0.26	0.28	0.22	0.61	0.31	0.02
洪家渡	0.21	0.36	1.32	0.52	0.53	0.47	—	0.41	0.20	0.41	0.46	0.10

注：表中"—"为未检测数据。

10.6.2　水-气界面 N_2O 扩散通量的月变化

影响梯级各水库水-气界面 N_2O 扩散通量的因素有很多，其中决定因素有表层水体温度、水面风力和表层水体中 N_2O 的饱和度。从表 10.1 中可以看到，猫跳河流域 N_2O 扩散通量最高的水库是百花湖水库，2007 年 7 月表层扩散通量达到 8.56 $\mu mol \cdot m^{-2} \cdot h^{-1}$，要远高于其他水库各月份的通量范围，全年平均值也可达到 2.41 $\mu mol \cdot m^{-2} \cdot h^{-1}$，是所有水库中最高的。造成百花湖水-气界面较高扩散通量的原因有很多：① 百花湖体表层具有较高浓度的 N_2O 含量，从 2007 年 9 月到 2008 年 1 月一直保持着高含量，这几个月的平均值可达 163.07 $nmol \cdot L^{-1}$，最高值出现在 2008 年 1 月，为 218.51 $nmol \cdot L^{-1}$；② 百花湖表层水体温度也较其他几个水库要高，较高的温度条件会加快水体中气体分子的扩散；再者，百花湖整个湖泊呈狭长的带状，独特的地形也造成这一小区域湖面的风力要大于其他水库；③ 百花湖的污染现状和营养状态要比红枫湖更加严重，通过硝氮同位素的变化可以看出，百花湖的污染物主要来自外源的输入，而狭长的湖体也非常有利于沉积物在坝前区域的迅速沉积，包括大量的有机污染物。猫跳河流域 4 个水库扩散通量的季节变化相似，秋、冬季的扩散通量要比春、夏季更明显。在流域尺度上，从上游到下游来看，龙头 2 个水库由于高的 N_2O 含量，水-气界面也具有比下游 2 个水库高的扩散通量。

干流乌江渡水库的扩散通量要高于其他 2 个水库，全年的 N_2O 平均通量为 0.67 $\mu mol \cdot m^{-2} \cdot h^{-1}$，索风营水库、东风湖和洪家渡 N_2O 通量分别为 0.46 $\mu mol \cdot m^{-2} \cdot h^{-1}$，0.24 $\mu mol \cdot m^{-2} \cdot h^{-1}$ 和 0.45 $\mu mol \cdot m^{-2} \cdot h^{-1}$，东风湖水库是干流营养化状态最低的水库，其 N_2O 的扩散通量也最小。这说明富营养状态对水库 N_2O 的释放有明显的影响。总体来说，干流各水库水-气界面 N_2O 的扩散通量均要小于支流 4 个水库，说明小流域 N_2O 的释放应该引起重视。表 10.2 是本文水-气界面的 N_2O 通量与其他水体中的 N_2O 通量对比。就水库水体而言，除百花湖秋、冬季的高值外，整个乌江流域包括支流，N_2O 扩散通量与其他水库及水体相似，贫营养的东风湖通量远小于其他水库。另外，污染河流往往具有较高的 N_2O 扩散通量。

表 10.2　各种水体中 N_2O 通量范围

研 究 区 域	N_2O 通量/($\mu mol \cdot m^{-2} \cdot h^{-1}$)	数 据 来 源
太湖地区大运河	4.38	熊正琴等,2002
松江和崇明河网	2.19～653	孙玮玮等,2009
梅梁湾	1.48	李香华,2005
长江口	4.83～127.1	许洁,2006
Colne,Stour 等河流	0.5～2.4	Dong,2004
Lokka 水库	0.26(−0.39～1.0)	Huttunen et al.,2003
Porttipahta 水库	2.6(−0.5～5.8)	Huttunen et al.,2003
太湖	0.04～0.58	Wang et al.,2009
洪家渡	0.45(0.10～1.32)	本研究
东风湖	0.24(0.01～0.62)	本研究
索风营	0.46(0.14～1.07)	本研究
乌江渡	0.67(0.08～1.76)	本研究
红枫湖	0.76(0.04～1.82)	本研究
百花湖	2.41(0.42～8.56)	本研究
修文水库	0.84(−0.06～1.78)	本研究
红岩水库	0.60(0.07～1.60)	本研究

10.7　梯级开发背景下水库氮通量变化特征

10.7.1　河流各形态氮的净通量计算公式

对各水库氮输送通量的计算采用稳态系统箱式模型,也即通过输入端和输出端氮通量的控制,换算出进出水库氮的总量。河流各形态氮的净通量的计算公式如下:

$$净通量 = \sum 输出通量 - \sum 输入通量$$

10.7.2　水库氮通量变化特征

净通量为负值,则说明氮各形态经梯级水库的拦截后,滞留在水库内,向外输出的量减少,这种情况下对河流-水库体系而言,梯级水库是氮的"汇",此时净通量的绝对值与输入通量的比值为水库对氮的拦截率。当净通量为正值时,也就是输出的通量要大于输入通量,河流氮经过水库作用后通量升高,说明水库内部作用增加了氮的释放量,这时对河流-水库体系而言,水库是氮的"源",此时净通量与输入通量的比值为水库作用对该物质的增加率。

水库输入水体主要有上游水库下泄水(干流河流)、主要支流汇入、大气降水和地下水输入等几个方面。一般来说上游来水和支流汇入是库区水体的主要来水源,地下水补给对库区水体的直接贡献通常较小,因为建坝时期的防漏工程阻碍了地下水向库区的直接输入,而地下水对河流的影响会以与河水混合后的形式向库区输入,且所占比例较小(朱俊,2005)。乌江干流各水库库区年均大气降水直接输入水库的水量分别为 0.80 亿 m³、0.21 亿 m³、0.063 亿 m³、0.53 亿 m³,分别占各自水库河流入库水量的 3.03%、0.33%、0.09% 和 0.67%(喻元秀,2008);另外,大气降雨中的 TN 和 $NO_3^- - N$ 含量并不高,所以对水库库区氮的平衡影响不大(肖化云,2002)。

从水库的单个水文年来看,通常会有不同比例的水体被蓄积起来,但是水库多年的输入和输出水量是平衡的。所以计算河流-水库氮通量的前提条件是,假定该水文年输入和输出通量相等。喻元秀(2008)根据由贵州省水文水资源局及国家电力公司贵阳勘查设计院提供的在2006 年 2 月到 2007 年 1 月的水文资料对乌江干流碳的通量进行了计算,并对各水库输出水量进行换算得到在上述假定前提下的水库输出水量。

图 10-20～10-23 为在输入输出通量平衡的前提条件下,乌江干流河流-水库各氮形态的通量变化,各图中分别计算了各通量在年度总的输入、输出通量以及增长率或是拦截率。乌江干流河流的 TN 和 $NO_3^- - N$ 经过梯级水库作用后通量有所增加,分别增加了 15.84% 和4%,所以对 TN 和 $NO_3^- - N$ 而言,梯级水库表现为源。$NH_4^+ - N$ 和 $NO_2^- - N$ 的通量则呈现相反的现象,年度总通量变化表明经过梯级水库作用后两者均有下降,下降幅度分别为 13.10% 和23.95%,也即梯级水库表现为 $NH_4^+ - N$ 和 $NO_2^- - N$ 的汇。

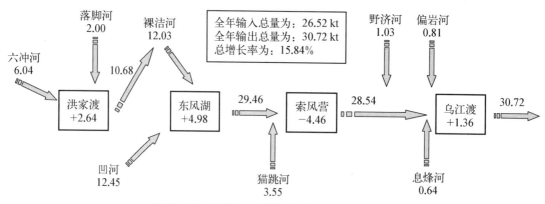

图 10-20 乌江中、上游河流-水库体系 TN 通量

注:"+"表示水库氮量增加;"—"表示水库氮量减少。(图中各数据单位为 kt。)

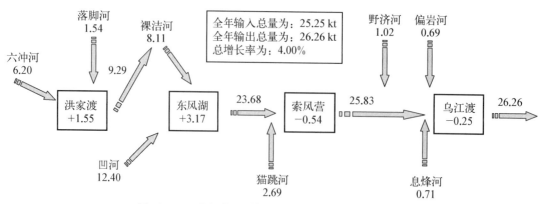

图 10-21 乌江中、上游河流-水库体系 $NO_3^- - N$ 通量

注:"+"表示水库氮量增加;"—"表示水库氮量减少。(图中各数据单位为 kt。)

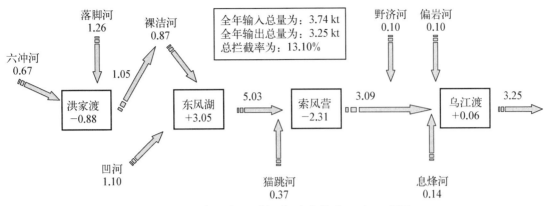

图 10-22　乌江中、上游河流-水库体系 NH$_4^+$-N 通量

注："+"表示水库氮量增加；"−"表示水库氮量减少。（图中各数据单位为 kt。）

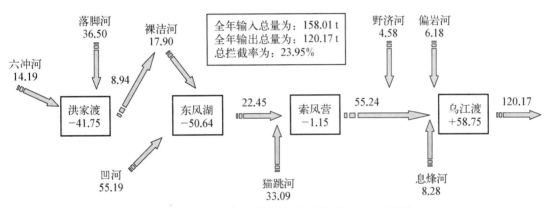

图 10-23　乌江中、上游河流-水库体系 NO$_2^-$-N 通量

注："+"表示水库氮量增加；"−"表示水库氮量减少。（图中各数据单位为 kt。）

参 考 文 献

黎文.2006.贵州山区湖泊水体中溶解有机质的时空分布及其生物地球化学循环：以红枫湖、百花湖为例[D]. 贵阳：中国科学院地球化学研究所.

李思亮.2005.喀斯特城市地下水 C、N 同位素地球化学污染物迁移和转化研究[D].贵阳：中国科学院地球化学研究所.

李思亮,刘丛强,肖化云.2002.地表环境氮循环过程中微生物作用及同位素分馏研究综述[J].地质地球化学,30(4)：40-45.

李香华.2005.太湖水-全界面温室气体通量及时空变化特征研究[D].南京：河海大学.

刘丛强.2007.生物地球化学过程与地表物质循环：西南喀斯特流域侵蚀与生源要素循环[M].北京：科学出版社.

吕迎春.2007.贵州喀斯特地区水库中 CO$_2$、CH$_4$、N$_2$O 的产生与释放研究：以红枫湖、百花湖为例[D].贵阳：中国科学院地球化学研究所.

秦中,陈蕾.1996.两湖(库)的氮循环和富营养化[J].贵州水力发电,1：58-62.

孙玮玮,王东启,陈振楼,等.2009.长江三角洲平原河网水体溶存 CH$_4$ 和 N$_2$O 浓度及其排放通量.中国科学：B辑,2：165-175.

王静.2008.湖泊有机质的来源于生物地球化学循环：稳定氮同位素示踪技术[D].贵阳：中国科学院地球化学

研究所.

王仕禄,刘丛强,万国江,等.2004.贵州百花湖分层晚期有机质降解过程与溶解 N_2O 循环[J].第四纪研究,24(5):569-577.

肖化云.2002.季节性缺氧湖泊氮的生物地球化学循环[D].贵阳:中国科学院地球化学研究所.

肖化云,刘丛强,李思亮,等.2002.强水动力湖泊夏季分层期氮的生物地球化学循环初步研究:以贵州红枫湖南湖为例[J].地球化学,31:571-576.

熊正琴,邢光熹,沈光裕,等.2002.太湖地区湖水与河水中溶解 N_2O 及其排放[J].环境科学,23:26-30.

许洁.2006.南海、黄河及长江口海域溶解氧化亚氮和甲烷的分布及海-气交换通量研究[D].青岛:中国海洋大学.

余立华,李道季,方涛,等.2006.三峡水库蓄水前后长江口水域夏季硅酸盐、溶解无机氮分布及硅氮比值的变化[J].生态学报,26(9):2817-2826.

喻元秀.2008.乌江中上游梯级水电开发对河流碳循环的影响[D].贵阳:中国科学院地球化学研究所.

张恩仁,张经.2003.三峡水库对长江 N、P 营养盐截留效应的模型分析[J].湖泊科学,15(1):41-48.

张维.1999.红枫湖、百花湖环境特征及富营养化[M].贵阳:贵州科技出版社.

朱俊.2005.水坝拦截对乌江生源要素生物地球化学循环的影响[D].贵阳:中国科学院地球化学研究所.

CARPENTER S R, CARACO N F, CORRELL D L, et al. 1998. Nonpoint pollution of surface waters with phosphorus and nitrogen[J]. Ecological Applications, 8: 559-568

CHOI W J, HAN G H, LEE S M, et al. 2007. Impact of land-use types on nitrate concentration and $\delta^{15}N$ in unconfined ground water in rural areas of Korea[J]. Agriculture, Ecosystems & Environment, 120, 259-268.

COHEN Y, GORDON L I. 1979. Nitrous oxide production in the ocean[J]. Journal of Geophysical Research, 84: 347-353

CURT M D, AGUADO P, SANCHEZ G, et al. 2004. Nitrogen isotope ratios of synthetic and organic sources of nitrate water contamination in Spain[J]. Water, Air, & Soil Pollution, 151, 135-142.

Dong L, Nedwell D, Colbeck I, et al. 2005. Nitrous Oxide emission from some English and Welsh rivers and estuaries[J]. Water, Air, & Soil Pollution, 4: 127-134.

FEARNSIDE P M. 2002. Greenhouse gas emissions from a hydroelectric reservoir (Brazil's Tucurui Dam) and the energy policy implications[J]. Water, Air, & Soil Pollution, 133: 69-96.

FOGEL M L, CIFUENTES L A. 1993. Isotope fractionation during primary production[M]. In: Macko S A, Engel M H eds. Organic geochemistry. New York: Plenum Press. 73-94.

FRIEDL G, TEODORU C, WEHRLI B. 2004. Is the Iron Gate I reservoir on the Danube River a sink for dissolved silica? [J]. Biogeochemistry, 68: 21-32.

HARRIS G P. 1999. Comparison of the biogeochemistry of lake and estuaries: ecosystem processes, functional groups, hysteresis effects and interactions between macro- and microbiology[J]. Marine and Freshwater Research, 50: 791-811.

HAYES J M. 1982. An introduction to isotopic measurement and terminology[J]. Spectra, 8: 3-8.

HEATON T H E. 1986. Isotopic studied of nitrogen pollution in the hydrosphere and atmosphere, a review [J]. Chemical Geology, 59: 87-102.

HUMBORG C, CONLEY D J, RAHML. 2000. Silicon retention in river basins: Far-reaching effects on biogeochemistry and aquatic food webs in coastal marine environments[J]. Ambio, 29: 45-50.

HUTTUNEN J T, ALM J, LIIKANEN A, et al. 2003. Fluxes of methane, carbon dioxide and nitrous oxide in boreal lakes and potential anthropogenic effects on the aquatic greenhouse gas Emissions [J]. Chemosphere, 52: 609-621.

INWOOD S E, TANK J L, BERNOT M J. 2005. Patterns of denitrification associated with land use in 9 midwestern headwater streams[J]. Journal of the North American Benthological Society, 24: 227 - 245.

IPCC (Intergovernmental Panel on Climate Change). 1996. Climate change 1995, The science of climate change. Contribution of working group I to the second assessment report of the Intergovernmental Panel on Climate Change.

JOSSETTE G, LEPORCQ B, SANCHEZ N, et al. 1999. Biogeochemical mass-balances (C, N, P, Si) in three large reservoirs of the Seine Basin (France) [J]. Biogeochemistry, 47: 119 - 146.

KENDALL C, MCDONNELL J J. 1998. Isotope Tracers in Catchment Hydrology[M]. Elsevier Science, B. V., Amsterdam, 51 - 68.

KHALIL M A K, RASMUSSEN R A. 1992. The global sources of nitrous oxide[J]. Journal of Geophysical Research, 97: 14651 - 14660.

KNOWLES R, LEAN D R S, CHAN Y K. 1981. Nitrous oxide concentrations in lakes: Variations with depth and time[J]. Limnology & Oceanography, 26(5): 855 - 866.

KOROM S F. 1992. Natural denitrification in the saturated zone: a review[J]. Water Resources Research, 28: 1657 - 1668.

LEMON E, LEMON D. 1981. Nitrous oxide in freshwaters of the Great lakes Basin [J]. Limnology & Oceanography, 26: 867 - 897.

LIIKANEN A, MURTONIEMI T, TANSKANEN H, et al. 2002. Effects of temperature and oxygen availability on greenhouse gas and nutrient of a eutrophic mid-boreal lake [J]. Biogeochemistry, 59: 269 - 286.

LI X D, MASUDAH, KOBA K, et al. 2007. Nitrogen isotope study on nitrate-contaminated groundwater in the Sichuan Basin, China[J]. Water, Air, & Soil Pollution, 178, 145 - 156.

MCCLELLAND J W, VALIELA I. 1998. Linking nitrogen in estuarine producers to land-derived sources[J]. Limnology & Oceanography, 43, 577 - 585.

MENGIS M, GACHTER R, WEHERI B. 1997. Sources and Sinks of nitrous oxide in deep lakes [J]. Biogeochemistry, 38: 281 - 301.

MENGIS M, GACHTER R, WEHRLI B, et al. 1997. Nitrogen elimination in two deep eutrophic lakes[J]. Limnology & Oceanography, 42: 1530 - 1543.

OSTROM N E, LONG D T, BELL E M, et al. 1998. The origin and cycling of particulate and sedimentary organic matter and nitrate in Lake Superior[J]. Chemical Geology, 152: 13 - 28.

SEITZINGER S. 1990. Denitrification in aquatic sediments. In: REVSBECH NP, SØRENSEN J. (Eds.), Denitrification in Soil and Sediment[M]. New York: Plenum Press.

SEITZINGER S P. 1988. Denitrification in freshwater and coastal marine ecosystems: Ecological and geochemical significance[J]. Limnology & Oceanography, 33: 702 - 724.

SEITZINGER S P, KROEZE C. 1998. Global distribution of nitrous oxide production and N inputs in freshwater and coastal marine ecosystems[J]. Global geochemical Cycles, 12: 93 - 113.

SOARES M I M. 2000. Biological denitrification of groundwater[J]. Water, Air, & Soil Pollution, 123: 183 - 193.

SUNTHARALINGAM P, SARMIENTO J L. 2000. Factors governing the oceanic nitrous oxide distribution: Simulations with an ocean general circulation model[J]. Global Biogeochemical Cycles, 14: 429 - 454.

TERANES J L, BERNASCONI S M. 2000. The record of nitrate utilization and productivity limitation provided by δ^{15} N values in lake organic matter: a study of sediment trap and core sediments from Baldeggersee, Switzerland[J]. Limnology & Oceanography, 45: 801 - 813.

WANG S L, LIU C Q, YEAGER K M, et al. 2009. The spatial distribution and emission of nitrous oxide (N_2O) in a large eutrophic lake in eastern China: Anthropogenic effects[J]. Science of the Total Environment,

407：3330-3337.

WASSENAAR L I. 1995. Evaluation of the origin and fate of nitrate in the Abbotsford Aquifer using the isotopes of ^{15}N and ^{18}O in NO_3[J]. Applied Geochemistry，10，391-405.

WU J，CALVERT S E，WONG C S. 1997. Nitrogen isotope variations in subarctia Northeast Pacific：Relationships to nitrate utilization and trophic structure[J]. Deep-Sea Research，144：287-314.

XIAO H Y，LIU C Q. 2002. Sources of nitrogen and sulfur in wet deposition at Guiyang，southwest China[J]. Atmospheric Environment，36：5121-5130.

XUE D，BOTTE J，DE BAETS B，et al. 2009. Present limitations and future prospects of stable isotope methods for nitrate source identification in surface- and groundwater [J]. Water Research，43：1159-1170.

YOSHIDA N. 1988. ^{15}N-depleted N_2O as a product of nitrification[J]. Nature，335：528-529.

YOSHINARI T. 1976. Nitrous oxide in the sea[J]. Marine Chemistry，4：189-202.

（本章作者：刘小龙、刘丛强、李思亮）